해사법과 실무이해

최병하 · 정태일 編著

도서출판 진영사

해사법과 실무이해

최병하 · 정태일

2016년 12월 23일 초판인쇄
2016년 12월 29일 초판발행
발행인 박 진 영
발행처 도서출판 진영사
인천광역시 부평구 부평동 134-16 태승빌딩 4층
전화 : 032)505-4207
팩스 : 032)505-4206
E-mail : 0183734207@hanmail.net
등록 : 122-91-77317

ISBN 978-89-6541-298-4 93390
값 18,000원

머 리 말

우리나라는 지리학적으로 3면이 바다로 둘러싸인 반도국가이지만 북한과 대치된 상황에서 현실적으로는 섬나라로서의 그 기능을 확대시켜왔다고 볼 수 있다.

이러한 지정학적 환경 속에서 지구촌에 살아남기 위해서는 오로지 바다, 해양만이 우리가 나아갈 길이요 터전임을 부정할 사람은 아무도 없을 것이다.

급변하는 글로벌시대인 21세기의 해양시대를 살아가고 있는 우리는 사회생활의 기본으로 삶의 바다와 해양운송수단인 선박에 대한 기초지식과 그 운용법을 알고 있어야 한다고 본다. 더구나 해군 간부를 지망하는 학생들은 앞으로 해양을 생활의 터전으로 살아가야 하며 선박을 그 수단으로 삼아야 하기 때문에 해양에 관한 법과 제규칙을 숙지하여 준수하는 전문성을 지녀야 한다.

이 책은 해군 초급 간부를 지망하는 학생으로 하여금 해양에 관한 기본 소양을 가질 수 있도록 주요 해사법을 요약하였으며, 해사법을 준용하는 해군 실무사항을 발췌하여 수록하였다.

책 전반부는 해사법 개념을 다루는 일반사항과 법규로는 선박법, 해상교통법규, 해양환경법규 등을 다루었으며, 중반부에서는 선박에 관한 일반 사항으로 선박해설, 선박의 기관, 선박의 통신 및 신호 및 항해 · 정박 당직근무 등을 다루었다.

후반부는 해상기상, 일반, 우리나라의 기후와 조석, 세계의 해상기상 등 해양인으로서의 가져야할 기본상식과 더불어 해군 함정에서의 해사 실무를 수록하였다.

이 교재를 통하여 전문지식을 습득함에 있어서 부족한 부분은 심화학습을 위해 저술된 전문서적을 활용하여 보다 상세한 내용에 대하여 이해하기를 권하며, 많은 분야를 개론적으로 집필할 수 있도록 저본을 저술하신 선행 연구 선생님들께 감사의 인사와 함께 경의를 표한다.

끝으로 해군을 지망하는 후학들에게 미천한 지식으로 가르침을 준다는 기쁨이

앞서 많은 범위를 요약적으로 다루면서 발생된 오류와 문제점이 있으리라고 보며, 이런 부분은 여러분의 가르침으로 수정·보완해 나갈 것을 약속드리며, 약점이 많음에도 불구하고 기꺼이 출판을 맡아주신 출판사 관계자에게 진심으로 감사드린다.

목 차

제1장

해사법 총론

제1절 해사법의 개요

제2절 해사법의 국제적 통용

제1장 해사법 총론

제1절 해사법의 개요

1. 해사법의 개념

해사법(Marine laws)이란 해사활동에 관한 법규범 전체를 일컫는 것으로 해법(Maritime law)이라고도 한다. 여기서 해사활동이라 함은 바다를 활동의 장소로 하여 전개되는 생활 관계를 말하는데, 주로 '선박에 의하여 전개되는 항행활동'에 직접적으로 관련된 생활 관계를 말한다. 그러므로 선박은 말할 것도 없고 그것을 운항하는 선원·선박이 출입하는 항만, 선박에 의하여 전개되는 해상운송, 해상교통, 해상안전 및 어업 및 수산업 활동, 해양개발 및 환경보전, 해양레저활동 등과 관련된 법은 모두 해사법의 영역에 속한다.

2. 해사법의 분류

해사법은 해사에 관한 법률과 규정의 전체를 말하므로 각 개별 법규의 성질의 차이에 따라 다음과 같이 다양하게 분류할 수 있다.

가. 해사국제법과 해사국내법

해사국제법은 해사에 관한 국가 간 또는 국가와 국제기구 간의 관계를 규율하는 법을 총칭하며, 주로 국제관습법과 조약으로 이루어진다.

'국제연합해양법협약', '국제노동기구해사협약', '국제해상충돌예방규칙', '해상인명안전협약', '선박으로부터의 해양오염방지에 관한 국제협약', '해상 수색 및 구조에 관한 협약' 등이 해사국제법의 영역에 속한다.

해사국내법은 해사에 관한 국내 법령의 모두를 총칭한다.

나. 해사사법과 해사공법

해사법은 사법인가 공법인가에 따라 해사사법과 해사공법으로 나누어진다.

해사사법은 실질적인 의미의 해상법을 가리킨다. 종래에는 해사 관계의 대부분이 상사에 관한 것이었기 때문에 해사법이라 하면 해상법을 가리키는 경우가 많았다. 오늘날에도 독일, 프랑스 등에서는 주로 실질적인 해상법에 해당하는 것을 해사법이라 부르고 있다.

해사공법은 해사에 관한 공법관계의 법이며, 이 책이 해설하고 있는 법규의 대부분은 해사공법이다. 해사공법은 해상노동법, 해상교통 및 안전법, 해양환경법, 행정적보호감독법 등으로 나눌 수 있다. 해상노동법에 속하는 것은 선원법과 선원보험법이다. 해상교통 및 안전 법에 포함되는 것은 선박안전법, 선박직원법, 개항 질서법, 도선법, 해양사고의 조사 및 심판에 관한 법률, 해상인명안전협약, 국제해상충돌예방규칙, 해상교통안전법, 항로표지법, 수로업무법 등이 있다. 행정적보호감독법에 속하는 것에는 선박법, 국제선박등록법이 있다. 기타 톤세법, 검역법, 전파관리법 등이 있는데, 이 중에 해사에 관한 규정만이 해사공법에 속한다.

다. 업무 유형별 분류

해사법을 업무 유형별로 나누면 해양관할법규, 해양개발 및 환경보존법규, 해운행정법규, 항만행정법규, 수산행정법규, 해양레저법규, 선원법규, 선박법규, 해상교통 및 안전법규, 해양환경법규, 출입국·관세·검역 관련 법규 등으로 나눌 수 있다.

① **해양관할법규:** 해양관할법규로는 국제연합해양법협약, 영해 및 접속수역법, 배타적 경제수역법, 배타적 경제수역에서의 외국인 어업 등에 대한 주권적 권리의 1행사에 관한 법률 등을 들 수 있다.

② **해양개발 및 환경보존법규:** 해양개발 및 환경보존법규로는 해양개발기본법,

해양과학조사법, 습지보전법, 공유수면관리법, 공유수면매립법, 연안관리법 등을 들 수 있다.

③ **해운행정법규:** 해운행정법규로는 해운법, 선박투자회사법, 항만운송사업법, 선주상호보험조합법, 한국해운조합법 등을 들 수 있다.

④ **항만행정법규:** 항만행정법규로는 항만법, 어항법, 한국컨테이너부두공단법. 항만공사법, 신항만건설촉진법 등을 들 수 있다.

⑤ **수산행정법규:** 수산행정법규로는 수산업법, 어업자원보호법, 기르는 어업 육성법, 내수면어업법, 수산물품질관리법, 수산업협동조합법, 어장관리법, 어업협정체결에 따른 어업인 등의 지원 및 수산업발전특별법, 한일어업협정, 한중어업협정 등을 들 수 있다.

⑥ **해양레저법규:** 해양레저법규로는 수상레저안전법, 유선 및 도선사업법, 낚시어선업법 등을 들 수 있다.

⑦ **선원법규:** 선원법규로는 선원법, 선원보험법, 선박직원법, 국제노동기구해사협약, 선원의 훈련·자격증명 및 당직근무의 기준에 관한 국제협약 등을 들 수 있다.

⑧ **선박법규:** 선박법규로는 선박법, 국제선박등록법, 선박안전법, 어선법, 국제선박등록협약, 국제선박 톤수 측정에 관한 협약 등을 들 수 있다.

⑨ **해상교통 및 안전법규:** 해상교통 및 안전법규로는 해상교통안전법, 개항질서법, 도선법, 해양사고의 조사 및 심판에 관한 법률, 수난구호법, 항로표지법, 수로업무법, 국제해상충돌예방규칙, 해상인명안전협약, 해상수색 및 구조에 관한 국제협약 등을 들 수 있다.

⑩ **해양환경법규:** 해양환경법규로는 해양오염방지법, 유류오염손해배상보장법, 해양오염방지협약, 선박에 의한 유류오염손해에 관한 민사책임협약 등을 들 수 있다.

⑪ **출입국·관세·검역 관련 법규:** 기타 출입국관리법, 밀항단속법, 관세법 검역법 등도 해사법의 영역으로 분류할 수 있다.

제 2 절 해사법의 국제적 통용

1. 국제협약의 발달

해사법은 특수한 역사적 배경을 지니고 있다. 첫째, 인류의 오랜 해상활동으로부터 끊임없이 진화·발전하여 왔다는 점에서 볼 때 변화발전의 원동력은 관습이라는 점이다. 둘째는 고대로부터 오늘날에 이르기까지 세계 여러 나라가 사실상 같은 법원칙에 따르고 있다는 국제성이다.

20세기에 들어와서 지난 100여 년간 여러 가지 여건의 변동으로 해사법도 크게 변화·발전하였다. 즉, 과학의 놀라운 발달로 인한 조선·선박운항·운송방식 등 여러분야에서의 기술의 진보, 제품운송계약과 정기선 운항의 비중증대, 해양오염 방지와 유류오염 손해배상 문제의 대두, 새로운 해양법 질서의 정립 움직임, 종전의 해상법에서 분리된 해상노동관계법(선원법)과 각국의 자국 해운보호를 위한 각종 해사공법 정비의 필요성, 국제무역기구(WTO; WORLD TRADE ORGANIZATION)에 의한 해운시장 개방 및 자국 해운보호주의 정책의 제한 등으로 인하여 국제적 또는 국내적으로 활발한 입법활동이 전개되고 있다.

19세기 이후 국제무역 발달로 교역이 증대하고 해사에 관한 섭외적 법률관계가 빈번해 짐에 따라 해사법의 국제적 통일이 필요하게 되었고 20세기에 들어와서부터 이 방면이 큰 진전을 보게 되어 많은 해사관계 국제협약이 성립되었다.

즉, 해사법에 관한 국제협약은 국제기구가 중심이 되어 이를 성안하고 채택하는데, 국제해법회(CMI)에서는 해상법 관련 국제협약을, 국제해사기구(IMO)는 해양한경, 해사안전, 해사기술 및 해상법 관련 국제협약을, 국제노동기구(ILO)에서는 해상노동 분야에 관한 국제협약을, 국제연합(UN)과 국제법위원회(International Low Commission)는 해양법 분야의 국제협약을, 그리고 1970년대 이후 개발도상국의 발언권이 강한 국제연합무역개발회의(UNCTAD)가 해상법 분야의 국제협약을 계속해서 주관하여 제정하고 있다.

이와 같이 성립한 국제협약을 세계 여러 나라가 국내법으로 수용하여 시행하는 과정을 통하여 해사법의 국제적 통일이 촉진된다.

2. 해사 국제기구

해사법규, 특히 국제해사법규는 해사관계 국제기구와 밀접한 관련을 갖는다. 그것은 대부분의 이들 해사법규가 국제기구의 협약 내지는 조약을 통해 체결이 되고, 또 각국의 비준을 거쳐 법적인 효력을 갖게 되기 때문이다.

해사관련 국제기구는 국제연합(UN)의 산하기구와 정부간 협의기구 및 민간단체 등으로 이루어져 있는데, 여기서는 해사관계에 중대한 영향을 미치고 있는 대표적인 기구와 그 중요한 협약 및 활동내용에 대하여 살펴보기로 한다.

가. 국제해사기구(International Maritime Organization : IMO)

UN의 산하기구인 국제해사기구(IMO)의 원래 명칭은 정부간 해사협의기구(Inter-government Maritime Consultative Organization : IMCO)였는데, 그 조직과 업무 및 활동범위가 확대됨에 따라 1982년 5월부터 현재의 명칭으로 바뀌게 되었다.

IMO는 해상에서의 인명과 재산의 안전 및 해양환경의 보호를 목적으로 하고 있으며, IMO가 체결한 주요협약으로서 현재 발효중인 것은 다음과 같다.

① 해상인명안전조약(International Convention for the Safety of Life at Sea : SOLAS, 1978) 및 그 개정서(SOLAS amendment, 1983)

② 해상충돌예방규칙(International Regulation for Preventing Collision at Sea, 1972) 및 그 개정서(COLREG amendment, 1978)

③ 기름에 의한 해상오염방지조약(International Convention for the Prevention of Pollution of the Sea by Oil, 1969)

④ 선박의 톤수 측정에 관한 협약(International Convention on Tonnage Measurement of Ships, 1969)

⑤ 선원의 훈련, 자격증명 및 당직근무의 기준에 관한 국제협약(International Convention on Standards of Training, Certification and Watch keeping for Seafarers : STCW, 1978)

나. 국제연합 무역개발위원회(United Nations Conference on Trade and Development : UNCTAD)

운크타드(UNCTAD)는 1964년에 설립되었으며 그 목적은 국제무역과 경제발전, 특히 개발도상국의 경제발전을 촉진시키는데 있다. 현재의 회원국들은 각기 이해관계에 따라 선진국의 입장을 대변하는 B그룹(29개국), 개도국의 이익을 대변하는 C 그룹(123개국), 그리고 동구권을 대변하는 D 그룹(10개국)등으로 분류되고 있다.

UNCTAD에서 채택한 3대 주요협약은 다음과 같다.

① 국제연합 정기선동맹 행동규범에 관한 협약(United Nations Convention on a Code of Conduct for Liner Conference : Liner Code, 1974)

② 해상물건운송협약(United Nations Convention on the Carriage by Sea : Hamburg Rules, 1978)

③ 국제복합운송조약(United Nations Convention on the International Multimodal Transport of Goods, 1980)

다. 국제 해법회(Comite' Maritime International : CMI)

국제해법회(CMI)는 해상법, 해사관행과 관습, 그리고 해운실무 등의 국제적 통일을 목적으로 하여 1897년 벨기에의 앤트워프(Antwerp)에서 창설 되었다.

현재 이 기구에는 40여개국의 해법회 단체가 정회원으로 가입되어 있으며, 우리나라의 한국해법회 역시 1981년에 가입하여 정회원으로서 국제 해법활동에 적극 참여하고 있다.

CMI의 주관하에 성립된 주요한 통일조약으로는 다음과 같은 것들이 있다.

① 해난구조협약(Convention for the Unification of Certain Rules of Law relating to Assistance and Salvage at Sea, 1910)과 그 개정 의정서(Protocol, 1967)

② 선박충돌조약(International Convention for the Unification of Certain Rules of Law with respect to Collision between Vessels, 1910 ; Brussel)

③ 선하증권 통일조약(International Convention for the Unification of Certain Rules of Law relating to Bills of Lading, 1924 ; Hague Rules)

④ 선박소유자의 유한책임조약(International Convention for the Unification of Certain Rules of Law relating Limitation of the Liability of Owners of Sea-going Vessels, 1924)과 선주책임 제한조약(Limitation of Shipowners Liability, 1957)
⑤ 공동해손에 관한 통일조약(York-Antwe Rules, 1974)

3. 해사법의 경향

가. 국제적 통일화 경향

해사법은 연혁적으로 해상거래를 중심으로 발달하였다. 그러므로 해사법은 발달 당초부터 세계적 관습, 즉 '보편적 해사법'(general maritime law)으로 발생하여 그 자체가 통일적 내용의 것이었다. 뿐만 아니라 해사법은 항행 활동을 법적으로 규제함으로써 성질상 다분히 공통된 내용의 기준을 필요로 한다.

근대국가가 국내의 성문법으로서 해사법을 제정한 후로는 각국 간에 법제의 대립과 충돌이 생겼다. 그러나 19세기 후반의 국제 무역의 발전과 항해 기술의 진보는 각국법의 통일을 요구함에 이르러 해사법에 관한 국제적 통일 기운을 환기시켰다.

해사법의 통일에 가장 큰 공헌을 한 것은 영국 정부와 1873년 런던에 설립된 국제법협회, 1896년 앤트워프에서 발족한 국제해법회(Comit'e Maritime International; CMI)등의 학회 및 국제노동기구(International Maritime Organization; IMO), 국제연합 무역개발회의(United Nations Conference on trade and Development; UNCTAD) 등의 국제전문기구를 들 수 있다.

해사법 통일협약은 1929년 해상인명안전협약(SOLAS) 및 1930년 국제만재흘수선 협약 등과 같은 선박의 안전한 해상항행, 선박의 적량측도, 선박의 안전 항행을 위한 구조 설비에 관한 공법적 규정에 있어서 영국이 해운왕국으로 군림하던 기간에 제정 또는 확립된 것을 각국이 널리 채용함으로써 시작된 것이다. 오늘날에도 해사법을 통일함에 있어서는 영미 양국의 영향력이 막강하므로 해사법의 통일운동을 통하여 영미법이 세계 해사법을 지배해 나간다고 할 수도 있다. 이후

관련 학회 및 국제전문기구의 활발한 활동에 의하여 국제통일협약을 채택하고 이를 각국이 비준하는 과정으로 발전하고 있다.

나. 분화 경향

해사법은 분화하는 경향이 있다. 해상거래를 중심으로 발달한 해사법이 해상법으로부터 선박, 선원, 항만 등에 관한 행정감독법에 걸쳐 분화한 것은 그 연혁에 비추어 명백하다. 프랑스, 일본 등이 해상법에 속에 규정하였던 선원 관계 규정을 선원법으로 독립시킨 것은 해사법의 이러한 분화 경향을 증명하고 있다.

4. 해사법의 특색

해사법을 민법이나 형법과 같은 하나의 독립된 법률의 영역으로 보기는 어려울지도 모른다. 이미 설명한 바와 같이 해사법의 영역에는 공사법(公私法), 국내법과 국제법 등 여러 가지 법률이 포함되어 있는 것으로서 고유한 법 원칙이 있는 것은 아니지만, 해사에 관계가 있는 법규를 총칭하여 해사법이라 부르고 있는데, 이들 법규를 종합하여 보면 다음과 같은 특색이 있음을 알 수 있다.

① 해상 고유의 위험과 육지로부터 고립된 항해활동을 고려한 여러 가지 배려가 강구되어 있다.

② 해상활동의 중심이 되는 물적 조직으로서의 선박의 가치에 착안한 여러 가지 규정을 두고 있다.

③ 해운활동의 국제적 성격에 따른 국제적 통일성을 고려한 규정이 많다.

④ 현실 문제에 즉시 대처하기 위하여 수시로 현실에 맞게 법 규정을 개정하고 있으며, 이를 위하여 중요 사안들이 시행령이나 시행규칙에 위임되어 있다.

제2장

해사법규

제1절 선박법
제2절 해사관련법 요약
제3절 해상 교통 법규
제4절 해양환경법규

제2장 해사법규

제1절 선박법

1. 선박법의 목적

선박법은 선박국적에 관한 사항과 선박톤수의 측정 및 등록에 관한 사항을 규정함으로써, 해사에 관한 제도의 적정한 운영과 해상질서의 유지를 확보하여 국가 권익을 보호하고 국민경제의 향상에 기여함을 목적으로 한다(선박법 제1조) 선박이 해상을 항해함에 있어서는 해상 특유의 위험이 따를 뿐만 아니라 선박에 대한 국가의 감독이 제대로 미치지 않기 때문에, 국가는 인명과 재산의 안전을 도모하고 선박의 질서를 유지하기 위하여 해상을 항행하는 선박에 대하여 각종의 공법적 규정을 둘 필요가 있다. 또 해사공법은 선박국적, 종류 및 톤수가 다름에 따라 적용을 달리하므로, 선박법은 선박에 관한 기본법으로서 해사행정상 중요한 의미를 갖고 있다. 또한 선박은 흔히 외국을 왕래하면서 공해를 항행하므로 선박국적을 규정하는 선박법은 국제법상으로도 중요하다.

2. 적용범위

가. 선박의 정의

법률에 특별한 규정은 없지만 선박법 제1조의 의의와 정의, 제2조 한국선박 그리고 제26조의 일부 적용 제외 선박 및 소형선박에 대한 특례의 예시로 미루어 보아 사회통념상의 선박을 가리킨다고 볼 수 있다.

'사회통념상의 선박'은 물 위에서 사람 또는 화물을 싣고 이들을 운반하는 데 사용되는 일정한 구조물을 말한다. 즉, 물 위에 뜬다는 부양성과 여객 또는 화물을 실을 수 있다는 적재성 및 적재된 것을 원하는 장소로 운반할 수 있다는 이동성 등 3요소를 갖춘 구조물을 말한다. 진수시를 기준으로 하여 그 이전의 건조 중인 선박 및 인양이 가능한 것을 제외한 침몰선, 선박계류용 · 저장용 등으로 사용하기 위하여 수상에 고정하여 설치하는 부선 등은 선박법상의 선박이 아니다.

선박법에서는 수상 또는 수중에서 항행용으로 사용하거나 사용될 수 있는 배의 종류를 다음과 같이 분류하고 있다(선박법 제1조의2).

① **기선 :** 기관을 사용하여 추진하는 선박(기관과 돛을 모두 사용하는 경우로서 주로 기관을 사용하는 것을 포함한다.)

② **범선 :** 돛을 사용하여 추진하는 선박(기관과 돛을 모두 사용하는 경우로서 주로 돛을 사용하는 것을 포함한다.)

③ **부선 :** 자력항행능력이 없어 다른 선박에 의하여 끌리거나 밀려서 항행하는 선박

나. 한국선박과 외국선박

'한국선박'이란 뒤에서 설명하는 바와 같이 한국의 국적 또는 선적을 가진 선박이며, 그렇지 않은 선박을 외국선박이라 한다(선박법 제2조).

다. 적용범위

선박법은 한국 선박에만 적용된다. 또 군함이나 경찰용 선박에 대하여는 선박법의 국적 요건 관련 사항은 적용되나 기타의 행정적 조치 규정은 적용에서 제외된다.

3. 선박국적 관련법

가. 선박국적과 한국선박의 요건

'선박의 국적'이라 함은 선박이 어느 나라에 소속하는가를 나타내는 것이다. 국제법상, 행정법상 및 해상법상 중요한 의미를 가진다.

국제법상 선박은 반드시 특정한 국적을 가져야 하며, 또 이중 국적을 가지지 못한다. 국적취득의 구체적인 조건의 결정은 모두 각국의 국내법에 맡겨져 있다. 우리나라는 한국선박의 요건을 다음과 같이 규정하고 있다(선박법 제2조).

① 국유 또는 공유의 선박, ② 대한민국국민이 소유하는 선박, ③ 대한민국의 법률에 의하여 설립된 상사법인이 소유하는 선박, ④ 대한민국에 주된 사무소를 둔 위의 ③ 이외의 법인으로서 그 대표자(공동대표인 경우에는 그 전원)가 대한민국 국민인 경우에 그 법인이 소유하는 선박

나. 한국선박의 특권과 의무

(1) 한국선박의 특권

(가) 국기 게양권

한국선박이 아니면 대한민국국기를 게양할 수 없다(선박법 제5조). 국제법상 국기의 게양은 그 선박이 그 나라의 국적을 가지고 있음을 추정하는 효과가 있다.

(나) 불개항장에의 기항권 및 연안 무역권

한국선박이 아니면 불개항장에 기항하거나, 국내 각 항구 사이에서 여객 또는 화물의 운송을 할 수 없다. 다만, 외국선박일지라도 법률 또는 협약에 다른 규정이 있거나, 해양사고 또는 포획을 피하려고 할 때, 또는 해양수산부장관의 허가를 받은 때에는 그러하지 아니하다(선박법 제6조). 한국선박인 경우에도 외항선이 불개항장에 출입하려면 세관장의 허락을 받아야 한다.

(2) 한국선박의 의무

(가) 등기와 등록의 의무

한국선박의 소유자는 대한민국에 선적항을 정하고 그 선적항 또는 선박의 소재지를 관할하는 지방해양수산청장에게 선박의 총톤수의 측정을 신청하여야 한다(선박법 제7조). 한국선박의 소유자는 관할 등기소에 선박의 등기를 한 후, 선적항을 관할하는 지방청장에게 당해 선박의 등록을 신청하여야 한다. 지방청장은 선박원부에 등록하고 신청인에게 선박국적증서를 교부하여야 한다(선박법 제8조).

(나) 국기 게양과 표시의 의무

한국선박은 해양수산부령이 정하는 바에 의하여 대한민국국기를 게양하고 그 명칭, 선적항, 흘수의 치수 기타 해양수산부령이 정하는 사항을 표시하여야 한다(선박법 제11조).

제 2 절 해사관련법 요약

선박의 운항에 관련을 갖고서 직접 또는 간접으로 영향을 미치는 법규로서 해사법규가 있다. 해사법규(maritime laws)란 선박에 의하여 해양에서 전개되는 제반활동에 관련된 법규의 집합체라고 정의될 수 있다.

해사법규는 그 적용범위에 따라 국내해사법과 국제해사법으로 대별되는데, 여기서는 선박운항에 중요한 관계로 갖는 국내외적 해사법규의 주요내용과 그 개념을 간략히 살펴보기로 한다.

1. 국내 해사법규

가. 선박법

선박법(1960년 2월 1일 공포)은 선박의 국적, 적량, 등기, 등록에 관한 사항 및 선박의 항행에 관한 행정상의 감독 등을 규정한 법률로서, 선박의 소속을 명확히 하고 해상의 질서를 유지함을 목적으로 한다.

선박법이 갖는 주요 내용으로는 선박의 국적취득과 대한민국 선박의 요건, 한국선박의 특권과 의무, 선박의 등기와 등록, 선박국적증서, 그리고 선박의 관리와 감찰 및 감독 등에 관한 사항으로 되어 있다.

나. 선원법

선원법(1962년 1월 10일 공포)은 선원의 직무와 기율을 확립함으로써 선내의 질서를 유지하고, 또한 선원의 근무조건을 정하여 선원의 기본적 생활을 보장, 향상시킴을 목적으로 하는 법률이다(법 1조).

이 법은 선원의 근로기준을 규정하고 있다는 점에서 노동법의 일종으로 간주될 수 있으나, 해상노동의 특수성을 감안하여 특수화된 부분을 포함하고 있기 때문에 일반 노동관계 법규와 구별하고 있다.

선원법이 갖는 주요내용은 선원의 봉급과 기타의 보수, 선장의 직무와 권한 및 의무, 선내규율, 승선계약과 근로계약, 선원수첩, 근로시간 및 근로조건, 재해보상, 취업규칙 등으로 이루어져 있다.

다. 선박직원법

선박직원법은 선박에 승선할 자의 자격을 정함으로써 선박항행의 안전을 도모함을 목적으로 한다.

이 법에서 말하는 선박직원이란 선박의 안전운항에 직접 참여하는 전문기술직원인 해기사를 가리키는 것으로 부원(보통선원)은 해당되지 아니한다.

선박직원법이 갖는 주요 내용은 해기사 면허의 종류와 자격별등급, 해기사 국가시험, 선박직원의 자격과 정원 등에 대한 것으로 되어 있다.

라. 선박안전법

선박안전법(1961년 12월 30일 공포)은 선박으로 하여금 감항성을 보유하고, 인명과 재산의 안전을 보장하는 데 필요한 시설을 갖추게 함으로써, 해상에 있어서의 제반위험을 방지함을 목적으로 한다.

여기서 말하는 감항성(seaworthiness)이란 선체, 기관 및 설비를 갖추고 필요 충분한 선원과 연료 및 선용품을 싣고서 소정의 항해를 완전하게 감당해 낼 수 있는 성능을 말한다.

선박안전법의 주요내용은 선박의 구조와 안전설비, 복원성, 무선시설, 항행구역, 최대 탑승인원, 만재흘수선, 하역장치, 승강장치, 선박검사, 구명설비 등에 대한 것을 포함한다.

마. 개항질서법

개항질서법이란 개항의 항계 내에서 선박교통의 안전과 질서의 유지를 목적으로 하는 법이다.

개항이라 함은 자국선은 물론 외국선박도 상시 출입할 수 있는 항구로서, 현재 개항으로 정하여진 우리나라 항구는 인천, 장항, 군산, 목포, 여수, 마산, 부산, 묵호, 제주, 포항, 충무, 삼천포, 장승포, 옥포, 울산, 북평, 삼일항, 완도 등이다.

개항질서법에서 규정하고 있는 주요 조항으로는 입출항신고와 정박구역지정, 항로의 사용과 항법, 위험물 적재선박의 입항, 수로의 안전, 선등과 신호표시 등이 있다.

바. 도선법

도선법은 도선방법과 도선사의 자격을 규정함으로서 도선구에 있어서의 선박운항의 안전을 도모함을 목적으로 한다. 여기서 도선사(pilot)라 함은 일정한 수역에서 도선 업무를 할 수 있는 자격면허를 소지한 자를 말한다.

도선법의 주요 내용은 도선사의 자격과 면허, 도선구의 지정, 도선사의 권리의무, 도선계약, 도선사에 대한 감독과 징계 등을 규정하고 있다.

사. 해난심판법

해난심판법(1961년 12월 6일 공포)은 해난심판에 필요한 국가기관인 해난심판원의 조직 및 절차를 규정한 법률이다. 해난심판이라 함은 해난의 방지를 위하여 해난의 원인을 조사하고, 이를 심리·판결하여 해난관계인에게 면허의 취소, 업무의 정지 또는 견책 등의 징계를 집행하는 것을 말한다.

해난심판법의 주요 내용으로는 해난의 정의, 해난심판법의 적용범위, 해난심판원의 직무, 해난심판원의 조직과 관할, 심판기관의 구성, 심판절차 등을 포함한다.

아. 검역법, 출입국관리법 및 관세법

(1) 검역법은 국내 또는 국외로 전염병이 전염되는 것을 방지하기 위하여 입출항하는 선박, 항공기, 여객이나 승무원 및 화물에 대한 검역절차와 예방조치에 관한 사항을 규정하는 법이다. 검역 전염병이란 콜레라, 페스트, 두창 및 황열 등을 말한다.

(2) 출입국관리법은 입국하거나 출국하는 사람에 대한 출입국의 공정한 관리와, 채류하는 외국인에 대한 등록 등을 규정하는 법이다.
선원에 있어서는 승하선을 위한 출입국, 외국항에서의 상륙 및 본국송환 등이 이 법에 관련되어 있고, 또 여객선에서의 여객운송 역시 관계가 있다.

(3) 관세법은 관세의 부과, 징수 및 수출입화물의 통관을 적정하게 하여 국민경제의 발전에 기여하고, 관세수입의 확보를 기함을 목적으로 하고 있다. 외국무역선이 개항에 입항했을 때는 이 법의 규정에 의거하여 통관절차를 받아야 한다.

자. 해상법

해상법은 해상 기업활동의 질서를 위한 규제와 각 이해관계자의 이익을 공정하고 합리적으로 조정함을 이념으로 하는 법 영역이다. 이 법이 갖는 성격은 상법의 일부에 속하며, 민법에 대하여 특별법의 위치에 있다. 따라서 해상법상의 법률행위에는 상법의 규정 이외에도 민법의 일반규정이 보충적으로 적용된다.

해상법의 주요내용으로는 해상 기업조직의 근간을 이루고 있는 물적 요소인 선박에 대한 소유권관계, 인적요소인 선박소유자의 책임과 권한, 선박공유자와 선박임차인 및 선박관리인에 대한 사항, 그리고 선장의 대리권과 그 책임관계 등을 규정하고 있다. 또한 해상운송계약과 선하증권 등에 관한 사항, 해손과 해난 및 구조에 관한 사항, 그리고 선박의 담보와 저당권에 대한 조항 등을 포함하고 있다.

2. 국제 해사법규

가. 해사국제법

해사국제법은 국제법의 일부분을 형성하는 것으로서, 해사에 관한 국가 간의 관계를 규정한 법이다. 국제법의 법원에는 국가 간의 명시적인 합의로 이루어지는 조약과, 국가 간에 일반적 관행으로서 수락된 국제관습법이 있다. 해운은 국제성이 강한 성격을 가지고 있으므로 국제법 중에는 해사에 관한 분야가 일찍부터 발달하였다.

국제법 중에서 해사에 관한 내용을 포함하고 있는 주요 부분을 소개하면, 영해의 정의, 공해자유의 원칙과 관할권, 외국인의 권리와 의무, 외교기관, 국제조약, 전쟁법, 해상포획과 봉쇄 등이 있다.

나. 해양오염방지법

해양오염방지법은 해양의 오염을 방지함으로서 해양환경을 보전하고, 국민의 건강과 재산을 보호함을 목적으로 하는 법이다. 원래 이 법은 '1954년 기름에 의한 해수의 오염방지를 위한 국제협약'(The International Convention for the Prevention of Pollution of the Sea by Oil, 1954)과 그 개정협약(1969)에 근거를 두고 국내법으로 입법화된 것이다.

해양오염방지법의 주요 조항으로는 선박으로부터의 기름 또는 폐기물의 배출규제, 기름 기록부(oil record book)의 기재 및 비치, 폐유처리사업의 허가와 감독, 자가 폐유처리시설과 오염방제 조치, 해양오염 분쟁의 조정 등이 있다.

다. 국제 해상 충돌예방법

해상충돌예방법은 해상을 항행하는 선박이나 수상항공기의 충돌을 예방하고, 해상교통의 안전을 도모하기 위하여 규정한 법이다(이 법의 중요성을 감안하여 아래에 별도로 그 개요를 설명함)

제3절 해상 교통 법규

1. 국제해상충돌예방규칙

가. 국제해상충돌예방규칙의 발달

(1) 최초의 해상충돌예방규칙

18C초에 해상교통의 수단이 돛에 의존하던 범선시대에서 증기에 의한 기선로 바뀌면서 선박이 대형화되고, 또한 속력도 증가하여 해상에서의 교통을 규제하는 법을 만들 필요성이 대두하게 되었다.

이에 따라서 1940년에 영국의 트리니티 하우스(Trinity House)에서 그 동안의 관습법을 바탕으로 새로운 항행규정을 만들게 되었다. 그 후에 몇 차례에 걸쳐서 항행법, 해사규칙 및 해운법 등을 통하여 보다 구체적인 항행규정이 제정되었다.

그러나 본격적으로 국제간에 적용되는 항해규정은 1863년 영국정부의 통상부(British Board of Trade) 칙령으로 해상항해규정을 제정하고, 또한 프랑스 정부와 협의하여 1863년 6월 1일부로 "1863년 해상항해규정"이 양국의 해역에서 발효되면서 국제 해상 교통법으로 효력을 발휘하게 되었다. 이 항해규정은 선박의 정의, 등화, 안개신호, 항행규칙 및 처벌 등의 내용을 포함하는 [해상교통규칙(The Rule of the Road at Sea)]으로 1864년 말에는 약 30여 해양국이 채택하여 명실상부한 국제해상교통법으로 적용되기에 이르렀다.

(2) 규칙의 발달 과정

[해상에 있어서 선박의 충돌을 방지하기 위한 규칙(Regulations for Prevention Collision at Sea)]에 관한 최초의 국제해사회의는 1889년 미국 정부의 주관으로 워싱턴에서 개최되었으며, 이 회의에서 국제 해상충돌방지규칙인 워싱턴회의규칙(Washington Congress Regulations)이 체결되었다. 이 회의에서 합의된 규칙은 영국, 미국, 프랑스, 독일 등의 국가에 의하여 채택되었고, 1895년부터 해상교통법으로 시행되게 되었다.

이후 1912년에 일어난 호화여객선 타이타닉(Titanic)호의 해양사고를 계기로 1913년 워싱턴에서 대서양 연안의 각국들이 모여서 국제 해상안전에 관한 회의를 개최하고, [SOLAS 1913]을 체결하였다. 이 협약의 제 3장의 항해의 안전(Safety of Navigation)에 [국제해상충돌방지규칙]을 포함시키고, 1895년의 국제규칙의 내용 중 일부를 개정 및 추가하였다(SOLAS 1913, COLREG 3장 제 14조).

그 후 1929년에 제2차 SOLAS회의에서 영국의 수정안을 바탕으로 대폭 개정하여 [국제해상안전협약]의 제 2부속서로서 협약안에 첨부되어 1937년 7월에 발효예정이었으나, 2차 세계대전으로 비준·발효가 되지 못하였다. 그러나 1895년에 SOLAS협약의 일부 내용으로 적용하던 [국제해상충돌방지규칙]을 공식적인 국제해상교통법으로 1954년까지 시행하였다. 그 후에 1948년 제 3차 SOLAS회의에서 채택된 [국제해상충돌방지규칙]은 1954년에 국제 규칙으로 발효되었고, 1972년에 대폭적인 개정을 거쳐서 국제규칙으로 적용하게 되었다.

이 1972년 COLREG규칙은 1981년 11월의 제 12차 IMO총회를 통하여 총칙에서 부속서에 이르는 광범위한 개정이 이루어졌고, 다시 1987년 11월의 제 15차 IMO 총회에서 항법규정을 중심으로 일부 개정이 이루어졌다. 그리고 1989년 10월의 제 16차 IMO총회에서 일부 개정안이 결의문으로 채택되어 1995년 11월에 발효되었다.

나. 규칙의 개요

해상에는 세계 각국의 선박이 항해를 하고 있으므로 해상교통의 안전을 확보하기 위해 국제적으로 통일된 규칙의 제정을 필요로 하게 되었다. 해상충돌예방

규칙은 국제적으로 체결된 "1972년 국제 해상충돌 예방규칙에 관한 협약"(International Regulations for Preventing Collisions at sea, 1972)을 국내법화 하여 1977년 7월 15일부터 실시하게 되었고, 1983년 6월 1일 부터는 규칙 중 일부를 개정하여 사용해 오고 있다.

본 규칙은 5개의 장(章)에 38개의 조문과 4개의 부속서로 되어 있으며, 그 구성 내용은 다음과 같다.

1) 제 1장 총칙(1조- 3조)- 적용범위, 일반적인 책임관계, 용어의 정의
2) 제 2장 항법
   1절 (4조-10조)- 모든 시계내에서의 항법
   2절 (11조-18조)- 상호 시계내에서의 항법
   3절 (19조)- 제한된 시계내에서의 항법
3) 제 3장 등화 및 형상물(20조-31조)
4) 제 4장 음향신호 및 발광신호(32조-37조)
5) 제 5장 적용유보규정
6) 부속서 Ⅰ(13개절로 구성)- 등화 및 형상물의 배치와 기술상의 명세
7) 부속서 Ⅱ- 근접하여 어로작업을 하고 있는 어선의 부가신호
8) 부속서 Ⅲ- 음향신호장치의 기술적인 명세
9) 부속서 Ⅳ- 조난신호

다. 항법

(1) 견시(lookout)와 안전한 속력(safety speed)

모든 선박은 항행중 주위의 사정과 상태, 시계의 불량 등을 고려하여 항상 시각, 청각은 물론 다른 모든 유효한 수단을 동원하여 견시를 해야 한다. 또한 충돌을 피하기 위하여 유효하고 적절한 동작을 취하고, 위급한 경우엔 안전한 거리에서 정지할 수 있는 안전한 속력으로 항해해야 한다.

(2) 충돌의 위험성 판단

레이더(Radar)가 사용 가능한 선박은 상대선에 대한 프롯팅(plotting)등을 통하여 충분한 관찰을 해야 한다. 하지만 레이더의 영상을 절대적으로 과신해서는 안된다.

접근하고 있는 상대선과 충돌의 위험성이 있는지의 여부를 판단하는 기복적인 방법으로는 상대선의 방위를 컴파스(compass)로 측정했을 때, 그 상대방위에 현저한 변화가 없으면 충돌의 위험성이 있다고 봐야 한다. 만일 의심스러우면 무조건 충돌의 위험성이 있다는 가정하에 조선을 하는 것이 안전하다.

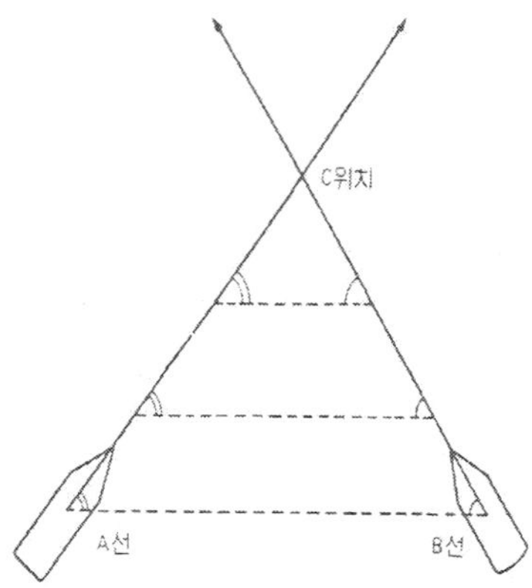

[그림 2-1] 충돌의 위험성 상황

충돌을 피하기 위한 동작은 가능한 한 시간적으로 충분한 여유를 가지고 명료한 동작을 취하여야 한다.

(3) 추월선의 항법

추월선(overtaking vessel)은 동력선이든 범선이든 추월당하는 선박으로부터 충분히 떨어져서 추월하고, 멀리 앞지르기까지 추월당하는 선박의 진로를 피해서 항행하여야 한다.

(4) 정면으로 마주치는 항법

정면으로 마주치거나 거의 정면으로 마주치는 상태(head-on situation)로써 충돌의 위험성이 있을 때에는, 양선박이 모두 우현 변침하여 좌현대 좌현으로 교행(교행)하여야 한다.

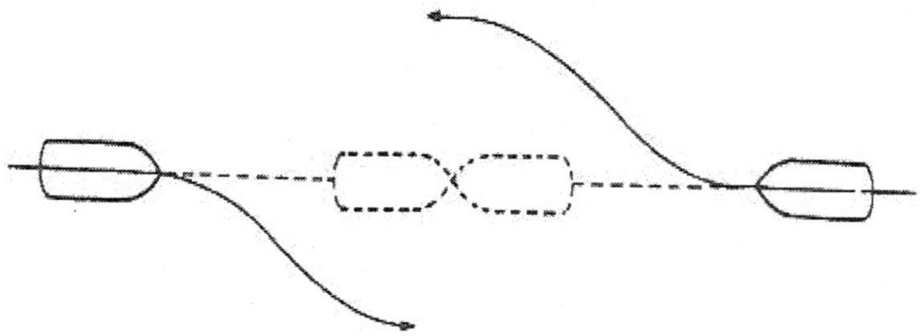

[그림 2-2] 동력선의 마주치는 관계의 항법

(5) 횡단상태의 항법

두 척의 동력선이 서로 진로를 횡단하는 상태(crossing situation)로 접근할 때에는, 다른 선박을 우현에 두고 있는 선박이 그 선박의 진로를 피해야 하고, 그 선박의 전방을 통과해서는 안되며, 조기에 대폭적인 피항 동작을 취해야 한다.

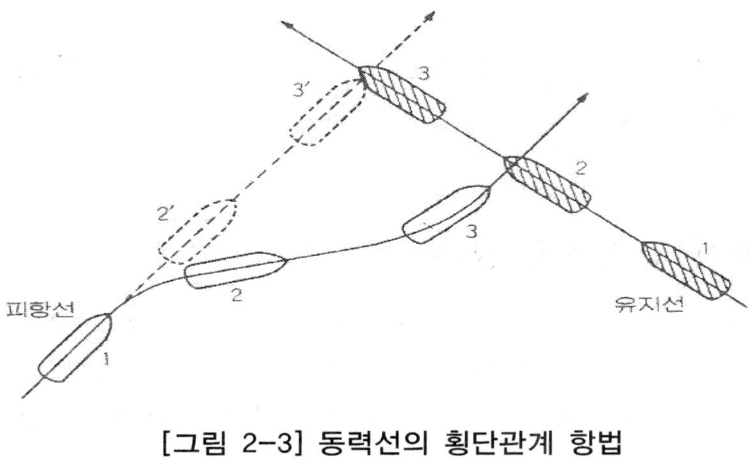

[그림 2-3] 동력선의 횡단관계 항법

(6) 협수로의 항법

좁은 수로에서는 안전하게 항행할 수 있는 항로의 우측단을 항행한다. 좁은 수도나 교통량이 많아서 복잡한 해역에는 통항 분리 방식이 적용된다.

그리고 선박간의 조종성능 우열관계는 다음과 같으며, 기본적인 원칙은 조종성능이 우수한 선박이 열등한 선박의 진로를 피해야 한다는 것이다.

동력선 〉 범선 〉 어선 〉 운전부자유선 또는 조종성능에 제한을 받고 있는 선박

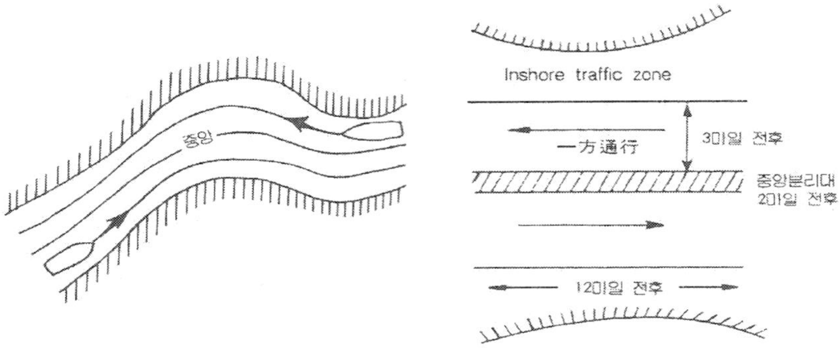

[그림 2-4] 협수로와 통항분리방식

(7) 시계가 제한된 상태의 항법

안개, 비 또는 눈 등으로 시계가 좋지 못한 해역을 항해할 때에는 언제라도 조작이 가능하도록 기관을 준비하고, 레이더의 적절한 사용을 통해 타선과의 충돌위험성을 재빨리 감지하여 충돌회피동작을 취할 수 있도록 하고, 필요하면 감속이나 기관정지도 할 수 있어야 한다.

2. 선박 등화 및 형상물 [부록 참조]

선박의 존재를 타선에 알리고, 또 그 선박이 어떤 종류의 선박으로서 어떠한 일에 종사하고 있는가를 나타냄으로써, 충돌 등의 해난사고를 미연에 방지하기 위해 선박에는 규정된 등화(燈火)를 표시하여야 한다. 일반적으로 선박이 항해중

이거나 정박중 야간에 켜는 등화(lights)는 그 시기가 일몰시부터 일출시까지로 되어 있다. 한편 주간에는 형상물(形象物)을 게시해야 한다.

선박에서 사용하는 등화와 형상물(shapes)에는 다음과 같은 것들이 있다.

가. 항해시 등화 및 형상물

(1) 항해등의 기본 등화장치

① **마스트등(mast light)** : 225° 의 수평의 호(정선수로부터 좌우 112.5° 씩)를 고르게 비추는 백색등이며, 길이 50m이상의 선박은 전, 후 한 개씩 2개의 마스트등을 달아야 한다.

② **현등(side light)** : 우현등은 녹색, 좌현등은 홍색등이며, 정선수로부터 우현 또는 좌현으로 11.5° 씩을 비춘다.

③ **선미등(stern light)** : 135° (정선미에서 좌우 67.5° 씩)의 호를 비추는 백색등

(2) 항해등 및 형상물의 세부규칙

(가) 항행중인 동력선

1) 길이 50m 이상의 동력선(해상교통안전법 제30조 제1항 제1호)

① **마스트등** : 전부마스트, 후부마스트 각각 1개
후부마스트등은 앞쪽보다4.5m 높은 위치에 표시하여야 한다. 다만, 길이 50m 미만의 동력선은 후부마스트등을 표시하지 아니할 수 있다.

② **현등** : 오른쪽 현, 왼쪽 현에 각각 1개

③ **선미등** : 정섬미 부근 1개

2) 길이20미터 미만의 선박(해상교통안전법 제30조 제1항 제2호)

① **마스트등** : 전부 마스트 1개

② **현등** : 양색등 1개

③ **선미등** : 선미 부근 1개

3) 공기부양선(해상교통안전법 제30조 제2항)

공기부양선이라 함은 수면에서 부양한 상태로 항행 가능한 비배수량 선주류를 말하고, 호버 크래프트, 수중익선 등이 있다. 이들 선박이 항행중에 표시하여야 할 등화는 길이(50미터이상, 50미터 미만, 20미터미만)에 따라 규정한 위의 항행등에 부가하여 황색 섬광을 발하는 전주등 1개를 표시하여야 한다.

4) 길이 12미터미만의 동력선(해상교통안전법 제30조 제3항)

① **백색 전주등** : 1개
② **현등** : 오른쪽 현, 왼쪽 현 각각 1개

5) 길이 7미터미만, 최대 속력이 7노트를 넘지 아니하는 동력선(해상교통안전법 제30조 제4항)

① **백색 전주등** : 1개
② **가능한 경우 현등을 표시** : 오른쪽 현, 왼쪽 현 각각 1개

6) 길이 12미터미만의 동력선이 마스트등, 백색 전주등을 선수 및 선미 중심선상에 시하는 것이 불가능할 경우(해상교통안전법 제30조 제5항)

① **마스트등, 백색 전주등** : 선수 및 선미 중심선상에서 벗어난 곳에 표시 가능함
② **현등** : 현등 1쌍은 1개의 등화로 결합하여 선수 및 선미 중심선상 또는 그에 가까운 위치에 표시하되, 그 표시가 불가능할 경우에는 될 수 있는 대로 마스트등 또는 백색의 전주등이 표시된 선의 가까운 위치에 표시하여야 한다.

(나) 항행중인 예인선

동력선이 다른 선박 또는 물체를 끌고 있는 경우에는 다음의 등화 또는 형상물을 표시하여야 한다(해상교통안전법 제31조 제1항).

1) 예인선의 길이 50미터미만, 예인선열의 길이 200미터미만인 경우

① 전부마스트등에 갈음하여 동일 수직선상에 마스트등 2개(해상교통안전법 제31조 제1항 제1호)

② **현등** : 오른쪽 현, 왼쪽 현 각각 1개(해상교통안전법 제31조 제1항 제2호)

③ **선미등** : 1개(해상교통안전법 제 31조 제1항 제3호)

④ **예선등** : 선미등의 위쪽 수직선상 1개(해상교통안전법 제 31조 제1항 제 4호)

2) 예인선의 길이 50미터미만, 예인선열의 길이 200미터이상인 경우

① 전부마스트등에 갈음하여 동일 수직선상에 마스트등 3개

② **현등** : 오른쪽 현, 왼쪽 현 각각 1개

③ **선미등** : 1개

④ **예선등** : 선미등의 위쪽 1개

⑤ **주간형상물** : 마름모꼴 1개(해상교통안전법 제 31조 제 1항 제 5호)

3) 예인선의 길이 50미터이상, 예인선열의 길이 200미터미만의 경우

① 전부마스트등에 갈음하여 동일 수직선상에 마스트등 2개

② **현등** : 오른쪽 현, 왼쪽 현 각각 1개

③ **선미등** : 1개

④ **예선등** : 선미등의 위쪽 1개

4) 예인선의 길이 50미터이상, 예인선열의 길이 200미터이상의 경우

① 전부마스트등에 갈음하여 동일 수직선상에 마스트등 3개

② **마스트등** : 뒤쪽 1개

③ **현등** : 오른쪽 현, 왼쪽 현 각각 1개

④ **선미등** : 1개

⑤ **예선등** : 선미등의 위쪽 1개

⑥ **주간형상물** : 마름모꼴 1개

5) 다른 선박을 밀거나 옆에 붙어서 끌고 오는 동력선(해상교통안전법 제31조 제2항)

① 전부마스트등에 갈음하여 동일 수직선상으로 마스트등 2개
② **현등** : 오른쪽 현, 왼쪽 현 각각1개
③ **선미등** : 1개

6) 끌려가는 선박 또는 물체의 표시(해상교통안전법 제31조 제3항)

① **현등** : 오른쪽 현, 왼쪽 현 각각 1개
② **선미등** : 1개
③ **주간형상물** : 예인선열의 길이가 200미터를 초과할 경우에는 가장 잘 보이는 곳에 마름모꼴 1개

7) 2척 이상의 선박이 일단이 되어 밀려가거나 옆에 붙어서 끌려갈 경우에는 이를 1척의 선박으로 보고 다음의 등화를 표시하여야 한다(해상교통안전법 제31조 제 4항)

① **앞쪽으로 밀려가는 선박** : 선박의 앞쪽 끝에 현등 1쌍
② **옆에 붙어서 끌려가는 선박** : 앞쪽 끝에 현등 1쌍, 선미등 1개

8) 일부가 물에 잠겨 잘 보이지 아니하는 상태에서 끌려가고 있는 선박이나 물체 또는 글려가고 있는 선박이나 물체의 혼합체(해상교통안전법 제 31조 제 5항)

① **폭 25미터미만** : 앞쪽 끝과 뒤쪽 끝 또는 그 부근에 백색 전주등 각 1개
② **폭 25미터이상** : ①의 규정에 의한 등화에 부가하여 그 폭의 양쪽 끝 또는 그 부근에 백색 전주등 각 1개
③ 길이 100미터를 초과하는 경우에는 위의 ① 및②의 규정에 의한 등화 사이의 거리가 100미터를 넘지 아니하도록 하는 백색 전주등의 부가 표시
④ **주간형상물** : 끌려가고 있는 맨 뒤쪽의 선박 또는 물체의 뒤쪽 끝 또는 그 부근에 마름모꼴 1개, 이 경우 예인선열의 길이가 200미터를 초과할 때에는 가장 잘 볼 수 있는 앞쪽 끝 부분에 마름모꼴 1개를 부가하여 표시한다.

9) 예인선의 주의 환기 신호

통상적으로 예인 작업에 종사하지 아니하는 선박이 조난중인 선박 또는 구조를 요하는 다른 선박을 끌고 있는 경우로서 이 법 제1항 또는 제2항의 규정에 의한 등화를 표시할 수 없을 때에는 이들 등화를 표시하지 아니할 수 있다. 이 경우 끌고 있는 선박과 끌려가고 있는 선박 사이의 관계를 표시하기 위하여 끄는 데 사용되는 줄을 탐조등으로 비추는 등 법 제 43조의 규정에 의한 가능한 모든 조치를 취하여야 한다(해상교통안전법 제 31조 제7항)

10) 밀고 있는 선박과 밀려가고 있는 선박이 견고하게 연결되어 하나의 복합체를 이룬 경우에는 이를 1척의 동력선으로 보고 제 30조의 규정을 적용한다(동조 제8항).

① **길이 50미터미만** : 마스트등 1개(앞쪽), 현등 1쌍, 선미등 1개
② **길이 50미터이상** : 마스트등(앞쪽, 뒤쪽)2개, 현등 1쌍, 선미등 1개

(다) 항행중인 범선 등

1) 항행중인 범선(해상교통안전법 제32조 제1항)

① **현등** : 1쌍
② **선미등** : 1개

2) 항행중인 길이 20미터미만의 범선에 있어서는 위의 규정에 의한 등화에 갈음하여 마스트 꼭대기 또는 그 부근의 가장 잘 보이는 곳에 삼색등 1개를 표시(해상교통안전법 제32조 제2항)

3) 항행중인 범선의 식별등화(해상교통안전법 제32조 제3항)

항행중인 범선은 위의 현등과 선미등에 부가하여 마스트 꼭대기 또는 그 부근의 가장 잘 보이는 곳에 전주등 2개를 수직선상의 상하로 표시할 수 있다. 이경우에 위쪽은 홍등, 아래쪽은 녹등이어야 하고, 위의 삼색등과 함께 표시하여서는 아니된다.

4) 길이 7미터 미만의 범선(해상교통안전법 제32조 제4항)

될 수 있는 대로 제1항 또는 제2항의 규정에 의한 등화를 표시하여야 한다. 다만, 이를 표시하지 아니할 경우에는 백색의 휴대용 전등 또는 점화된 등을 즉시 사용할 수 있도록 준비하여 충돌을 방지하기 위하여 충분한 기간동안 이를 표시하여야 한다.

5) 노도선의 표시(해상교통안전법 제32조 제5항)

노도선은 이 조의 규정에 의한 범선의 등화를 표시할 수 있다. 다만, 이를 표시하지 아니하는 경우에는 제 4항 단서의 규정에 의하여야한다.

6) 기범선의 표시(해상교통안전법 제32조 제6항)

① **돛만을 사용할 경우** : 범선의 등화 규정을 따른다.
② **기관만을 사용할 경우** : 동력선의 등화 규정을 따른다.
③ **기관 및 돛을 사용할 경우** : 야간에는 동력선의 등화 규정을 따르고, 주간에는 앞쪽의 가장 잘 보이는 곳에 원추형으로 된 형상물 1개를 그 정점이 아래로 향하도록 표시하여야 한다.

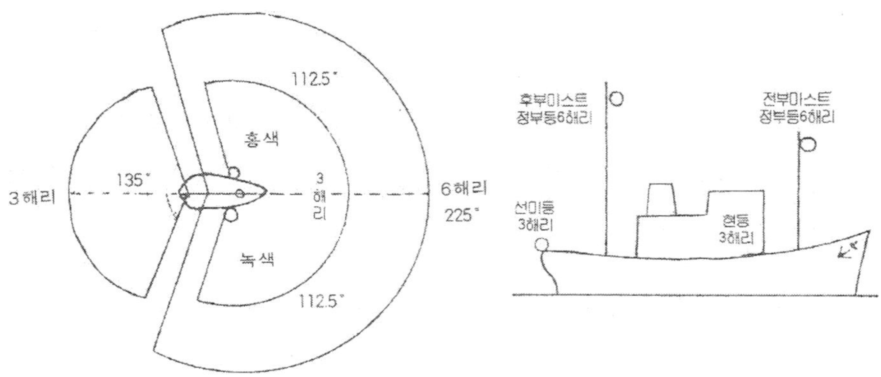

[그림 2-5] 항해등의 구조

(라) 어 선

다음의 어선은 항행 여부에 관계없이 다음의 등화 또는 형상물을 표시하여야 한다.

1) 트롤어선(항망 기타의 어구를 수중에서 끄는 트롤망 어로에 종사하는 선박, 해상교통안전법 제33조 제1항)

① **식별등화** : 수직선상으로 위쪽에 녹색, 아래쪽에 백색의 전주등 각 1개
② **마스트등** : 위의 녹색의 전주등보다 뒤쪽의 높은 위치에 마스트등 1개, 다만, 길이 50미터 미만의 어로에 종사하는 선박은 이를 표시하지 않음.
③ **현등** : 대수속력이 있을 때 1쌍
④ **선미등** : 대수속력이 있을 때 1개
⑤ **주간형상물** : 수직선상에 2개의 원추를 그 정점에서 상하로 결합한 형상물 1개

2) 트롤어선 이외의 어선(해상교통안전법 제33조 제2항)

① **식별등화** : 수직선상으로 위쪽에는 홍색, 아래쪽에는 백색의 전주등 각 1개
② **현등** : 대수속력이 있을 때 1쌍
③ **선미등** : 대수속력이 있을 때 1개
④ **주간형상물** : 수직선상에 2개의 원추를 그 정점에서 상하로 경합한 형상물 1개
⑤ **어구 방향 표시** : 수평 거리로 150미터가 넘는 어구를 선박 밖으로 내고 있는 경우에는 어구를 내고 있는 방향으로 백색의 전주등 1개 또는 정점을 위로 한 원추형의 형상물 1개

3) 트롤망어로 및 선망어로에 종사하는 선박의 추가 신호(해상교통안전법 제33조 제3항, 시행규칙 제6조)

가) 외끌이의 경우(트롤어선)

① 어망을 투입하고 있을 때에는 수직선상에 백색등화 2개

② 어망을 건져 올리고 있을 때에는 수직선상에 홍색의 등화 1개와 그 윗부분에 백색등화 1개

③ 어망이 장애물에 걸린 때에는 수직선상에 홍색등화 2개

나) 쌍끌이의 경우(트롤어선)

외끌이에 해당하는 등화 외에는 야간에는 한 쌍을 이룬 다른 선박의 진행방향을 비추는 탐조등 1개

다) 어구에 의하여 조종성능의 제약을 받고 있을 경우(선망어선)

수직선상에 1초마다 번갈아 섬광을 발하며 꺼지고 켜지는 신간이 동일한 황색의 등화 2개

4) 어로에 종사하지 아니하는 어선(법 제33조 제4항)

이 규정의 적용을 받지 아니한다. 그러므로 그 선박과 동일한 길이의 선박이 표시하여야 할 등화 또는 형상물만을 표시하여야 한다.

나. 정박등 및 정박중의 형상물

(1) 정박선 및 얹혀 있는 선박의 표시

정박하고 있는 선박은 가장 잘 보이는 곳에 다음 각 등화 또는 형상물을 표시하여야 한다(해상교통안전법 제37조 제1항).

선박이 정박 중 야간에 표시하는 등화로는 선수쪽에 1개의 백색전주등(全周燈)을 달고, 선체길이가 긴 경우엔 50m이상 떨어진 선미쪽에도 1개의 백색전주등을 추가해서 달아야 한다. 주간에는 흑색의 구형(球形)형상물을 선수쪽에 매달아서 표시한다.

(가) 정박선(법 제 37조 제 1~3항)

① **길이 50미터미만의 선박** : 가장 잘 보이는 곳에 백색 전주등 1개

② **길이 50미터이상의 선박** : 선수 및 선미 쪽 백색 전주등 각 1개, 선미 쪽

등화는 선수보다 낮은 위치에 표시

③ **주간형상물** : 길이에 관계없이 선수 쪽 구형 형상물 1개

④ **길이 100미터이상의 선박** : 작업등 점등으로 갑판 상을 조명하여야 한다.

(나) 얹혀 있는 선박(법 제37조 제4항)

얹혀 있는 선박은 정박시의 등화 및 형상물에 부가하여 가장 잘 보이는 곳에 다음 각 등화 및 형상물을 표시하여야 한다.

① **식별등화** : 수직선상으로 홍색의 전주등 2개

② **주간형상물** : 수직선상으로 구형 형상물 3개

(다) 길이 7미터미만의 선박(법 제37조 제5항)

길이 7미터미만의 선박은 좁은 수로 등 정박지 안 또는 그 부근과 다른 선박이 통상적으로 항행하는 수역이 아닌 장소에 정박하거나 얹혀 있는 때에는 이 규정의 등화 및 형상물을 표시하지 아니할 수 있다.

(라) 길이 12미터미만의 선박(법 제37조 제6항)

길이 12미터미만의 선박이 얹혀 있는 때에는 위 제4항의 규정에 의한 등화 또는 형상물을 표시하지 아니할 수 있다.

(2) 정박시 세부 형상규칙

(가) 조종불능선 및 조종제한선

1) 조종불능선(해상교통안전법 제 34조 제1항)

① **식별등화** : 가장 잘 보이는 곳에 수직선상으로 홍색의 전주등 2개

② **주간형상물** : 가장 잘 보이는 곳에 수직선상으로 구형 또는 그와 유사한 형상물 2개

③ 대수속력이 있을 때에는 위의 등화에 부가하여 현등 1쌍, 선미등 1개

2) 조종제한선

기뢰제거작업에 종사하고 있는 경우를 제외하고는 다음 각 등화 또는 형상물을 표시하여야 한다(해상교통안전법 제34조 제2항).

① **식별등화** : 가장 잘 보이는 곳에 수직선상으로 위족(홍색), 중간(백색), 아래쪽(홍색)의 전주등 각 1개

② **주간형상물** : 가장 잘 보이는 곳에 수직선상으로 위쪽(구형), 중간(마름모꼴), 아래쪽(구형) 형상물 각 1개

③ 대수속력이 있을 경우에는 식별등화에 부가하여 마스트등 1개, 현등 1쌍, 선미등 1개

④ 정박 중에는 위의 식별등화 및 형상물을 부가하여 제37조의 정박등(백색 전주등 1개)과 주간형상물(구형 1개)을 표시하여야 한다.

(나) 예인선

동력선이 진로로부터 이탈 능력을 매우 제한 받는 예인 작업에 종사하고 있는 경우에는 제31조 제1항(예인선의 등화 및 형상물)에 부가하여 조종제한선의 식별등화 및 형상물을 표시하여야 한다(해상교통안전법 제34조 제3항).

(다) 준설선 및 수중작업선

준설선 또는 수중작업에 종사하고 있는 선박이 조종능력을 제한 받고 있는 경우에는 조종제한선의 등화 및 형상물을 표시하여야 하며, 장애물이 있을 경우에는 이에 부가하여 다음의 등화 및 형상물을 표시하여야 한다(해상교통안전법 제34조 제4항).

① 장애물이 있는 쪽을 가리키는 현에 수직선상으로 야간에는 홍색의 전주등2개, 주간에는 구형 형상물 2개

② 다른 선박이 통과할 수 있는 쪽을 가리키는 현에 수직선상으로 야간에는 녹색의 전주등 2개, 주간에는 마름모꼴 형상물 2개

③ 정박중인 때에는 제37조의 규정에 의한 등화 또는 형상물에 갈음하여 위의 등화 및 형상물

(라) 잠수작업선

잠수작업에 종사하고 있는 선박은 그의 크기로 인하여 제4항의 규정에 의한 등화 및 형상물을 표시할 수 없는 경우에는 다음과 같은 표시를 하여야 한다(해상교통안전법 제 34조 제5항)

① **야간표시** : 가장 잘 보이는 곳에 수직선상으로 위쪽(홍색), 중간(백색), 아래쪽(홍색) 전주등 각 1개

② **주간표시** : 국제해사기구가 정한 국제 신호서 A기의 모사 판을 높이 1미터 이상으로 하여 사방에서 볼 수 있도록 표시

(마) 기뢰제거선박

기뢰제거작업에 종사하고 있는 선박은 당해 선박으로부터 1천 미터 이내로 접근하면 위험하다는 경고로서 동력선으로서의 등화·형상물 규정 및 정박시의 등화·형상물 규정에 부가하여 다음과 같이 표시한다(해상교통안전법 제34조 저 6항).

① **야간** : 녹색 전주등 3개

② **주간** : 구형 형상물 3개

③ **표시방법** : 이들 등화 또는 형상물 중에서 1개는 앞쪽 마스트의 꼭대기 부근에 표시하고, 다른 2개는 앞쪽 마스트의 가름대의 양쪽 끝에 1개씩 표시하여야 한다.

(바) 길이 12미터미만의 잠수작업선

길이 12미터미만의 선박은 잠수작업에 종사하고 있는 경우를 제외하고는 이 조의규정에 의한 등화와 형상물을 표시하지 아니할 수 있다.

다. 각 등화의 시인거리(視認距離)

등화는 적어도 다음의 최저거리에서 보이도록 규정된 광도를 가져야 한다.

① **길이 50m이상의 선박** : 마스트등 6해리, 현등 3해리, 선미등 3해리, 예인선등 3해리, 전주등 3해리

② **길이 12m이상 50m미만의 선박** : 마스트등 5해리, 현등 2해리, 선미등 2해

리, 예인선등 2해리, 전주등 2해리

③ **길이 12m미만의 선박** : 마스트등 2해리, 현등 1해리, 선미등 2해리, 예인선등 2해리, 전주등 2해리

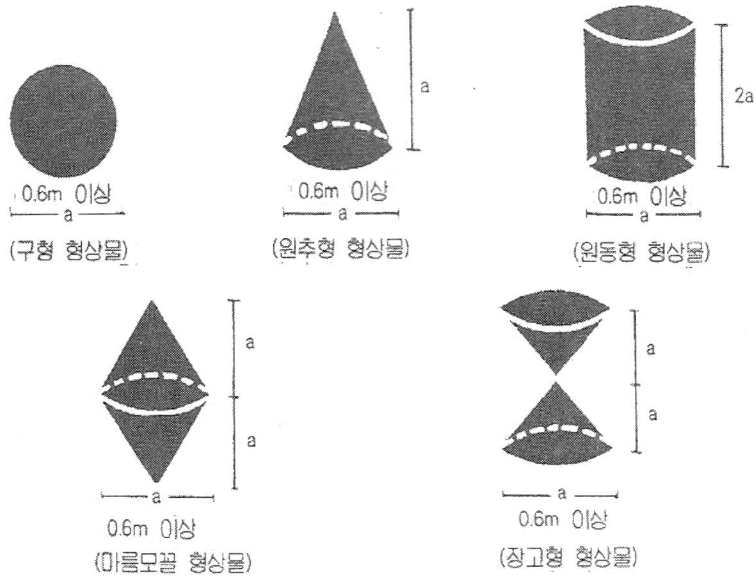

[그림 2-6] 각종 형상물의 모양

라. 특수한 경우의 등화 및 형상물

① **끌고 가는 선박, 밀고 가는 선박** : 수직선상에 2개의 마스트 정부등, 200m 이상의 경우 3개의 마스트 정부등, 낮에는 흑색의 마름모꼴 형상물

② **운전 부자유선** : 홍색 전주등 2개, 낮에는 흑구 2개

③ **범선** : 상하로 홍색 1개, 녹색 1개의 전주등

④ **어선** : 홍색 1개, 백색 1개의 전주등, 특히 트롤 어선은 녹색 1개, 백색 1개의 전주등, 주간에는 원추형 형상물 2개를 꼭지가 서로 마주치게(장고형) 단다.

⑤ **흘수에 제한 받는 선박** : 홍색 전주등 3개, 낮에는 흑색의 원통형 형상물

⑥ **도선사선(pilot vessel)** : 상하로 백등 1개, 홍등 1개의 전주등

⑦ **기동성에 제한을 받는 선박** : 위로부터 차례로 홍등 1개, 백등 1개, 홍등 1개의 전주등, 그리고 주간에는 흑구, 마름모(다이아몬드)형, 흑구의 순서로 매달린 형상물

⑧ **수상항공기** : 수상항공기가 이 법의 조문에서 규정하는 특성을 가진 등화 및 형상물을 표시할 수 없거나, 규정된 위치에 표시할 수 없는 경우, 그 특성과 위치에 관하여 될 수 있는 대로 이 법에서 규정하는 것과 유사한 등화 또는 형상물을 표시하여야 한다(해상교통안전법 제38조).

마. 등화의 설치 및 표시에 관한 특례

선박의 구조나 그 운항의 성질상 이 법의 규정에 의한 등화를 설치할 수 없거나, 그 필요가 없는 선박에 대하여는 해양수산부령이 정하는 바에 의하여 등화의 설치 및 표시에 관한 특례를 정할 수 있다(해상교통안전법 제39조).

3. 선박의 신호

가. 음향신호설비(해상교통안전법 제40조)

선박의 길이에 따라 다음과 같은 음향신호설비를 갖추도록 하였다.

① **길이 12미터이상 100미터미만의 선박** : 기적 및 호종을 비치하여야 한다.

② **길이 100미터이상의 선박** : 기적 및 호종에 부가하여 호종과 혼동되지 아니하는 음조와 소리를 가진 징을 비치하여야 한다. 다만, 호종과 징은 각각 이와 동일한 음색을 가지는 이 법의 규정에 의한 신호를 수동으로 행할 수 있는 다른 설비를 대체할 수 있다(해상교통안전법 제40조 제1항).

③ **길이 12미터미만의 선박** : 위의 규정에 의한 음향신호설비를 비치하지 아니할 수 있다. 다만, 이들을 비치하지 아니하는 경우에는 유효한 음향신호를 낼 수 있는 다른 기구를 비치하여야 한다(해상교통안전법 제40조 제2항).

나. 조종신호 및 경고신호(해상교통안전법 제41조)

(1) 조종신호

항행중인 동력선이 서로의 시계 내에 있는 경우에 이 법의 규정에 의하여 그 침로를 변경하거나, 그 기관을 후진하여 사용할 때에는 다음에 정하는 바에 따라 기적신호를 행하여야 한다.

① **단음 1회** : 침로를 오른쪽으로 변경하고 있는 경우
② **단음 2회** : 침로를 왼쪽으로 변경하고 있는 경우
③ **단음 3회** : 기관을 후진하고 있는 경우

(2) 발광신호

항행중인 동력선은 위의 기적신호에 보충하여 다음과 같은 발광신호를 적절히 반복할 수 있다.

① **섬광 1회** : 침로를 오른쪽으로 변경하고 있는 경우
② **섬광 2회** : 침로를 왼쪽으로 변경하고 있는 경우
③ **섬광 3회** : 기관을 후진하고 있는 경우

(3) 발광신호의 방법 및 사용등화

① **섬광의 지속 시간** : 1초
② **섬광 사이의 간격** : 1초
③ **발광신호의 간격** : 10초 이상
④ **사용등화** : 가시거리 5마일 이상의 백색전주등

(4) 좁은 수로 등에서의 추월 신호

선박이 서로 시계 내에 있을 때에 좁은 수로 등에서 추월해 관한 기적신호는 다음과 같다.

① **장음 2회, 단음 1회** : 다른 선박의 우현 쪽으로 추월하고자 할 경우

② **장음 2회, 단음 2회** : 다른 선박의 좌현 쪽으로 추월하고자 할 경우
③ **장음 1회, 단음 1회, 장음 1회, 단음 1회** : 피추월선의 동의 신호

(5) 경고신호(의문신호)

서로 시계 내에 있는 선박이 접근하고 있을 경우, 하나의 선박이 다른 선박의 의도 또는 동작을 이해할 수 없거나, 다른 선박이 충돌을 피하기 위하여 충분한 동작을 취하고 있는지의 여부가 분명하지 아니한 때에는 그 사실을 안 선박이 즉시 그 사실을 기적 및 발광신호에 의하여 다음과 같이 표시하여야 한다.

① **기적신호** : 단음 5회 이상
② **발광신호** : 5회 이상의 짧고 급속한 섬광을 발하여 기적신호를 보충할 수 있다.

(6) 좁은 수로 등의 굽은 부분

굽은 수로 또는 장애물에 가리어 다른 선박을 볼 수 없는 수역에 접근하는 선박은 다음의 기적신호를 울려야 하고, 맞은편에서 접근하는 선박이 기적신호를 들은 때에는 다음과 같은 응답 신호를 하여야 한다.

① **굽은 수로의 기적신호** : 장음 1회
② **굽은 수로의 응답신호** : 장음 1회

(7) 2개 이상의 기적을 비치한 선박

선박이 2개 이상의 기적을 비치하고 그 기적 사이의 거리가 100미터이상이 되는 때에는 그 중 하나만을 사용하여 조종신호 및 경고신호를 울려야 한다.

다. 제한된 시계 내에서의 음향신호

선박이 제한 시계 내에서 항행 중 또는 정박 중이거나 얹혀 있을 때에 그 선박의 존재를 다른 선박이 알 수 있도록 음향신호설비에 의하여 적절한 신호를 이행하도록 한 것이다. 그리고 이 법에서 정하고 있는 선박의 종류에 따라 그 선

박이 실제로 어떠한 사정에 처해 있는가를 음향신호를 통하여 다른 선박에게 알리도록 한 규정이다(해상교통안전법 제42조).

(1) 음향신호

시계가 제한된 수역 도는 그 부근에 있는 모든 선박은 주야에 관계없이 다음의 규정에 의한 신호를 하여야 한다(동조 제1항).

① 항행 중인 동력선은 대수속력이 있는 경우에는 2분을 넘지 아니하는 간격으로 장음 1회를 울려야 한다.

② 항행 중인 동력선은 정지하여 대수속력이 없는 경우에는 장음간의 간격이 2초 정도 연속한 장음 2회를 2분이 넘지 아니하는 간격으로 울려야 한다.

③ 조종불능선, 조종제한선, 흘수제약선, 범선, 어로에 종사하고 있는 선박 또는 다른 선박을 끌고 있거나 밀고 있는 선박은 위의 ① 및 ②에 의한 신호에 갈음하여 2분을 넘지 아니하는 간격으로 연속된 3회의 기적(장음 1회에 이른 단음 2회를 말한다.)을 울려야 한다.

④ 끌려가고 있는 선박(2척이상의 끌러가고 있는 경우에는 제일 뒤쪽의 선박)은 승무원이 있을 경우에는 2분을 넘지 않는 간격으로 연속된 4회의 기적(장음 1회에 이어 단음 3회를 말한다.)을 울려야 한다. 이 경우 신호는 될 수 있는 대로 끌고 있는 선박이 행하는 신호의 직후에 울려야 한다.

⑤ 정박하고 있는 길이 100미터 미만의 선박은 1분을 넘지 아니하는 간격으로 5초정도 급속히 호종을 울려야 한다. 다만, 정박하여 어로에 종사하거나 작업 중인 조종제한선은 위의 ③에 의한 신호를 울려야 하고, 길이 100미터 이상의 선박에 있어서는 호종을 선박의 앞쪽에서 울려야 하되, 호종을 울린 직후에 뒤쪽에서 징을 5초 정도 급속히 울려야 하며, 접근하여 오는 선박에 대하여 자선의 위치와 충돌의 가능성을 경고할 필요가 있을 경우에는 이에 부가하여 연속 3회(단음 1회, 장음 1회, 단음 1회)의 기적을 울릴 수 있다.

⑥ 얹혀 있는 길이 100미터 미만의 선박은 1분을 넘지 아니하는 간격으로 급속히 호종을 5초 정도 울림과 동시에 그 직전 및 직후에 호종을 각각 3회 똑똑히 울려야 한다. 이 경우에 그 선박은 이에 부가하여 적절한 기적신호를

행할 수 있다.

⑦ 얹혀 있는 길이 100미터 이상의 선박은 그 앞쪽에서 1분을 넘지 아니하는 간격으로 급속히 호종을 5초 정도 울림과 동시에 그 직전 및 직후에 호종을 각각 3회에 똑똑히 울리고, 뒤쪽에서는 그 호종의 최후의 울림 직후에 급속히 징을 5초 정도 울려야 한다. 이 경우에 그 선박은 이에 부가하여 적절한 기적신호를 행할 수 있다.

⑧ 길이 12미터 미만의 선박은 위의 ① 내지 ⑦의 신호를 하지 아니할 수 있다. 다만, 그 신호를 행하지 아니하는 경우에는 2분을 넘지 아니하는 간격으로 다른 유효한 음향신호를 하여야 한다.

⑨ 도선선이 도선 업무에 종사하고 있는 경우에는 위의 ①,② 또는 ⑤에 의한 신호에 부가하여 단음 4회로 식별 신호를 할 수 있다.

(2) 2척의 선박이 하나의 복합체로 된 경우

밀고 있는 선박과 밀려가고 있는 선박이 견고하게 연결되어 하나의 복합체를 이룬 경우에는 이를 1척으로 본다.

라. 주의환기신호

모든 선박은 다른 선박의 주의를 환기하기 위하여 필요한 경우에는 이 법에서 정하는 다른 신호로 오인되지 아니하는 발광신호 또는 음향신호를 행하거나 다른 선박에 지장을 주지 아니하는 방법으로 위험이 있는 방향에 탐조등을 비출 수 있다. 발광신호 또는 탐조등은 항행보조시설로 오인되지 아니하는 것이어야 하며, 스트로보 등 기타 강력한 빛이 점멸하거나 회전하는 등화를 사용하여서는 아니 된다(해상교통안전법 제43조).

마. 조난신호

선박이 조난을 당하여 구원을 요청하는 경우에는 국제해사기구가 정하는 신호를 하여야 한다(해상교통안전법 제44조 제2항).

선박은 제1항의 규정에 의한 목적 외에 동항의 규정에 의한 신호 또는 이와 오인될 위험이 있는 신호를 행하여서는 아니 된다(법 제44조 제2항).

4. 교통안전특정해역

가. 교통안전특정해역의 설정 및 관리

국토해양부장관은 해상교통량이 폭주하는 해역 및 거대선·위험 화물운반선, 고속여객선 등의 통항이 빈번한 해역으로서 대형 해양사고가 발생할 우려가 있는 해역 안에서의 선박의 항행안전을 위하여 해양경찰청장의 의견을 들어 해양수산부령이 정하는 바에 의하여 항로지정방식과 해상교통관제방식을 시행할 수 있다(해상교통안전법 제45조 제1항). 교통안전특정해역의 범위는 대통령령으로 정하는데, 인천구역, 부산구역, 울산구역, 포항구역, 및 여수구역이다.

교통안전특정해역의 설정 목적은 해상교통을 인위적으로 관리하여 선박의 항행안전을 확보하는 데 있으므로 그 대상은 선박의 항로와 속력이다. 선박이 이 해역을 항행할 때에는 항로지정방식과 해상교통관제방식에 따라야 한다.

나. 거대선 등의 운항사항 통보

길이 200미터 이상인 거대선·위험화물 운반선, 기타 해양수산부령이 정하는 선박이 교통안전특정해역을 항행하고자 할 때에는 당해 선박의 선장 또는 선박소유자는 교통안전특정해역 통항 시각 기타 해양수산부령이 정하는 선박운항에 관한 사항을 해양경찰서장에게 통보하여야 한다(해상교통안전법 제46조 제1항).

여기서 해양수산부령이 정하는 선박이란 다음과 같다(시행규칙 제46조 제1항).

① 선박 또는 물체를 끌거나 밀고 있는 선박으로서 그 예인선렬의 길이가 200m 이상인 경우, ② 흘수제약선

법 제 46조 제 1항의 규정에 의하여 통보를 받은 해양 경찰서장은 선박의 항행안전을 확보하기 위하여 필요하다고 인정할 때에는 선장 또는 선박소유자에게

다음의 사항을 명할 수 있다.

① 통항시각의 변경, ② 항로의 변경, ③시계가 제한된 경우에 있어서의 선박의 항행 제한, ④속력의 제한, ⑤안내선의 사용, ⑥기타 해양수산부령이 정하는 사항

다. 기타 특정해역에서의 제한

(1) 어업의 제한

교통안전특정해역에서 어로에 종사하는 선박은 그 교통안전특정해역에서 법 제 45조 제 1항의 규정에 의한 항로지정방식에 따라 항행하는 다른 선박의 통항에 지장을 주어서는 아니 된다(해상교통안전법 제47조 제1항).

(2) 공사 또는 작업

교통안전특정해역에서 항행보조시설의 설치, 해저전선 또는 해저 파이프라인의 부설, 준설, 측량 또는 침몰선 인양작업 기타 선박의 항행에 지장을 줄 우려가 있는 공사 또는 작업을 하고자 하는 자는 해양경찰청장의 허가를 받아야 한다(해상교통안전법 제48조 제1항).

(3) 유조선 등의 통항 제한

경유 또는 중유를 1,500킬로리터 이상을 화물로 싣고 운반하는 선박이나 해양오염방지법 제 2조 제 3호의 규정에 의한 유해액체물질을 1,500톤 이상 싣고 운반하는 선박의 선장 또는 항해당직을 수행하는 항해사는 유조선 등의 안전운항을 확보하고 해양사고로 인한 해양오염을 방지하기 위하여 유조선 등을 통항을 금지한 해역(유조선통항금지해역) 안에서 항행하여서는 아니된다(해상교통안전법 제49조의 2 제1항).

(4) 좁은 수로 등에서의 항로의 지정

해양수산부장관은 교통안전특정해역이 아닌 해역으서 그 해역의 지형, 조류, 기타 자연적인 조건 등으로 해양사고가 발생될 우려가 있다고 인정되는 경우에는, 해양경찰청장의 의견을 들어 그 해역의 범위, 선박의 항로 및 속력 등 선박의 항행 안전에 필요한 사항을 정하여 고시할 수 있다.

제 4 절 해양환경법규

1. 해양오염방지법

가. 해양오염방지법의 목적

해양오염방지법은 해양에 배출되는 기름·유해액체물질 등과 폐기물을 규제하고, 해양의 오염물질을 제거하여 해양환경을 보전함으로써 국민의 건강과 재산을 보호함을 목적으로 한다(해양오염방지법 제1조).

종전에는 "선박으로부터 해양에 배출되는···"이라고 하는 제한 규정을 두었으나, 1999년 2월 8일 개정시 "선박으로부터"를 삭제하여 오염원의 배출원을 확대하여 적용할 수 있도록 하였다.

예로부터 해양은 전 세계를 이어주는 중요한 교통로이자 관광지, 해저 자원 및 식량의 보급원으로서 중요한 역할을 해오고 있다. 그러나 오랫동안 인간은 해양을 오물의 투기장으로 이용해 왔다. 특히 산업의 발달과 함께 유해한 각종 산업폐기물, 생활폐수, 농약 잔류물 등이 다량 배출되어 해양에 유입되고 있다. 또 대형 유조선 항행의 증가, 각종 선박의 해양사고, 해저산업활동에서 유출되는 기름 및 유해물질에 의한 해양오염은 해양환경을 심각하게 파괴하고 있다. 1967년 토리 캐년호 사고 이후 자주 보아 왔듯이, 특히 "선박에 의한 해양사고" 는 일시에 한정된 수역에 대량의 기름을 쏟아 낸다는 점에서 바다의 자정능력의 한계를 여

실히 보여주는 심각한 문제를 야기해 왔다.

이처럼 해양과 해양시설로부터 배출되는 석유, 유해액체물질, 폐기물에 의한 해양오염을 방치한다면 해양환경의 파괴는 물론, 인간의 생존환경에 대한 심각한 위협을 받게 되는 것이다. 이에 인류 공동 재산인 해양을 오염원으로부터 보호하여 인류의 생존환경을 보존하기 위하여 국제법으로는 "해양오염방지협약"(MARPOL 73/78), 국내법으로는 "해양오염방지법"이 1991년 법률(제4365호)로 제정되어 있다.

나. 적용범위

해양오염방지법은 해양오염과 그 방지에 관하여 적용되나 방사성 물질에 의한 해양오염 및 그 방지에 관하여는 원자력법의 규정에 따른다(해양오염방지법 제3조 제1항).

해양오염에는 ①영해 및 내수 그리고 대한민국이 해양환경보전에 관한 관할권을 갖는 해역안에서 행하여진 해양오염,②①에서 정한 해역 밖에서 행해진 해저광구 의 개발(대륙붕에 있어서 석유 및 천연가스의 탐사·시추 등)에 의해 발생한 해양오염,③①에서 정한 해역 밖에서 대한민국 선박에 의해 행해진 해양오염, ④환경보전 해역 안에서의 해양오염,⑤특별 관리 해역안에서의 해양오염이 있다(해양오염방지법 제3조 제2항).

다. 선박으로부터의 기름의 배출 규제

(1) 배출금지의 원칙

누구든지 해양에서 선박으로부터 기름을 배출하는 행위를 하여서는 안된다(해양오염방지법 제5조 제1항 본문). 배출이 금지되는 기름은 원유 및 석유제품(석유가스 제외)과 이들을 함유하는 유성혼합물 및 폐유를 말한다. 이러한 기름으로는 화물유(cargo oil), 연료유(bunker oil), 윤활유, 폐유 등을 들 수 있다.

(2) 기름의 배출금지 규정이 적용되지 아니하는 경우

(가) 기름의 배출이 허용되는 경우

선박의 안전 확보나 인명구조를 위하여 행하는 부득이한 기름의 배출인 경우와 선박의 손상 기타 부득이한 원인으로 기름이 계속 배출되는 경우 이를 방지하기 위하여 가능한 모든 조치를 취하였음에도 불구하고 생기는 기름의 배출인 경우에는 선박으로부터의 기름의 배출이 허용된다(해양오염방지법 제5조 제1항 단서).

(나) 적법한 기름의 배출

선박에서 기름을 배출하는 경우에는 ① 선박이 항행중에 배출할 것, ② 배출액중의 유분이 100만분의 15(15ppm)이하일 것, ③ 기름오염방지설비가 작동하는 중에 배출해야하는 요건에 적합해야 한다(시행규칙 제9조 제1항).

라. 기름의 해양배출방지를 위한 설비의 설치 등

선박소유자는 해양오염방지법 시행규칙이 정하는 바에 따라 선박의 기름배출을 방지하기 위한 설비(기름오염방지설비)를 설치하거나 폐유저장용기를 비치하여야 하며, 선박을 해양오염방지를 위한 구조 기준 및 복원성 기준에 적합하도록 하여야 한다. 기름오염방지설비는 해양수산부장관으로부터 형식승인 및 검정 또는 인정을 받은 것이어야 하며, 동 규칙이 정하는 바에 따라 유지하고 작동하여야 한다(해양오염방지법 제6조).

마. 기름기록부

기름기록부란 기름의 취급에 관한 작업을 기록하기 위한 장부로ㅡ 소정의 기재사항을 빠짐없이 기록함으로써 해양오염방지법의 규제에 적합하게 기름의 유출이 행하여지도록 작업에 있어서 세심한 주의를 환기시킨다. 또한 기름기록부의 보관의무 및 사본의 제출 등의 제도로 인해 기름의 배출에 관한 작업이 법률에 위반됨 없이 적정하게 이루어 졌는가의 여부를 확인하기 위한 자료가 된다.

선장(피예인선인 경우에는 선박소유자)은 기름기록부를 선박(피예인선인 경우에는 선박소유자의 사무실) 안에 비치하고 기름 사용량 등을 기록하여야 한다. 그 보존 기간은 최종 기재를 한 날로부터 3년으로 한다. 그리고 기름기록부 서식은 국토해양부장관이 정하여 고시한다(해양오염방지법 제9조).

2. 선박으로부터의 유해액체 및 폐기물의 배출규제

가. 배출금지의 원칙

누구든지 해양에서 선박으로부터 유해액체물질 및 폐기물을 배출하는 행위를 하여서는 안된다(해양오염방지법 제11조 제1항 본문, 제16조 제1항 본문). 배출이 금지되는 유해액체물질에는 엄격한 오염방지조치를 취하여야 하는 유해액체물질인 A류 물질, 오염방지 조치를 취하여야 하는 유해액체물질인 B류 물질, 오염방지조치에 특별한 주의를 필요로 하는 유해액체물질인 C류 물질, 오염방지조치에 약간의 주의를 필요로 하는 유해액체물질인 D류 물질 그리고 C와 D류 물질 중 기름에 준하는 오염방지조치를 취하는 유해액체물질인 기름과 유사한 유해액체물질로 분류되며, 세부기준 및 분류된 물질의 목록은 국토해양부장관이 정하여 고시한다.

배출이 금지되는 폐기물이란 해양에 배출되었을 경우 해양환경보전을 저해하는 물질(기름 및 유해액체물질은 제외한다.)로 해양오염방지법 시행규칙 제 5조의 물질과 해양에 배출됨으로써 그 상태로는 쓸 수 없게 된 물질을 말한다.

나. 유해액체물질 및 폐기물의 배출이 허용되는 경우

액체물질 배출이 허용되는 경우에는 선박의 안전확보나 인명구조를 위한 부득이한 액체물질의 배출인 경우와 선박의 손상 기타 부득이한 원인으로 유해액체물질이 계속 배출되는 경우 이를 방지하기 위하여 가능한 모든 조치를 취하였음에도 불구하고 생기는 유해액체물질의 배출인 경우가 있다. 폐기물의 배출도 이러한 경우 허용된다(해양오염방지법 제11조 제1항 단서, 제16조 제1항 단서).

또한 유해액체물질의 선적 운반에 이용되고 있는 화물창으로부터 세정된 물 밸러스트를 배출하는 경우와 선박 내 선원과 승객 등의 일상생활에서 생기는 분뇨 등 폐기물을 동 규칙이 정한 해역에서 동 규칙이 정한 처리기준 및 방법에 따라 배출하는 경우도 이에 속한다(해양오염방지법 제11조 제2항, 제16조 제2항).

다. 유해액체물질 및 폐기물의 해양배출방지를 위한 설비의 설치

(1) 유해액체물질 배출방지를 위한 설비설치(해양오염방지법 제12조)

선박소유자는 유해액체물질을 산적 운반하기 위하여 건조되거나 개조된 선박에 동 규칙의 설치기준에 따라 유해액체물질을 선박 안에 저장 또는 처리하기 위한 설비 기타 유해액체물질에 의한 해양오염을 방지하기 위한 설비(유해액체물질 오염방지설비)를 설치하여야 하며, 유해액체물질 배출방법 및 설비에 관한 지침서를 작성하여 국토해양부장관의 검인을 받아 당해 선박의 선장에게 제공하여야 한다.

유해액체물질을 산적하여 운반하기 위하여 건조되거나 개조된 선박의 화물창은 충돌·좌초 기타 사고가 발생할 경우에 대량의 유해액체물질이 배출되는 것을 방지하기 위해 동 규칙의 기준에 적합하도록 설치하여야 한다.

(2) 폐기물의 해양배출방지를 위한 설비설치(해양오염방지법 제17조, 시행규칙 제39조)

폐기물의 경우 선박소유자는 동 규칙이 정하는 선박에 동 규칙의 설치기준에 따라 선박 안에서 발생하는 분뇨 등 폐기물을 저장 또는 처리하기 위한 설비(폐기물오염방지설비)를 설치하여야 한다. 그리고 대변용 설비를 설치하지 않은 선박을 제외한 ① 총톤수 200톤 이상의 선박, ② 선박검사증서 상의 최대탑승인원 11인 이상의 선박, ③ 어선검사증서 상의 최대탑재인원 20인 이상의 어선, ④ 소속 부대의 장 또는 경찰관서의 장이 정한 승선 인원 30인 이상의 군함과 경찰용 선박에는 분뇨오염방지설비를 설치하여야 한다. 다만, 선박안전법 상의 위생설비 중 대변용설비를 설치하지 아니한 선박은 제외된다.

라. 유해액체물질기록부 및 폐기물기록부

유해액체물질기록부는 선장(피예인선의 경우 선박소유자)에 의해 선박(피예인선의 경우 선박소유자의 사무실) 안에 비치되어지고, 유해액체물질의 운반량 등이 기록된다. 보존기간은 최종기재를 한 날로부터 3년으로 한다(해양오염방지법 제13조).

폐기물기록부는 폐기물 운반선과 동 규칙이 정하는 일정 규모 이상의 선박의 선장에 의해 당해 선박에 비치되고 폐기물 처리량 등이 기록된다. 보존기간은 최종기재를 한 날로부터 3년으로 한다. 여기서 동 규칙이 정하는 일정규모 이상의 선박은 ① 총톤수 400톤 이상의 선박, ② 탑승 인원 15인 이상의 선박(1시간 이내의 항행에 종사하는 선박은 제외)을 말한다(해양오염방지법 제22조).

3. 선박의 해양오염방지 설비의 검사

기름오염방지설비 · 유해액체물질오염방지설비 · 폐기물오염방지설비(해양오염방지 설비)를 설치하여야 할 선박과 대량의 유해액체물질이 배출되는 것을 방지하는데 적합한 화물창을 설치하여야 할 선박(검사대상선박)의 소유자는 충돌 · 좌초 기타 사고가 발생한 경우 당해 해양오염방지 설비 또는 화물창에 대하여 동 규칙이 정하는 바에 따라 국토해양부장관이 행하는 구분에 따라서 검사를 받아야 한다(해양오염방지법 제24조).

가. 검사의 종류

① **정기검사:** 해양오염방지 설비 등을 선박에 최초로 설치하여 항행에 사용하고자할 때 및 해양오염방지증서의 유효기간이 만료한 때 행하는 정밀한 검사이다.

② **중간검사:** 중간검사는 정기검사와 정기검사와의 중간에 동 규칙이 정하는 시기에 행하는 간이한 검사로 배관 · 밸브 및 콕의 위치 확인과 압박시험을 제외한 검사인 제1종 중간검사와 작동 시험을 행하는 검사인 제 2종 중간검

사로 구분된다.

③ **임시검사:** 해양오염방지 설비 등을 교체·개조 또는 수리를 한 때 행하는 검사이다.

④ **임시항해검사:** 해양오염방지증서를 교부받기 전에 선박을 임시로 항행에 사용하고자 할 때에 행하는 검사로 대한민국 선박을 외국인 또는 외국정부에 양도할 목적으로 항행에 사용하고자 할 때 그리고 선박을 개조·검사·검정 또는 톤수 측정을 받을 장소에의 항행에 사용하고자 할 때 이 검사를 받아야 한다.

⑤ **검사의 생략:** 국토해양관청은 해양오염방지법 제64조 제1항·제4항 및 제5항의 규정에 의하여 형식 승인 및 검정 또는 인정을 받은 해양오염방지설비에 대하여 정기검사·임시검사 또는 임시항행검사를 최초로 하는 때에는 당해 설비의 검정과 관련된 사항의 검사를 하지 않을 수 있다(해양오염방지법 제24조 제2항).

나. 검사의 절차

(1) 검사의 신청

정기검사·중간검사 및 임시검사를 받고자 하는 자는 소정 서식의 '해양오염방지설비검사신청서'에 동 규칙상의 구분에 의한 서류를 첨부하여 국토해양관청에 제출하여야 한다(시행규칙 제53조 제1항).

임시항행검사를 받고자 하는 자는 소정 서식의 임시항행검사신청서에 동 규칙에 의한 서류를 첨부하여 국토해양관청에 제출하여야 한다(시행규칙 제53조 제2항).

(2) 검사의 준비

해양오염방지설비 등의 검사를 받고자 하는 자는 동 규칙의 기준에 따라 검사의 준비를 하여야 한다(시행규칙 제59조).

(3) 검사 등의 대행

국토해양부장관과 해양경찰청장은 해양오염방지법상 규정된 업무를 수행할 능력이 있다고 인정되는 자를 지정하여 당해 업무를 대행하게 할 수 있고 , 지정된 자가 지정요건에 미달하게 되는 경우에는 그 지정을 취소할 수 있다. 또한 국토해양부장관은 이 규정에 의한 검인 업무 및 업무의 대행자를 지정한 때에는 이를 고시하여야 한다(해양오염방지법 제28조, 시행규칙 제62조).

(4) 재검사

해양오염방지설비 등의 검사를 받은 자가 그 검사 결과에 대하여 불복이 있을 때에는 그 결과에 관한 통지를 받은 날로부터 60일 이내에 그 사유를 갖추어 해양수산부장관에게 재검사를 신청할 수 있으나, 재검사를 신청한 자는 국토해양부장관의 허가를 받지 아니하고 해양오염방지설비 등의 관련 부분의 원상을 변경하여서는 안 된다(해양오염방지법 제31조).

다. 부적합 선박에 대한 조치

국토해양부장관은 해양오염방지설비 등 해양오염방지법 제6조(기름의 해양배출방지를 위한 설비의 설치 등)·제12조(유해액체물질의 해양배출방지를 위한 설비의 설치 등) 또는 제17조(폐기물의 해양배출방지를 위한 설비의 설치 등)의 규정에 의한 설치기준에 적합하지 않은 선박에 대하여 그 선박소유자에게 해양오염방지설비 등의 교체·개조 또는 수리 기타 필요한 조치를 명할 수 있다. 또한 선박소유자가 이 명령을 정당한 사유없이 이행하지 아니하고 당해 선박을 항행에 계속 사용함으로써 해양환경의 보전에 나쁜 영향을 미칠 우려가 있는 경우에는 당해 선박에 대하여 항행정지 처분을 할 수 있다(해양오염방지법 제29조)

라. 해양오염장지증서 및 국제오염방지증서

(1) 해양오염방지증서

국토해양부장관은 정기검사 또는 임시항행검사에 합격한 선박소유자에 대하여 해양오염 또는 해양오염방지증서를 교부하여야 한다. 국토해양관청은 검사대장 선박이 정기검사에 합격한 때에는 해양오염방지증서 추록을 교부하고, 임시항행검사에 합격한 때에는 임시해양오염방지증서를 교부하여야 한다(해양오염방지법 제25조, 시행규칙 제60조 제1항).

그리고 국토해양관청은 검사대상선박이 중간검사를 받은 때에는 해양오염방지증서 등의 뒷면에 검사 받은 사실 및 다음 검사 기준일을 기재하여 반환하여야 하고, 당해 선박에 설치하여야 하는 해양오염방지설비 중 일부 설비를 갖추지 아니할 수 있도록 한 경우에는 그 내용을 해양오염방지증서에 기재하여야 한다(시행규칙 제60조 제3항, 제4항).

(2) 국제오염방지증서

국토해양부장관은 검사에 합격한 선박소유자로부터 당해 선박을 국제 항행에 사용하기 위하여 국제협약에 따른 해양오염방지증서(협약증서)의 교부 신청이 있는 때에는 국토해양관청은 당해 선박의 해양오염방지 설비 등의 종류에 따라 소정 서식의 국제기름오염방지증서 및 국제기름오염방지증서 추록 또는 해상에 있어서 인명의 안전을 위한 국제협약 등에 의한 증서에 관한 규칙에 의한 협약증서를 교부하여야 한다.

이렇게 교부받은 협약증서는 해양오염방지법에 의한 해양오염방지증서로 본다(해양오염방지법 제26조 제1항, 시행규칙 제61조 제2항).

(3) 유효기간 및 유효기간의 연장

해양오염방지증서(임시해양오염방지증서 제외)의 유효기간은 5년이며, 유효기간의 연장은 소정 서식의 유효기간 연장 신청서에 해양오염방지증서 등을 첨부하여 국토해양관청 또는 대한민국 영사에게 제출함으로써 이뤄진다. 국토해양부장관은 해양오염방지 증서 등의 유효기간이 만료된 때에 선박이 정기검사를 받을 수 없는 부득이한 경우에 3개월 내에 유효기간을 연장할 수 있다. 어장에서 조업 중 또는 성어기인 경우도 정기검사를 받지 못할 부득이한 사유가 있으면 5개월 범위 내에서 유효기간을 연장할 수 있다. 또한 유효기간을 연장할 때에는 해양오염방지증서 등에 그 내용을 기재하여야 한다(해양오염방지법 제30조 제1항, 시행규칙 제65조).

제3장

선박해설

제3장 선 박 해 설

제1절 선박용어

1. 기본용어

가. 선명(name of ship)

선박의 명칭으로서 선박법에 의해 선수양현 및 선미에 선명을 표시하도록 규정하고 있다. 우리나라에서는 관습적으로 산명의 끝에 "호(號)"라는 말을 붙여서 부르고 있고, 일본 같은 경우에는 전통적으로 "마루(丸)"라는 말을 주로 써 왔다. 요즈음 와서는 선박회사의 홍보효과도 기하기 위해 선명에 소속회사 이름을 붙여서 사용하는 경우도 많다.

나. 선박번호(official number)

선박을 관할관청의 선박원부에 등록하면 그 선박의 고유번호로서 부여되는 것이다. 선박번호는 신호부자와 함께 표지판에 새겨서 선교부근의 잘 보이는 곳에 게시하도록 규정되어 있다.

다. 신호부자 또는 호출부호(signal letter or call sign)

신호부자(信號符字)는 선박법에 규정된 무선통신의 호출부호이다. 부호는 주로 알파벳 3-4문자로 이루어지며 여기에 한, 두 자리의 숫자가 추가되기도 한다(예; 새유달호 : D8WX). 조립방식에 대해선 국제전기통신협약(ITC) 및 무선통신규칙(RR)에서 정하는 바에 따르고 있는데, 각 국가별로 사용가능한 부호가 할당되어 있다.

라. 선적항(port of registry)

선적항은 인간의 경우 본적에 해당하는 것이다. 선박법에서는 선박을 소유하게 되면 선적항을 선정하여 그 관할관청에 등록을 하고 그 선적항명을 선미쪽 외판의 선명밑에 표시하도록 규정하고 있다.

2. 선박구조 용어

가. 선수(bow or head)

선체의 앞쪽 부분을 가리킨다. 선수중 맨 앞쪽의 돌출된 부분을 스템(stem)이라 하고, 정(正)선수 방향을 선수부(ahead)라 한다.

나. 선미(stern)

선체의 뒤쪽 부분을 가리킨다. 선미중 맨뒷쪽의 하부에는 선미골재(stern frame)가 있는데, 여기에 타(rudder)와 스크류 프로펠러(screw propeller)가 취부된다. 정(正)선미 방향을 선미부(astern)라 하고 빗겨 선미 방향을 쿼터(quarter)라고 한다.

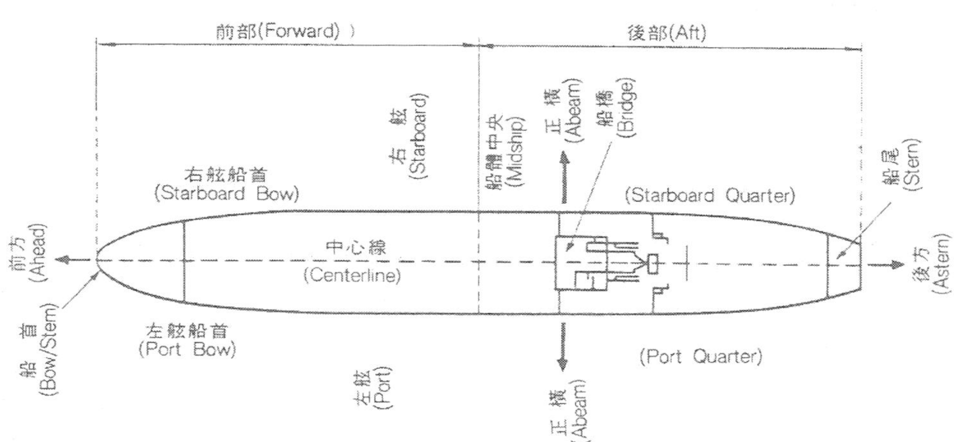

[그림 3-1] 선체의 부위별 용어

다. 우현(starboard)

선체 중심선(center line)으로부터 우측을 우현이라 한다. 스타보드(starboard)란 원래 영어의 조타하는 현(steer board)이라는 뜻에서 유래되었는데, 이는 옛날의 배(특히 Viking선)에서는 타가 선미에 설치되는 오늘날의 배와는 달리 주로 우현측에 취부되었다는 데서 유래된 것이다. 정횡 방향을 abeam이라 하고 우현 선수방향을 starboard bow, 우현 선미방향을 starboard quarter라고 한다.

라. 좌현(port)

선체의 중심선으로부터 좌측을 가리킨다. 포트(port)라는 말 역시 옛날의 배가 우현 측에 타가 있는 관계로 주로 좌현측이 안벽, 즉 항구(port) 측으로 접안·계류 하게 됨에 따라 유래된 것이다. 좌현 쪽 정횡 방향을 port abeam이라 하고 좌현 순수방향을 port bow, 좌현 선미방향을 port quarter라고 한다.

3. 선박의 주요치수(principal dimension)

선박의 크기와 용량을 평가, 비교하고 등록 및 제규정의 적용을 위해서는 측정기준을 필요로 하는데, 그 주된 요소로는 다음과 같은 것들이 있다.

가. 길이(longitudinal dimensions)

선박의 길이는 관계법규에 따라 제각기 다르게 정의하고 있다.

(1) 전장(全長, length over all; LOA)

선박의 종방향의 최장 길이로서 선체에 고정적으로 부착되어 있는 모든 돌출물을 포함하여 선수 최전단으로부터 선미 최후단까지의 수평거리를 말한다. 접안이나 입거 등을 비롯하여 선박의 조종에서 고려해야 할 요소이며, 국제해상충돌예방규칙 및 해상교통안전법등에 관련을 갖는 것이다.

(2) 수선간장(legth between perpendicular ; LPP or LBP)

만재흘수선상에서 전부수선(fore perpendicular), 즉 선수재(stem)의 전면으로부터 후부수선(after perpendicular), 선미재(stern post)의 후면까지의 수평거리로 표시된다. 선박안전법 내지는 강선구조규정 등에서 사용된다.

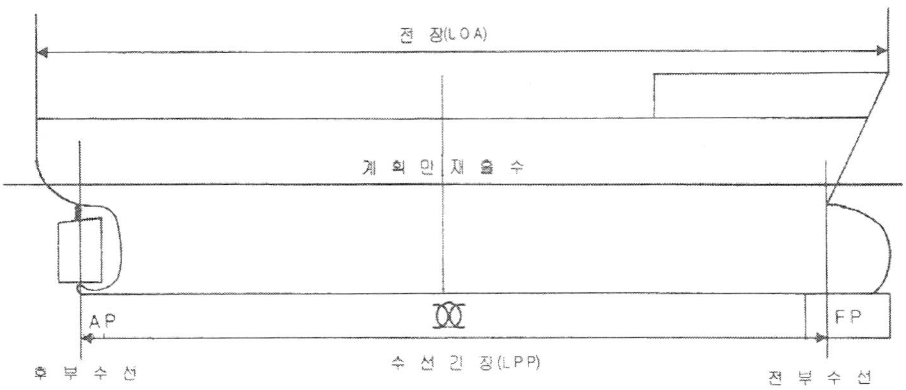

[그림 3-2] 배의 길이

(3) 등록장(registered length)

선수재의 전면으로부터 선미재의 후면까지에 이르는 길이를 상갑판 하면의 수평거리로 측정한 것이다. 선박법에 의하여 선박원부에 등록되고 선박국적증서에 기재되는 길이이다.

나. 폭(transverse dimensions)

(1) 전폭(extreme breadth ; B)

선체의 중앙부의 가장 넓은 부분에서 측정한 최대폭을 말하며, 외판의 바깥 면에서 반대편 현 외판의 바깥 면까지의 횡방향의 수평거리로 측정된다. 운하통과 및 도크에 들어갈 때 등 선박의 조종에 관련을 갖는 것이다.

(2) 형폭(molded breadth)

전폭이 가장 넓은 부분에서 늑골(frame)의 바깥면(외판의 안쪽)에서 반대편 늑골의 바깥면까지의 횡방향의 수평거리를 말한다. 등록폭(registered breadth)도 같은 측정기준을 따르는데, 형폭은 조선 용어로 주로 사용되는데 비해 등록폭은 선박안전법등의 법률상 용어로 사용된다.

다. 깊이 및 흘수(vertical dimensions)

(1) 깊이(depth; D)

선체중앙(수선간장의 중앙부)에서 현측의 상갑판 하면(빔과 프래임이 만나는 점)으로부터 용골(keel)의 상면까지의 수직거리를 말한다. 형심(molded depth)과 같은 의미로 쓰인다.

(2) 흘수(draft or draught)

선박이 수면하에 잠겨있는 깊이를 흘수라 하며 수면으로부터 선저의 최저부까지의 수직거리로 나타낸다. 선체엔 흘수를 측정할 수 있는 흘수표(draft mark)가 선수와 선미 및 중앙부의 외판에 표시되어 있다. 선수흘수(fore draft)와 선미흘수(after draft)와의 차이를 트림(trim)이라고 한다. 일반적으로 정상적인 항해 상태에서의 트림은 선수흘수보다 선미흘수가 약간 큰 선미트림(trim by the stern)의 상태가 보통이고, 그 반대현상을 선수트림(trim by the head)이라고 하며 동일한 상태일 때 등흘수(even keel)라고 부른다.

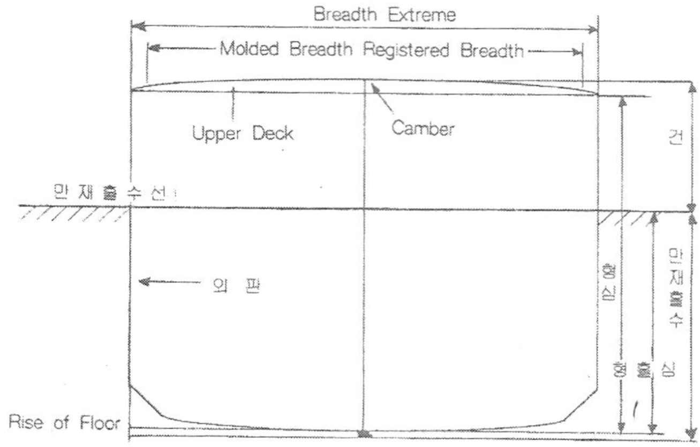

[그림 3-3] 배의 폭, 깊이 및 흘수

(3) 만재흘수(full load draft)

선박은 항상 현재의 흘수보다 싶은 수심을 가진 항구나 해역에만 입항, 항해할 수 있다. 또한 안전항해를 위해서는 선박은 충분한 예비부력(reserved buoyancy)을 가져야 하는데, 예비부력은 건현(freeboard)의 크기에 의해 결정된다. 건현은 수면으로부터 건현갑판(보통 상갑판)까지의 수직거리이므로 선박의 깊이로부터 흘수를 뺀 값이라 할 수 있다. 즉, 건현과 흘수는 상대적인 관계에 있는 것이다. 선박항행의 안정상 허용되는 최대흘수를 만재흘수라고 하며, 선박안전법에서는 국제항해에 종사하는 선박으로 하여금 계절 및 해역에 따른 허용 최대흘수를 나타내는 만재흘수선표(load line mark)를 선체중앙의 양현측에 표시하도록 규정하고 있다. 만재흘수선표를 프림솔 마크(Plimsoll's mark)라고도 하는데, 이는 선박의 과적으로 인한 해난사고 방지를 위해 1872년에 이를 최초로 제안했던 영국의 하원의원 프림솔(Samuel Plimsoll)씨의 이름에서 유래된 것이다.

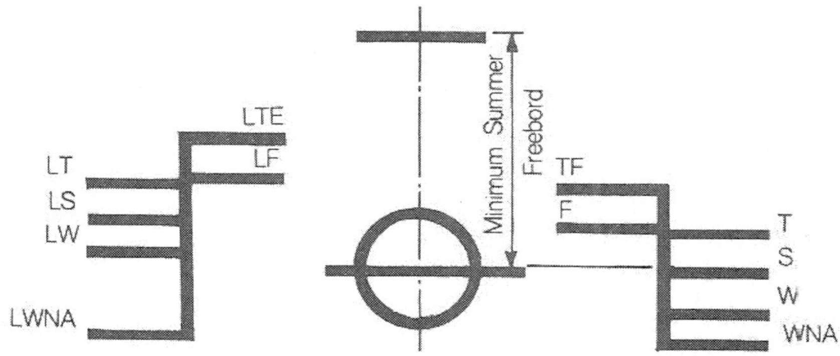

[그림 3-4] 만재흘수선표

제 2 절 선박의 톤수

선박의 크기 및 재화능력을 나타내는 톤(ton)이란 원래 중세유럽에서 선박에 적재할 수 있는 술통의 수를 가지고 선박의 크기를 표시했던 것으로서, 술통을 때릴 때 나는 소리(tuna)에서 유래된 것으로 전해지고 있다. 톤수(tonnage)에는 용적에 의한 것과 중량에 의한 것이 있는데, 그 목적과 용도에 따라 여러 가지로 다르게 사용된다.

1. 용적에 의한 구분

가. 총톤수(gross tonnage; G/T)

선체에 둘러싸인 부분의 총용적을 톤수로 표시한 것이다. 종래에는 선박의 총용적에서 갑판상의 항해 · 안전 · 위생에 관련된 용적을 공제한 용적을 가지고 100 입방피트(cubic feet)당 1톤으로 표시 했었지만, 근래에 와서는 1 입방미터(㎥)당

일정한 계수를 곱하여 산출한 값으로 하고 있다.

즉, 국제총톤수 = $(0.2 + 0.02 \times \log_{10}V)V$ 이다. [단, V : 폐위장소의 합계용적(㎥)]

총톤수는 일반적으로 선박의 크기를 말할 때 사용되며 선박국적증서에 기재되고 등록세, 도선료, 선박검사료 등의 기준이 된다.

나. 순톤수(net tonnage; N/T)

선박내의 총용적 중에서 선원실, 기관실, 조타실, 발라스트 탱크 등이 차지하는 용적을 공제하고, 여객이나 화물을 적재할 수 있는 용적만을 톤수로 표시한 것이다. 순톤수는 해상운송을 통해 영리를 추구할 수 있는 가용용적이기 때문에 입항세, 톤 세, 보험료 등 선박과세의 기준이 되며, 선박국적증서에 총톤수와 함께 기재된다.

2. 중량에 의한 구분

가. 배수톤수(displacement tonnage)

선박의 중량은 선체가 물에 떠 있을 때 밀어낸 물의 양, 즉 배수량과 같으며 이를 중량톤으로 나타낸 것이 배수톤수이다. 단위로는 롱톤(long ton; 2,240 lbs, 1016.5 kg), 쇼트톤(short ton; 2,000 lbs, 907.18 kg), 킬로톤(kilo ton; 2,204.62 lbs, 1,000 kg)등이 있지만 우리나라에서는 미터(meter)법에 의한 킬로톤을 사용하고 있다.

하기(여름철) 만재흘수선까지 화물 등을 만재한 상태의 배수톤수를 만재배수톤수(full load displacement : WF)라 한다. 그에 비해 선체, 기관 및 법정 부속구를 갖추고 화물은 물론 연료, 물, 식량, 소모품, 승조원 등을 탑재하지 않은 상태에서의 배수톤수를 경하배수톤수(light load displacement; WL)라 한다. 한편 군함에서는 병기, 탄약, 승조원 및 식량 등을 탑재하고, 연료와 청수만을 적재하지 않은 상태에서의 배수톤수를 기준배수톤수(standard displacement)라고 하며, 이를 세계적으로 통일된 군함의 크기로 표시하고 있다.

나. 재화중량톤수(dead weight tonnage; D/W)

만재배수톤수와 경하배수톤수와의 차를 말한다(D/W =WF - WL). 재화중량톤은 선박에 적재할 수 있는 화물의 중량을 해수 비중 1.025 에서의 중량톤으로 나타낸 것으로, 순화물의 중량은 이로부터 연료·물 등의 중량을 공제한 것이다. 따라서 화물선의 운항상의 채산에 중요한 관련을 갖는 톤수라고 할 수 있으며 선박의 매매, 용선 등에 있어서 가격결정의 기준이 되기도 한다.

다. 운하톤수(canal tonnage)

세계의 주요 해운국들 간에는 선박의 소속국이 발행한 톤수증서에 기재된 선박톤수를 상호 인정하는 협정을 맺고 있으나, 수에즈운하와 파나마운하에서는 독자적인 측정기준을 가지고 순톤수를 측정하며 이 톤수를 운하통과료의 징수기준으로 삼고 있다. 이를 각각 수에즈 운하톤수(Suez canal tonnage) 및 파나마 운하톤수(Panama canal tonnage)라 한다.

* 이상의 여러 종류의 톤수들 간에는 선박의 종류에 따라 어느 정도의 차이는 있지만 화물선의 경우 대략 다음과 같은 비율의 크기를 갖는다.

총톤수	순톤수	만재배수톤수	재화중량톤수
100	70	200	140

제4장

선박의 기관

제1절 주 기 관

제2절 보조기관

제4장 선박의 기관

선박을 추진시키기 위해 추진기를 회전시키는 기관이 주기이다. 주기(main engine)의 운전과 더불어 부수적으로 필요한 펌프(pump)나 발전기(generator)등을 보기(auxiliary engine)라고 한다. 그 외에도 선내에는 전등, 급수, 난방, 냉장용의 제기관과 하역용 윈치(winch)등의 갑판기계, 혹은 선박의 운항과 승조원 및 여객의 거주생활에 필요한 여러가지 기계가 장치되어 있다. 그 중에서 가장 중요한 것은 물론 주기이다.

제1절 주 기 관

선박에 설치되어 있는 주기의 종류를 크게 나누면 증기를 원동력으로 하는 증기기관 또는 외연기관과 폭발성 가스(gas)를 원동력으로 하는 내연기관이 있다. 또한 그 형식과 이용범위에 따라서 분류하면 다음 표에서 보는 바와 같다.

한편 원자력선은 석탄이나 석유를 연료로 사용하지 않고, 원자로에 의해 증기를 발생해서 증기 터빈의 주기를 작동시키는 것이다.

[표 4-1] 기관의 구분

<table>
<tr><td rowspan="6">박용(舶用)
주기관</td><td rowspan="2">증기기관
(외연기관)</td><td>왕복(往復)기관-대 · 중 · 소형선</td></tr>
<tr><td>증기터빈(turbine)-대 · 중형선</td></tr>
<tr><td rowspan="4">내연기관</td><td>가솔린(gasoline)기관-보트</td></tr>
<tr><td>소구(遡求)기관-보트류</td></tr>
<tr><td>디젤(diesel)기관-각종선박</td></tr>
<tr><td>가스터빈(gas turbine)-대 · 중형선</td></tr>
</table>

1. 주기관의 마력

기관이 발생시키는 힘을 나타내는 데는 마력(horse power)이라는 단위를 사용한다. 그 마력을 측정하는 방법과 장소에 따라 같은 기관에서도 여러 가지로 차이가 있는데 대략 다음과 같은 명칭으로 표시된다.

① **도시마력(indicated horse power : I.H.P)** : 실린더내에 발생하는 마력을 표시하는 것으로서 지시마력이라고도 하며, 도시기(indicator)에 의해 실린더내에 작동하는 증기나 가스의 압력을 측정하여 마력을 계산한다. 증기 왕복기관의 출력은 이 마력으로 표시한다.

② **제동마력(break horse power : B.H.P)** : 기관의 축에 전해지는 마력으로서 기관 내부의 마찰이나 저항에 의해 도시마력보다 감소된 것이다. B.H.P와 I.H.P의 비를 기계효율이라고 한다. 디젤 기관의 출력은 이 마력으로 표시된다.

③ **축마력(shaft horse power : S.H.P)** : 프로펠러 축(propeller shaft)에 전해지는 힘을 축의 비틀림 정도로써 측정한 마력으로, B.H.P에서 보다 더 감소된 것이다. 증기터빈의 출력은 이 마력으로 표시된다.

2. 증기기관

증기기관은 왓트(Watt)에 의해 발명되었는데, 기선에 사용되기는 1819년에 미국 사반나(Savanna)호에 왕복기관으로 장치되어 최초로 대서양을 횡단하게 되면서 시작되었다. 왕복기관(reciprocating engine)은 실린더(cylinder) 안으로 흡입(吸入)된 증기의 압력에 의해 피스톤(piston)을 움직이고 크랭크(crank)를 통해서 추진기를 회전시키는 것으로서, 증기기관차의 기관과 같은 형식이다. 왕복기관은 19세기말까지 선박용 기관으로 널리 사용되었지만 증기 터빈과 디젤기관이 발명된 후로는 그 수가 감소되고 요즘은 소형선이나 특수선 이외에서는 별로 쓰이지 않고 있다.

증기 터빈(steam turbine)은 압력이 높은 증기를 차실(casing)에 흡입시켜 블레이드(blade)를 고속도로 회전시키고 그 운동을 감속장치(reduction gears)를 통하여 회전속도를 적당히 떨어뜨려서 프로펠러(propeller)를 회전시키는 것이다. 이 기관은 진동이 적고 높은 출력을 발생시킬 수가 있으며 취급이 간단하므로 종래에는 군함이나 고속 여객선 등에서 주로 사용되어 왔었는데 최근에는 대형 탱커 등에서도 많이 이용되고 있다.

3. 내연기관

각종 내연기관 중에서 상선에 가장 많이 사용되고 있는 것은 디젤 기관(diesel engine)이다. 이 기관은 1897년에 독일의 디젤(Rudolf Diesel)에 의해 발명된 것에서 그 이름이 유래되었다. 실린더 내에서 공기를 압축시켜 높은 온도가 된 곳에 연료를 흡입시키면 연료가 폭발하고 그 압력에 의해 피스톤을 작동시켜 프로펠러의 축을 회전시키는 것이다. 높은 출력의 기관에는 여러 개의 실린더가 있는데 그 종류에는 2행정기관(Two-cycle engine)과 4행정기관(Four-cycle engine) 등이 있다.

이 기관은 ① 연료소비가 적고② 보일러(boiler)가 필요 없어서 연료 탱크가 차지하는 용적이 작으므로 그 만큼 화물 적재량을 증가시킬 수 있으며,③ 기관이 신속하게 작동될 수 있다는 등의 이점을 가지고 있다. 디젤 기관의 발달과 함께 그 이용범위가 급증되면서 현대 선박의 대부분이 디젤선으로 되어 있다. 반면에 디젤 기관은 그 가격이 높고, 진동이 심하며, 그 수리 및 유지가 복잡하여 높은 출력에는 적당치 않다는 결점도 있어서 고속여객선이나 초대형선 등에서는 대신에 증기터빈이 채용되고도 있다.

가솔린 기관이나 소구기관(hot-bulb engine)의 이용은 보트나 소형선에 한정되어 있고, 가스 터빈은 현재로선 아직 실용화 단계에 이르지 못하고 있지만 일부 고속선에 나타나고 있는 실정이다.

제2절 보조기관

보기(auxiliary engine)란 주기(main engine)를 작동시키기 위해 필요한 부수적인 기관으로서, 증기기관에 있어서는 보일러(boiler)에 물을 보내는 급수용 펌프(pump), 연소실에 바람을 보내는 송풍기, 복수기(condencer)에 해수를 순환시키는 순환펌프 등이 있고, 디젤 기관에서는 실린더에 중유 및 압축공기를 공급하는 중유분사 펌프 및 공기 압축기, 피스톤과 실린더를 냉각시키는 냉각수 펌프 등이 중요한 것들이다. 이러한 것들은 증기 혹은 전기를 동력으로 하기 때문에 그것을 위해 발전기도 필요하다. 그 밖에 기관실 내에는 청수, 해수, 빌지(bilge), 위생수(sanitary water), 화물유, 연료유용의 각종 펌프와 냉동기, 통풍기(ventilator), 조수기(evaporator) 등이 각기 여러 곳에 설치되어 있다.

갑판기계로는 양묘기(windlass), 조타기(steering gear), 하역용 윈치(cargo winch) 등이 있으며, 이들 보기들 역시 증기 혹은 전기를 그 동력으로 하고 있다.

1. 추진기와 축계통

기관을 사용하여 선박을 나아가게 하는 추진기의 형식에는 주로 나선식 프로펠러(screw propeller)와 외륜(paddle wheel)형이 있다. 또한 특수한 형태로 추진과 조타를 겸한 보이드 슈나이더 프로펠러(voith schneider propeller)가 있는데, 이는 예인선(tug boat)등에 사용된다.

외륜형은 선체의 양측에 수차와 같은 것을 달고서 기관으로 수차를 회전시켜 물을 밀어 냄으로서 선체를 나아가게 하는 것이다. 이 장치는 기선의 초기에 사용된 것이었는데, 외해에서는 파도의 영향을 받게 되는 결점이 있어서 진보가 되지 않아 근래에는 강이나 호수에서의 연락선(ferry boat)등의 일부에서 밖에는 볼 수 없다.

현대선박에서 추진기의 주종을 이루는 나선식 프로펠러는 선미의 수면하에 장치한 암차로서, 축을 중심으로 3-4매 혹은 5-6매의 날개(blade)를 나사의 일부와 같이 변형시켜 부착한 것이다. 프로펠러가 수중에서 회전함으로서 물을 밀어낸 반동으로 선체가 나아가는데, 1회전하는 동안에 나아간 거리를 핏치(potch)라고 한다. 그러나 선체가 수중에서 받는 저항 등에 의하여 실제로 선박이 진행한 거리는 핏치보다 작아지는데 그 차이를 슬립(slip)이라 한다.

주기와 프로펠러는 일련의 축계통으로 연결되어서 주기의 회전을 프로펠러에 전달하며, 그것에 의해 생긴 추진력(thrust)은 축계의 최전단에 있는 추진축(thrust shaft) 으로부터 선체에 고정된 축수(thrust recess)를 통해 선체에 전달되어 선박을 추진시킨다.

프로펠러의 수는 선박의 크기와 속력 및 용도 등에 따라 다른데, 상선은 대개 단암차선(single crew ship)이지만, 초대형선이나 고속여객선, 그리고 군함이나 특수선 등에서는 쌍암차선(twin screw ship)또는 3암차선(triple screw ship) 및 4암차선(quadruple screw ship)등도 볼 수 있다.

2. 박용보일러 및 연료

박용 보일러(marine boiler)에는 연관식과 수관식이 있다. 연관식은 원통형의 둥근 보일러 한쪽 끝에 연소실의 아궁이가 있고, 그곳에서 연료를 태워서 생긴 연소가스가 보일러 내를 통하는 다수의 연관을 통해 연돌로 배출된다. 보일러에 채워진 물은 연관의 주위로부터 열을 받아서 증기를 발생한다.

수관식은 연관식과는 반대로 보일러 내에 다수의 수관이 통하고 있고, 연소가스는 외측으로부터 관내의 물을 가열시켜 증기를 발생시키는 것이다. 수관식은 연관식 보다 그 형체와 중량이 작아서 고압고온의 증기를 단시간 내에 발생시킬 수 있으므로, 상선에서는 고압 터빈을 주기로 하는 곳에 이용된다.

종래 보일러에 사용되는 연료는 석탄이었는데, 석탄을 때는 데는 번잡한 작업을 요하고 또한 연소효과도 좋지 않으며, 많은 매연을 발생시키므로 요즘은 거의가 중유를 연료로 하는 것으로 대체되었다. 탱크(tank)로부터 급유 펌프로 보내진 중유는 분무상태가 되어 공기와 화합해서 버너(burner)에서 분사됨으로써 거의 완전 연소가 이루어진다.

디젤선은 보일러를 갖지 않지만 기관을 작동 시키는 데는 역시 중유를 필요로 한다. 그러나 증기선에 비하여 소량의 중유가 소모되므로 경제적이어서 디젤 기관이 많이 채용되고 있는 것이다.

연료비는 선박항해 경비의 대부분을 차지하므로 가능하면 연료가 적게 드는 기관이 바람직하며, 또한 연료를 장기간 보급하지 않고서 항해를 하는 것이 상선의 능률을 높이는 길이 될 것이다. 따라서 먼 장래에 있어서 연료자원의 문제를 생각한다면 석탄과 석유의 세계매장량에는 한계가 있으므로, 원자력의 평화적 이용이 바람직하며 그 일환으로서 원자력 상전이 출현하게 된 것이다.

제5장

선박통신 및 신호

제1절 선외통신
제2절 선내통신

제5장 선박통신 및 신호

통신(communication)이란 인간 상호간에 이루어지는 정보의 교환 내지는 의사의 전달기능이라고 정의된다. 또한 신호(signalling)는 음향이나 형상 또는 색채나 빛 등에 의하여 미리 약정된 부호를 가지고 멀리 떨어져 있는 상대방에게 의사를 전달하는 방법을 말하며, 그 종류로는 시각신호와 음향신호가 있다.

선박은 해상에 고립되어 항해를 하므로 그 안전성과 운항 상의 효율성을 증진시키기 위해 육상이나 다른 선박과 교신을 해야 하고, 또 선내에서도 부서간의 원활하고 협조적인 업무수행을 위해 통신을 필요로 한다.

따라서 선박안전법에서도 전파법규에 의거한 무선전화 등의 통신시설을 각 선박에 설치하도록 규정해 놓고 있다.

제1절 선외통신

1. 무선전신(radio telegraph)

무선전신은 중파 또는 단파의 송수신기를 통해 모스부호(Morse code)로 행하는 통신이다. 무선전신장치는 육상 또는 타 선박과의 일상적인 교신뿐 아니라 해난의 예방과 조난의 구조 등을 위해 중요한 역할을 하기도 한다. 선박의 무선국(통신실)에는 일반적으로 주 송수신기(main transmitter and receiver) 및 보조 송수신기(sub-transmitter and receiver)와 더불어 긴급 자동경보 송수신기(auto alarm receiver and keyer)등이 설치되어 있다. 또한 구명정에 의한 퇴선시 사용할 수 있는 휴대용 무선전신기(portable radio transmitter)도 비치되어 있다.

주 송신기에 의한 중요통신은 원칙적으로 500KHz의 전파로 행해지며, 보조 송신기는 주 송신기가 고장이거나 선내전원에 이상이 생겼을 경우에 축전지로도 작동이 가능하다. 그리고 긴급 자동 경보 송수신기는 선박이 조난을 당하여 구조를 요할 시 위급신호(SOS)를 발신 또는 수신하기 위한 것으로, 통신사의 근무시간 외에도 자동적으로 신호를 발·수신하여 경보를 울릴 수 있도록 되어 있다.

무선전신에 의한 중요통신은 조난통신과 긴급통신 및 안전통신의 3가지로 이루어진다. 조난통신(Distress signal)은 선박이 중대하고 급박한 위험에 처하여 긴급히 구조를 요청할 때 행하는 통신으로 모스부터 SOS (· · · --- · · ·)의 3회 반복으로 시작된다. 긴급통신(Urgency signal)은 선박의 안전을 위해 긴급한 정보(예컨대 선박의 기관고장으로 인한 구조요청, 여객 및 승조원의 해중 추락 또는 부상 및 환자발생으로 인한 의료요청 등)를 발할 때 행하는 통신으로, 모스부호 XXX (-· · - -· · - -· · -)의 3회 연속으로 시작된다. 그리고 안전통신(Safety signal)은 항행의 안전을 위해 중요한 정보(예컨대 기상경보나 유빙 및 표류물 등 장애물에 대한 경보)를 제공하는 통신으로 모스부호 TTT (---)의 3회 반복으로 시작된다.

이들 중요통신이 다른 전파의 혼신 때문에 방해받는 것을 막기 위해 매시 15분과 45분부터 각각 3분 동안 조난통신이나 긴급통신 이 외의 전파발사를 금지하고 있는데 이를 침묵시간(Silence period)이라고 한다.

2. 무선전화(radio telephone)

긴급한 정보교환이나 조난 및 구조에 대한 의사전달을 통화로서 할 수 있는 장치인데 여기에는 초단파 무선전화기(V.H.F)와 중단파 무선전화기(S.S.B.), 그리고 인공위성을 이용한 무선전화기(INMARSAT)등이 있다.

V.H.F(very high frequency)는 수십 마일 정도의 범위를 가진 무선전화기로서 선교(bridge)에 설치되며, 선박 간에 혹은 출·입항 시에는 항만통제소(Port control)와 일반적인 정보교환을 위한 통화(Ch.16)에 주로 사용되고, 또 조난 시에는 구조

신호를 송수신(Ch.13)하는데 이용된다.

S.S.B(single side band)는 수백 마일에 달하는 장거리 무선통화를 위해 원양선박에 설치되며, 주로 육상의 본사와 신속한 정보교환을 통해 운항능률을 높이는데 사용되고 있다.

한편 인공위성전화는 근래(1980년대 초)에 개발된 것으로 해사통신위성(Maritime Satellite Communication System : MSC)을 기반으로 발족된 국제해사위성기구(INMARSAT)의 범세계적인 선박 및 육상기지국간의 통화체계이다.

무선전화에 의한 중요통신의 경우 조난통신은 메이데이(MAYDAY), 긴급통신은 팡팡(PAN PAN), 그리고 안전통신은 세큐리티(SECURITY)라는 말의 3회 반복으로 시작된다.

3. 텔렉스(Telex)

국제가입전신이라 불리우는 통신장치로서 전화 대신에 텔레타이프(tele-type)라는 일종의 타자기를 사용하여 국제간이나 선박 간에 통신을 행하는 것이다. 일시에 많은 정보를 보낼 수 있고 통신에 걸리는 시간도 비교적 빠르며, 또 전보 등에 비해 요금도 저렴하기 때문에 요즘에 와서 더욱더 많이 이용되고 있는 통신방법이다.

4. 팩시밀(Facsimile)

전송한 사진을 지면에 곧바로 나타내는 통신장치로서 텔렉스처럼 수신한 정보를 받아 적을 필요가 없어서 매우 편리하다. 초기에는 주로 기상예보나 천기도 등을 일정시각에 받아보는데 사용되었지만, 최근에는 컨테이너 선 등에서 화물의 적양하 계획에 관한 도면이나 기타 운항정보를 송수신하는데 활용되기도 하고, 또 그 밖에도 국내외 시사뉴스나 가족소식의 제공등 팩스이용은 더욱더 다양하고 폭넓게 확대되고 있다.

5. 발광신호

빛(flashing light)을 발하는 모스부호(Morse signal)에 의해 통신을 하는 방법으로서, 선교에 설치된 신호등(signalling lamp)이나 탐조등(search light)을 이용한다.

모스 부호는 단부와 장부가 일정한 길이와 간격을 갖는다. 단부(dot or short ·)의 길이를 1단위라 하면 장부(dash or long-)의 길이는 3단위, 1 단어중의 각 부호의 간격은 1단위, 그리고 각 단어 간의 간격은 3단위 이다. 교신방법은 송신측의 호출부호 AAA(· - · -)를 발신하면 이에 대해 수신측이 응답신호 T(-)를 발하고, 식별신호 DE(- · · ·)에 이어 송신측의 신호부자 또는 명칭을 송신한 후 본문송신이 끝나면 종신부호 AR(· - · - ·)에 대해 수신측의 해답신호 R(· - ·)로써 완료된다. 또한 통신 중의 송신신호는 EEEE(· · · ·)이고, 재송신호는 RPT(· - · · --· -)이며, 대기신호는 AS(· - · · ·), 그리고 질문신호 RQ(· - · -- · -)에 대한 긍정과 부정의 신호는 각각 C(- · - ·)와 N(- ·)이다.

[표 5-1] 모스 부호표

국 문		영 문		숫자 및 기호
ㄱ · - · ·	ㅏ ·	A · -	N - ·	1 · ----
ㄴ · · - ·	ㅑ · ·	B - · · ·	O ---	2 · · ---
ㄷ - · · ·	ㅓ -	C - · - ·	P · -- ·	3 · · · --
ㄹ · · · -	ㅕ · · ·	D - · ·	Q -- · -	4 · · · · -
ㅁ --	ㅗ · -	E ·	R · - ·	5 · · · · ·
ㅂ · --	ㅛ - ·	F · · - ·	S · · ·	6 - · · · ·
ㅅ -- ·	ㅜ · · · ·	G -- ·	T -	7 -- · · ·
ㅇ - · -	ㅠ · - ·	H · · · ·	U · · -	8 --- · ·
ㅈ · -- ·	ㅣ - · ·	I · ·	V · · · -	9 ---- ·
ㅊ - · · -	ㅐ -- · -	J · ---	W · --	0 -----
ㅌ -- · ·	ㅔ - · --	K - · -	X - · · -	. · - · - · -
ㅍ ---		L · - · ·	Y - · --	, -- · · --
ㅎ · ---		M --	Z -- · ·	? · · -- · ·
				- - · · · · -
국문 정정 · · · - ·		통신 개시 - · - · -(KA)		/ - · · - ·
영문 정정 · · · · · · · · (HA)		통신 종료 · - · - · (AR)		(- · -- ·
				) - · -- · -

6. 기류신호[부록 참조]

국제신호기(International Flag Signal)를 사용하여 신호서의 신호부자(Identity Signal Letter) 에 의한 신호를 하는 것이다. 선박의 항해내지는 인명의 안전에 관한 사항을 통신함에 있어서 특히 언어상의 장애가 있을 때 주로 이용된다.

국제신호서의 부록에는 1자 신호, 2자 신호 및 3자 신호가 있다. 1자 신호(Single -letter signal)에는 긴급하고 중요한 통신문에 할당되어 있고, 2자 신호(Two-letter signal)는 신호의 보조 또는 조난·구조·항행·기상 및 검역 등에 관한 일반통신문이 사용되며, 3자 신호(Three-letter signal)는 의료의 원조요청과 조언에 관한 교신을 내용으로 하고 있다. 그리고 이와는 별도로 4자 내지 5자 신호는 신호부자(identity signal) 또는 호출부호(call sign)로 사용된다.

*** 기류신호부자의 예**

A 본선은 잠수부를 내렸음, 저속으로 피해가기 바람
(I have a diver down, keep well clear at slow speed)

B : 본선은 위험물을 하역 중 또는 운송 중임
(I am taking in, or discharging, or carrying dangerous goods)

D : 본선을 피하라, 조종이 자유롭지 못함
(Keep clear of me, I am manoeuvring with difficulty)

G : 본선은 도선사를 요청함, 혹은 어선인 경우는 어망을 올리고 있음
(I require a pilot. I am hauling nets)

H : 본선에 현재 도선사 승무중임
(I have a pilot on board)

J : 본선에 화재가 나 있으며 위험물을 적재중임, 멀리 피하라
(I am on fire and have dangerous cargo on board; keep well clear of me)

L : 귀선은 즉시 정지하라
(You should stop your vessel instantly)

O : 사람이 물에 빠졌음
(Man overboard)

P : 항내에서, 본선은 출항예정이니 전선원은 귀선하라. 양상에서 어선의 경우, 본선의 어망이 장애물에 걸렸음

(In harbour. All persons should report on board as the vessel is about to proceed to sea. At sea by fishing vewssels; My nets have come fast upon an obstruction)

Q : 본선은 건강함, 검역통과 바람

(My vessel is 'healthy' and I request free pratique)

V : 본선은 원조를 바람

(I require assistance)

W : 본선은 의료 원조를 바람

(I require medical assistance)

AC : 본선을 포기하고 퇴선함

(I am abanding my vessel)

AM : 귀선에는 의사가 있는가?

(Have you a doctor?)

BR : 헬기를 긴급히 요청함

(I require helicopter urgently)

CI : 위도 · · · 경도 · · · 에 좌초중인 선박이 원조를 바람

(Vessel aground on lat. · · · long. · · · requires assitance)

KF : 예인선이 필요함

(I require a tug or number of tugs)

NC : 본선은 조난중임. 긴급한 원조 바람

(I am in distress and require immediate assistance)

UY : 본선은 훈련중임. 피하기 바람

(I am carrying out exercise. Please keep clear of me)

VL : 태풍이 접근중임. 대비하기 바람

(Tropical storm-cyclone, hurricane, typhoon-is approaching. You should take precautions)

MEO : 환자는 구토증이 있음
(Patient has nausea)

MFJ : 출혈이 멎지 않음
(Bleeding cannot be stopped)

MCB : 환자는 열사병임
(Patient is suffering from heat stroke)

MUE : 얼음을 빨게하라
(Give ice to suck)

7. 수기신호(hand flags signalling)

수기 또는 도수로 세마폴형상(Semaphore alphabet)이나 모스 부호를 송·수신하여 통신하는 방법이다.

8. 음향신호(sound signalling)

기적(whistle)이나 무중호각(fog horn)등의 발음장치에 의한 신호로서 시계가 제한을 받는 상황에서 주로 이용된다.

9. 범세계적 해상조난 및 안전통신제도(Global Maritime Distress and Safety System; GMDSS)

기존의 해상 조난통신제도는 모스 무선통신을 할 줄 아는 통신사만이 운용할 수 있고, 교신거리가 짧으며 수동조작에 주로 의존하는데다 선박과 육상의 청수당직의 신뢰도 저하, 그리고 장거리 경보 통신 시설의 결여 등의 문제점과 제약을 안고 있었다. 이에 1992년의 개정된 SOLAS에서는 이러한 제약을 극복하고 범세계적으로 해상에서의 조난선박에 대한 획기적인 구조통신 시스템을 개발하게 되었는바 이것이 바로 GMDSS이다.

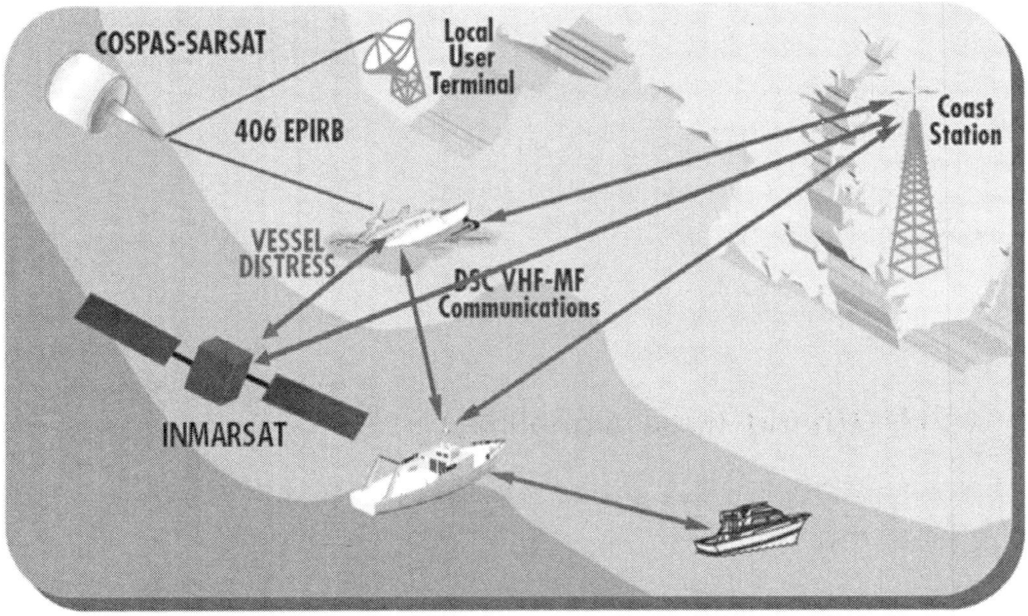

[그림 5-1] GMDSS의 구조체계

[표 5-2] 국제신호기류(Flgs used in the International Code of Signal)

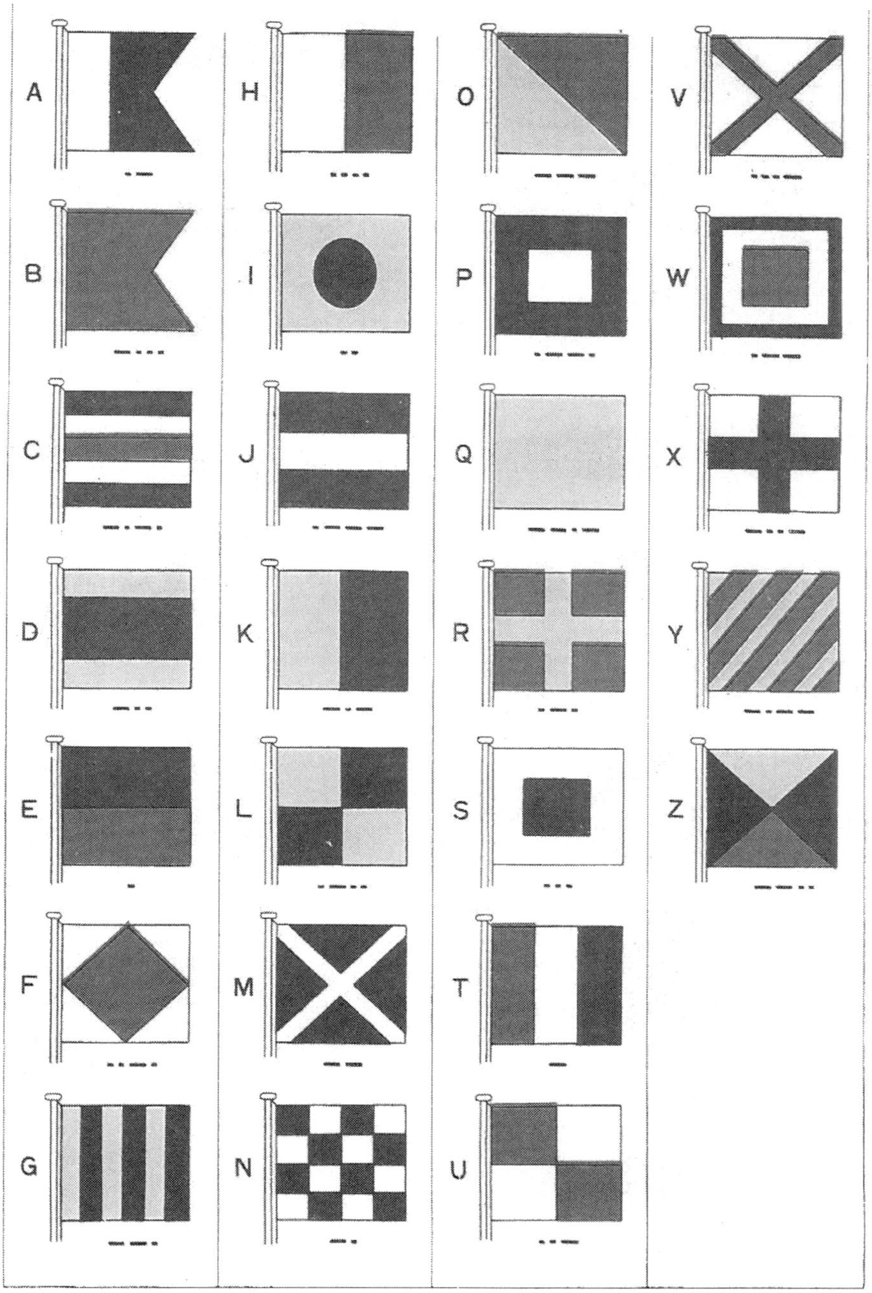

[표 5-2] 국제신호기류(Flgs used in the International Code of signal)

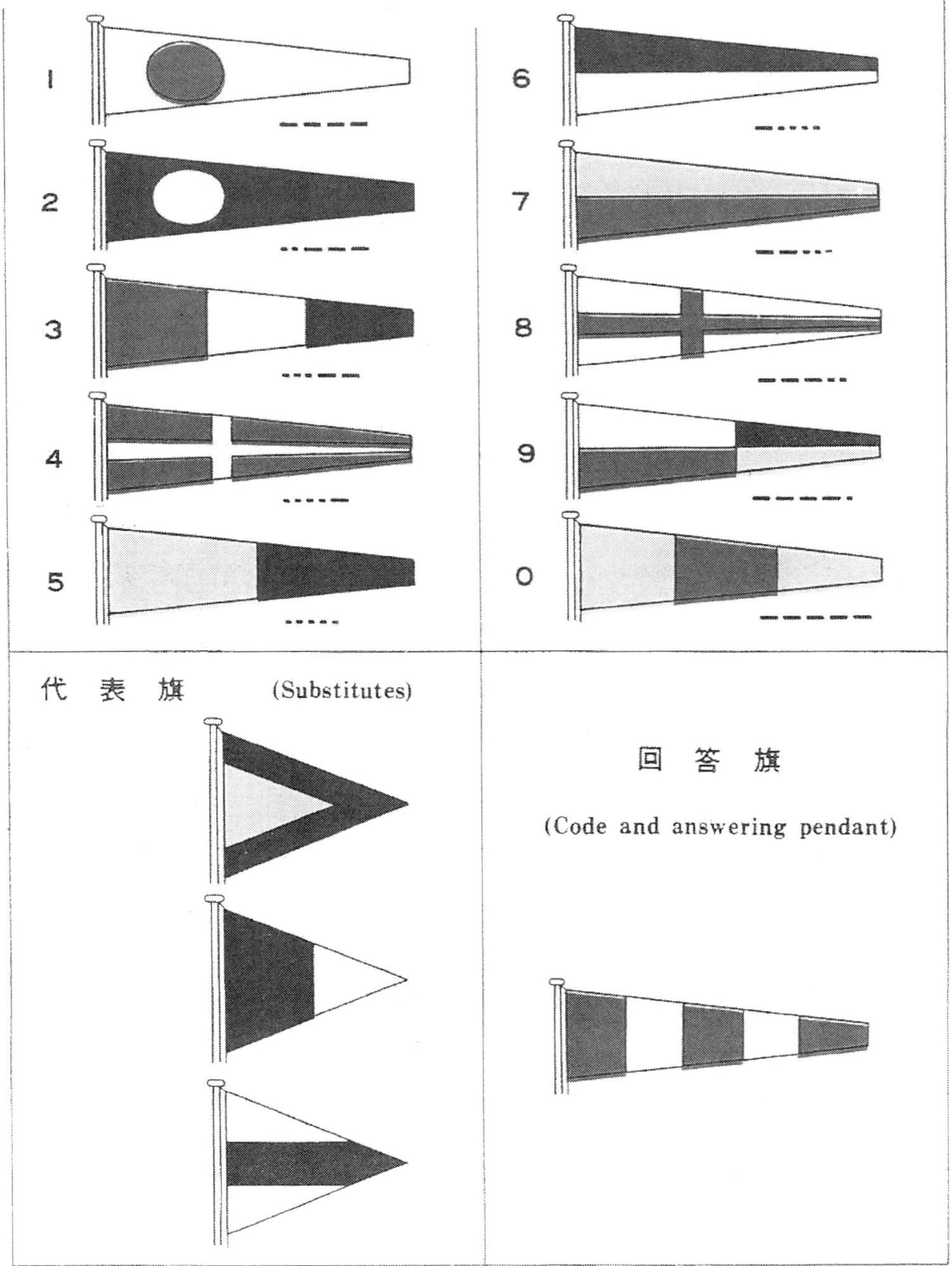

1999년 2월 1일부터 총톤수 300톤 이상의 모든 선박에 적용하도록 규정된 이 제도의 기본개념은 인공위성의 해사통신 시스템(International maritime satellite; INMARSAT)과 무선전화설비(VHF, MF)및 무선텔렉스 수신장치(NAVATEX)등을 이용하여 선박의 조난사고를 부근의 선박은 물론 원거리에 있는 육상의 구조조정본부(Rescue Co-ordination Center; RCC)등에 신속 ·정확하게 통보함으로써 수색과 구조(Search and Rescue; SAR)가 효과적으로 이루어 질 수 있도록 한 것이다.

이러한 GMDSS의 발효와 더불어 선박통신사의 승무자격은 기존의 전파통신기사(radio telegraph operator's certificate)에서 전파전자기사(radio electronic operator's certificate)로 바뀌게 되었고, 이에 따라 선박의 조직구조에도 커다란 변화를 가져오게 되었다.

[조난신호의 종류]

1) 약 1분간의 간격으로 행하는 1회의 발포, 또는 그 밖의 폭발신호
2) 무중신호 장치에 의한 연속음향
3) 짧은 시간 간격으로 1회에 1개씩 발사되어 별모양의 적색불꽃을 내는 로켓트 또는 유탄신호
4) 무선전신 또는 기타 신호방법에 의한 모스 부호[SOS]
5) 무선전화에 의한 "메이데이(mayday)"라는 말
6) 국제기류신호의 N.C기에 의한 조난신호
7) 사각형기와 구(球)또는 유사한 것을 붙인 것으로 신호
8) 선상에서의 발연(타르통이나 기름통 연소)신호
9) 낙하산 달린 적색염화 로켓트 또는 수동의 적색염화
10) 오렌지 연기를 내는 열연신호
11) 좌우로 벌린 팔을 천천히 반복하여 올렸다 내렸다 하는 신호
12) 무선전신 경보신호
13) 무선전화 경보신호
14) 비상용의 위치지시 무선표지(radio beacon)에 의한 신호

제2절 선내통신

1. 전기장치통신

가. 선내전화(inter-phone)

선내의 각 부서간에 업무상의 통화를 위해 선교(bridge)와 기관실(engine room) 및 타기실(steering engine room)을 비롯하여 선원식당과 휴게실 등 공공장소에 인터폰이 설치되어 있다. 그리고 선원들의 방에도 선내전화가 비치되어 있어서 승조원들간에 자유로운 통화가 가능하도록 되어 있다.

나. 엔진 텔리그래프(engine telegraph)

주기관(main engine)의 발동이나 정지 및 속력의 조종에 관한 신호를 선교와 기관실 사이에 전달해 주는 장치

다. 워키토키(walkie talkie, transceiver)

출입항시에 선교와 선수미사이의 업무연락 또는 하역작업이나 단정훈련시 항해사들 간에 통화를 할 수 있는 근거리 무선전화기이다.

라. 마이크(mic)

선교에서 선수미 및 갑판상의 선원들에게 명령을 전달하거나 선내 방송 등을 하기 위한 것이다.

마. 비상경보(alarm bell)

긴급 · 비상시 선원들의 부서배치 및 훈련 등을 위하여 사용된다.

2. 음성통신

가. 전성관(voice tube)

육성으로 통화를 할 수 있는 동관으로서 선교와 기관실 및 컴파스 갑판(compass deck)간에 설치되어 있다.

제6장

당직근무

제6장 당직 근무

선박은 한번 항해를 시작하면 길게는 2주일 이상씩 주야간을 중단없이 계속하여 항해를 하게 된다. 특별히 대양항해는 자동차의 육상 도로와 같이 일정한 항로가 설정되어 있는 것이 아니고, 선박마다 적절한 항로를 독자적으로 설정하여 항해를 하게 된다. 그러므로 항행 중에는 뜻하지 않게 많은 선박들과 서로 교차하거나 또는 어로에 종사하고 있는 많은 어선들과 같은 항해에 방해가 되는 장해물들과 마주치게 된다.

이와 같은 해상 상황은 자연환경 조건도 변화무쌍한 것이어서 선박의 안전항행을 확보하기 위해서는 적절한 교육과 훈련을 받고 자격을 취득한 항해자들에 의하여 당직근무를 수행하여야 한다. 이 단원에서는 선박의 안전항행 및 정박과 관련된 당직근무에 필요한 일반지식 및 기술을 습득하고, 당직근무의 기초업무를 익혀서 선박의 안전을 확보할 수 있는 능력을 키우도록 한다.

제1절 선내 업무조직

선박의 안전운항을 위해서는 전체 승무원들이 각자의 임무를 잘 알고 성실하게 일하는 것이 중요하며, 특히 비상시에 대비하여 각자의 임무를 숙지하여 신속하게 대처해 나갈 수 있는 능력을 갖추는 것이 무엇보다도 중요하다. 그리고 소수 정예의 당직근무자의 직무 충실이 선박 안전 확보의 가장 기본적인 일이다.

1. 일반화물선 및 여객선의 선내조직도[표 6-1]

갑판부 (Deck Department)	기관부 (Engine Department)	통사부 (Radio Purser' Department)
1등 항해사 (Chief Officer)	기관장 (Chief Engineer)	통신장 (Radio Operator)
2등 항해사 (2nd Officer)	1등 기관사 (1st Engineer)	사무장 (Purser)
3등 항해사 (3rd Officer)	2등 기관사 (2st Engineer)	
실습 항해사 (Deck Cadet)	3등 기관사 (3st Engineer)	
갑판장 (Boatswain)	실습 기관사 (Engine Cadet)	
목수 (Carpenter)	조기장 (No.1 Oiler)	사주장 (Chief Steward)
갑고수 (Deck Store Keeper)	기고수 (Eng. Store Keeper)	조리수 (Cook)
조타수 (Quarter Master)	조기수 (Oiler)	사주원 (Saloon Boy)
갑판원 (Sailor)	기관원 (Wiper)	조리원 (2nd Cook)
갑견원 (Apprentice Sailor)	기견원 (Apprentice Wiper)	사견원 (Mess Boy)

[표 6-2] 벌크화물 운반선의 선내 조직도

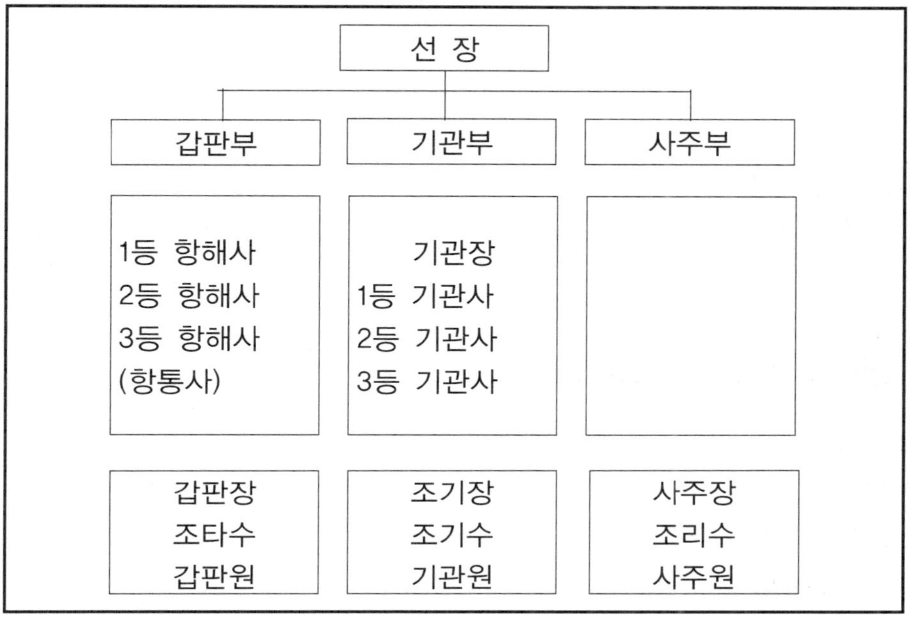

[표 6-3] 자동화 선박의 선내조직도

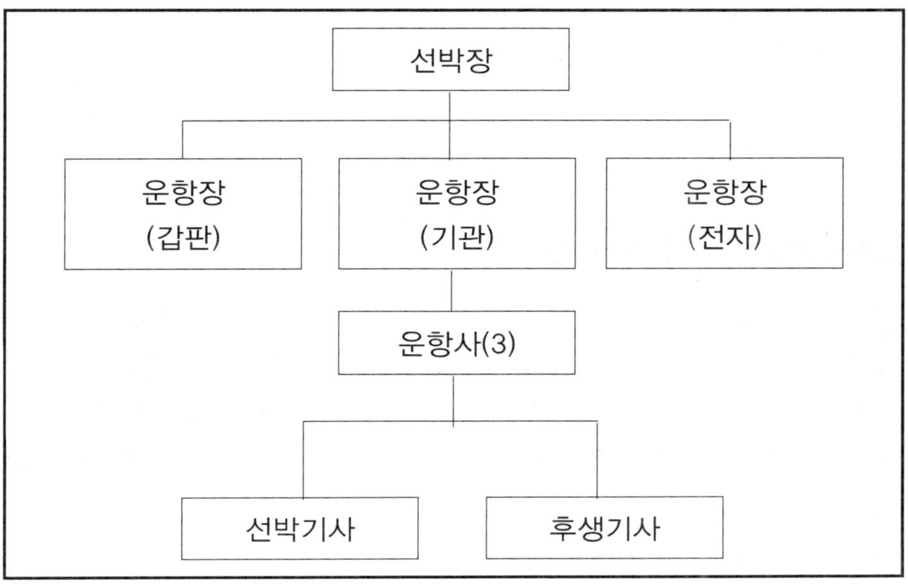

제 2 절 선박 승무원의 임무

일반적인 선내조직은 갑판부, 기관부, 통사부로 나누어지고, 선박 당 전체 승무원은 1970년대만 하여도 34명 수준이었으나, 선박자동화가 진행됨에 따라 최근에는 18~20명의 수준으로 감소되어 선박들은 운항되고 있다.

각 부서 및 주요 승무원의 직책 및 그 직무 내용은 다음과 같다.

1. 선장(Master, Captain)

선장은 갑판부는 물론 선박 전체를 지휘, 통솔하고 선내질서를 유지하며, 선박을 안전하게 운항시키는 총 지휘 책임자로 대표적인 직무는 다음과 같다.

(1) 승무원의 지휘 · 통솔권

(2) 출항전의 선박 검사 의무

(3) 항해 성취 의무

(4) 선원 관리 업무

(5) 입 · 출항시 등 조종 · 지휘 의무

(6) 선박 및 화물의 안전을 위한 긴급 조치 의무

(7) 비상시 최종적 결정 및 조치

2. 해난사고와 선장의 책무

선원법은 육상의 일반 직장과는 달리 선박이라는 특수한 생활환경에서 근무하는 선원의 직무, 복무, 근로조건의 기준 및 훈련에 관한 각종 사항을 정함으로써 선내질서를 유지하고, 선원의 기본적 생활을 보장 · 보호하고, 선원의 자질 향상을 도모함을 목적으로 한다. 이 법에서는 선박이라는 특수한 환경에서 생활하는 공동체의 최고 책임자인 선장에게 자선의 위험관리와 다른 선박의 해난구조에 관하여 다음과 같이 규정하고 있다.

(1) 선박 위험시의 조치 : 선장은 자선에 급박한 위험이 있는 경우에는 인명, 선박 및 화물을 구조하는데 필요한 조치를 다하여야 한다.

(2) 선박충돌 시의 조치 : 선박이 서로 충돌한 경우에는 각 선박의 선장은 서로 인명과 선박을 구조하는데 필요한 조치를 다하여야 하며, 다만 자기가 지휘하는 선박에 급박한 위험이 있을 때에는 그러하지 아니한다.

(3) 조난 선박의 구조 : 선장은 다른 선박 또는 항공기의 조난을 인지한 경우에는 인명을 구조하는데 필요한 수단을 다하여야 하며, 다만 자선에 급박한 위험이 있는 경우와 조난장소에 이미 다른 선박이 도착하여 구조가 필요없다는 통보가 있거나, 다른 선박이 구조를 실행한다는 응신이 있는 경우, 조난장소에 도착하였으나 부득이 한 사유로 구조할 수 없는 경우, 특수한 사정으로 조난장소에 갈 수 없는 경우와 같이 교통부령이 정하는 경우에는 그러하지 아니하다.

(4) 이상 기상 등의 통보 : 무선전신 또는 무선전화의 설비를 갖춘 선박의 선장은 폭풍우, 유빙 등 이상 기상 또는 수상이나 표류물, 침몰물 등 선박의 항행에 위험을 줄 염려가 있는 것과 마주친 경우에는 교통부령이 정하는 바에 의하여 그 사실을 가까이 있는 선박과 해상보안기관에 통보하여야 한다.

(5) 그리고 선장은 선박운항에 관한 다음 사랑이 발생하는 경우에는 지체없이 그 사실을 해운관청에 보고하여야 한다.

① 선박의 충돌, 침몰, 멸실, 화재, 좌초, 기관의 손상 그 밖의 해난이 발생한 경우
② 무선통신에 의하여 알았을 경우를 제외하고서 항행 중에 다른 선박의 조난을 안 경우
③ 인명 또는 선박의 구조에 종사한 경우
④ 선내에 있는 자가 사망하였거나 행방불명 된 경우
⑤ 예정항로를 변경한 경우
⑥ 선박이 억류되거나 포획된 경우
⑦ 그 밖에 선박에 관하여 중대한 사고가 일어난 경우

3. 기관장(Chief Engineer, C/E)

기관장(Chief engineer)은 기관부의 부서장으로서 기관부 업무를 총괄하며, 주기관 및 관련기기의 운전, 보수, 유지에 관한 전반적인 책임과 의무를 가지며, 특별히 기관의 안전운용과 선박운항에 관하여 선장을 보좌 및 협조한다. 그리고 기관실을 포함한 선체전반을 주기적으로 점검하여야 한다.

기관장은 본선의 보선관리자로서 보선업무와 관련하여 1항사, 1기사, 통신장 등을 감독하고, 해양오염방지관리인으로서의 업무와 유류의 관리, 수급 및 이송에 관한 총괄적인 책임을 지며, 또한 선박검사를 준비하고 기관부의 문서를 총괄적으로 관리한다.

4. 항해사

가. 일등 항해사(Chief officer, C/O)의 직무

1등 항해사는 갑판부의 책임자로 항해사 및 갑판부원의 지휘, 감독 및 선장을 보좌하고, 선장 부재 시 그 직무를 대행한다.

(1) 선박의 안전과 규율 및 위생관리 업무
(2) 화물의 적재계획 작성 및 하역감독, 화물의 안전 관리
(3) 갑판부원의 일과지시 및 인사관리
(4) 선체 각부의 보존 정비 및 관리 감독
(5) 갑판부 서류의 작성 관리
(6) 식수, 밸러스트, 빌지의 운용 및 관리
(7) 출 · 입항시 선수부 작업 담당
(8) 항해당직 근무(04:00~08:00, 16:00~20:00)

나. 이등 항해사(2nd officer)의 직무

2등 항해사는 주로 항해에 관한 제빈 직무를 담당하여 항해장이라고 말할 수

있으며, 대표적 직무는 다음과 같다.

(1) 항해 기기의 정비 및 관리
(2) 해도 및 수로도지의 개정 및 관리
(3) 정오위치 측정과 보고의무
(4) 출 · 입항시 선미부 담당
(5) 항해요약일지(A-B Log)의 작성
(6) 항해당직 근무(12:00~16:00, 24:00~04:00)

다. 삼등 항해사(3rd officer)의 직무

3등 항해사는 상급 항해사를 보좌하며, 그 주요 직무는 다음과 같다.

(1) 출 · 입항시 선장의 선박조종 보좌
(2) 출 · 입항시 컨디션 리포트(Condition report)작성
(3) 선내 의약품 관리
(4) 항해당직 근무(08:00~12:00, 20:00~24:00)

라. 실습 항해사의 직무

실습 항해사(Apprentice officer, App. Cadet)는 상급 항해사의 명을 받아 그 직무를 보좌하며 실습한다.

5. 갑판부원의 직무

가. 갑판장(Boatswain)

갑판부원의 지휘자로 1등 항해사의 지시 하에 갑판, 하역, 계선작업 등의 실제적인 업무를 담당한다.

나. 갑판수(Quarter master)

항해사의 지시 하에 선교에서의 조타와 신호부자 관리에 관한 업무, 항해용구 및 조타설비의 정비를 담당하고, 항행 중에는 항해사와 함께 항해당직에 임하고, 정박 중에는 측심 및 현문 당직의 업무를 담당한다.

다. 갑판원(Sailor)

갑판장의 지시 하에 일과작업 및 입·출항 작업 및 각종 잡무를 담당한다.

6. 기관부의 직무

기관부는 선박운용에서 필요로 하는 주기관(Main engine) 및 발전기 등 모든 보조기기를 포함하여 동력공급원에 대한 책임을 맡고 관리 운영하는 부서라고 정의할 수 있다. 그러므로 기관부서도 갑판부서와 동일하게 사관과 부원으로 구성되어 있다. 기관사의 일반적인 업무는 첫째 선원과 선박의 안전을 확보하고, 둘째 기관의 안전운전을 도모하고, 셋째 기관운전능률의 증진에 노력한다.

가. 1등기관사(First engineer, 1st/E)

1등 기관사(1st engineer)는 기관장을 보좌하며, 기관부의 부서관리자로서 기관부의 보수정비에 관한 책임을 지며, 2, 3등 기관사 및 기관부원을 지휘, 감독하고 기관장 부재 시에는 기관장의 업무를 대행한다. 그리고 주 기관 및 관련장치, 축계와 프로펠러, 윤활유 청정기 및 관련장치, 주기관련 각종 기기, 펌프, 부속장치 등의 작동관리와 그 밖의 주요서류를 처리한다.

그리고 항해 중 및 정박 중에는 당직지침에 의거하여 기관실 당직을 수행한다.

나. 2등기관사(Second engineer, 2nd/E)

2등기관사(2nd engineer)는 기관장과 1등 기관사를 보좌하고 지시사항을 수행한다.

2등기관사의 직무일반으로는 발전기 및 배전반, 발전기용 원동기 및 관련 장치,

연료유 청정기 및 관련 장치들의 원활한 작동과 보수, 정비를 담당한다. 그리고 기관실 연료유 탱크 및 관련 장치와 연료유 수급관리에 대한 업무를 수행하고 Oil record book을 기록하고 관리한다. 그리고 항해중 및 정박중에는 당직지침에 의거하여 기관실 당직을 수행한다.

다. 3등기관사(Third engineer, 3rd/E)

3등기관사(3rd engineer)는 기관장과 1등기관사를 보좌하고 지시사항을 수행한다.

3등기관사의 직무일반으로는 선내 전기설비의 보수 정비, 보조보일러와 관련장치, 냉동기 및 관련장치, 에어콘 및 기관통풍 관련장치, 조수기 및 관련장치 등의 원활한 작동과 보수, 정비를 담당한다. 또한 Abstract Log의 기관부 관련사항을 기록하고, 정오위치보고와 컨디션리포트를 작성한다. 그리고 항해중 및 정박중에는 당직지침에 의거하여 기관실 당직을 수행한다.

라. 기관부원

기관부원은 조기장(No.1 Oiler, 난방)을 최고책임자로 하여 조기수(Oiler), 조기원(Wiper)등으로 구성되어 있으며, 일등기관사의 지시를 받아 일과작업 업무 및 당직업무를 수행한다. 특히 최근에 신조된 선박들은 사관 및 부원 모두가 함께 주간에만 당직업무와 일과작업을 포함한 기관정비 업무를 수행하고, 야간에는 무인기관 운전상태를 유지하고 자동경보시스템에 의한 침실당직시스템을 운영하고 있다.

7. 통사부의 직무

통사부는 통신부, 사무부 그리고 사주부의 기능을 함께 하며, 통신장(Chief radio operator)과 통신사(2nd radio operator)는 본선과 외부와의 통신에 관한 전반적인 업무를 관장한다. 두 사람의 업무내용은 그게 다르지 않고 교대로 근무한다.

사무장(Purser)은 선내생활에 관계되는 사무업무를 담당한다. 즉, 식사 및 주거

시설의 관리, 보건 위생과 서비스 등이 주요 업무이며, 그 밖의 출 · 입항시 각종 서류 관계의 업무도 처리한다. 일반적으로 선내에서는 승무원 수의 경감에 의하여 대부분의 사무장 업무를 통신장이 대행하는 경우가 많다. 사주부는 식사에 관한 사항과 손님 접대 및 승무원의 생활에 대한 서비스가 주요 업무이며, 사무장의 지시를 받는다.

최근 선박에 대한 기숙혁신으로 많은 기기들이 자동화됨에 따라 대형 신조선들은 적은 수의 승무원으로 운항하고 있는 경우가 많은데, 운항사(Operator, Watch officer) 및 운항원 제도가 이것이다. 그러나 우리나라 국적선의 경우는 선원의 정원을 18명 수준까지 축소하여 운용하고 있으나, 아직 완전한 운항사 시스템제도는 도입하지 않고 있다. 원래 운항사는 항해, 기관의 당직업무에 종사할 수 있는 직원을 말하며, 운항원 또는 통합부원은 갑판, 기관의 구분없이 운항을 하는데 필요한 인원이다.

최근의 일반상선의 선박조직은 통신기기의 자동화 및 인건비 절약을 목적으로 통사부를 대폭 축소하여 통신사 및 사무장의 직책을 없애고, 선장 및 항해사가 그 업무를 분담하며, 취사업무도 사주장과 조리원 등 2명을 두고 있을 뿐이다.

8. 자동화 선박의 직무 분장

최근에는 첨단 과학기술의 혁신으로 선박의 기기들이 자동화됨에 따라 적은 수의 승무원으로 자동화선을 운항하기 위한 제도가 운항장, 운항사 및 운항원 제도이다.

자동화 선박에서의 운항장은 선장(선박장)이 사고로 인하여, 그 직무를 수행할 수 없을 때에는 직무를 대행하며, 운항사와 함께 운항당직(항해, 기관 및 전자장비 등에 대한 통합당직)을 수행하고, 맡은 부서의 책임자로서 직무를 수행한다. 운항원은 운항장 및 운항사를 보좌하여 갑판, 기관의 구분없이 선박을 운항 하는데 필요한 직무를 수행한다.

[표 6-4] 운항장 및 운항사의 직무범위

전 공	직 무 범 위
항 해	1. 화물의 적·양하 및 운송관리 2. 갑판, 선체 및 안전설비의 유지 관리 3. 기타 선박의 운항업무와 관련하여 선방이 지정하는 사람
기 관	1. 기관 및 부속설비의 운용 2. 기관 및 부속설비, 하역설비, 계선설비, 조타설비 및 전자설비 등의 유지관리 3. 기타 선박의 운항업무와 관련하여 선장이 지정하는 사람
통 신	1. 통신 및 전자설비의 운용 2. 통신·항해 및 전자설비의 유지 관리 3. 입·출항 부속업무 4. 기타 선박의 운항업무와 관련하여 선장이 지정하는 사람

제 3 절 선박안전에 관한 국제협약

선박 해양사고의 요인은 크게 나누어 선체의 구조 및 설비에 결함에 의한 물적요인과 선원의 자질 등의 인적요인에 의하여 일어나고 있다고 말할 수 있다.

선체의 구조 및 설비의 결함으로 인하여 발생한 대표적인 해양사고로는 1912년에 발생한 타이타닉(Titanic)호의 사고를 들 수 있으며, 이 사고이후에 "SOLAS 1914"가 탄생하게 되었다. 이 규정에 근거하여 선체의 구조적 결함을 개선하기 위하여 IMO에서는 국제선급협회와 공동으로 연구하여 선체구조의 안전성을 강화하기 위한 각종 규제 조항을 제정하여 시행하고 있다.

그리고 선원의 인적요인은 각 국가마다 해기교육 및 훈련과정과 면허발급요인 등의 차이로 인하여 그 자질이 크게 차이가 나고, 특히 1970년대에 들어서 선진해운국 선적의 선박들이 편의치적선(FOC: Flag of convenience)으로 급격한 증가를 보이고, 저질의 개발도상국의 선원들이 편의치적선에 대량 승선하면서 선원들의 자질에 대한 국제적인 문제가 대두되었다. 특히 1967년 3월에 프랑스 근해에서 좌초한 대형 유조선 토리캐년(Torry Canyon)호의 사고를 계기로 선원의 자격 및 자질에 대한 국제적인 통일기준이 필요하다는 인식이 확산되어 IMO가 주축이 되어 1978년 7월 7일에 STCW 1978 「선원의 훈련, 자격증명 및 당직근무의 기준에 관한 국제협약」의 국제협약을 마련하게 되었다.

또한 1980년대에 발생한 대형 해난사고의 대부분이 인적요소인 것으로 판명됨으로써 IMO는 1991년도 총회를 통하여 '선박 안전운항과 오염방지를 위한 관리지침'의 결의안(Resolution)을 채택하였으며, 1993년 총회에서는 선박경영자 및 육 · 해상 종사원의 안전 및 책임의식 제고로 안전관리체제를 확보하기 위하여, 총회 결의 741호로 국제안전관리규약(ISM Code)을 채택하여 2002년 7월부터 강제 시행에 들어가게 되었다.

그리고 항공기를 이용한9.11테러가 발생하면서 LNG선과 같은 해상화물 운송선박 및 항만시설에 대한 해상 테러 가능성에 대비하기 위하여 해상분야 보안강화규정(ISPS Code)을 채택하여 국제적으로 시행하게 되었다.

1. SOLAS협약

가. SOLAS 협약의 개요

SOLAS(Safety of Life at Sea) 협약이 탄생하게 된 배경은 전 세계적으로 너무나도 잘 알려진 타이타닉호 해양사고에 기인하며, 이 해양사고는 타이타닉호가 신조 후 처녀항해로서 영국을 출항하여 미국 뉴욕항으로 항행하던 중 1912년 4월 14일 밤에 뉴펀들랜드(New Faundland)남방의 북대서양 해상에서 빙산과 충돌하여 침몰한 영국의 초호화 여객선 사고이다.

이 선박은 그 당시에 세계 최대 크기의 초고속 호화여객선으로 총톤수 46,328톤으로 어느 누구도 절대로 침몰하지 않는 불침선이라고 믿었기 때문에 이 사고는 국제적으로 커다란 센세이션을 불러 일으켰다. 이 해양사고로 약 1,513명이 사망하였으며, 이렇게 사망자 수가 많았던 것은 본선에 구명정과 같은 구명설비를 충분히 확보하지 않았었기 때문이었다.

이와 같이 타이타닉호 사고를 계기로 SOLAS 1914최초로 탄생하게 되었으며, 그 후 1960년에 대폭적인 개정이 이루어져서 SOLAS 1960이 시행되었고, 다시 SOLAS 1974, SOLAS 1988, SOLAS 1994 등으로 개정되었고, 그 후로도 지속적인 개정작업이 이루어지고 있다.

SOLAS 협약은 IMO의 협약 중에서 해상안전과 해양환경보호를 위한 예방적 규제규범의 가장 대표적인 것이라 할 수 있다. 또한 이 협약은 IMO가 채택한 최초의 국제협약이며, 동시에 해상안전을 위한 최초의 물적규제 협약이기도 하다. 해상안전을 도모하기 위해서는 일차적으로 선박이 튼튼하고 좋은 설비가 갖추어져 있어야 한다는 것은 당연한 것이기 때문이다.

SOLAS 협약의 주된 내용은 선박의 구조에 관한 것으로 협약 내용의 약 60%에 달하는 이에 관한 내용은 선박의 설계와 건조, 구획 및 복원성, 핵심 추진설비와 전기설비 및 조종설비를 포함한다. 구조와 관련되는 안전상의 핵심 고려요소는 선박이 비손상(非損傷) 상태는 물론이고 부분적인 손상을 입은 경우에도 해상에 계속해서 떠 있을 수 있게 하는데 있다. 또 앞의 주요한 장비는 있을 수 있는 고장상태에 대비하여 주 전원의 공급이 중단된 경우에도 일정 시간 계속 작동될 수 있는 고장상태에 대비하여 주 전원의 공급이 중단된 경우에도 일정 시간 계속 작동될 수 있어야 하고, 전체 시스템 중 조타기와 같은 주요부분에 있어서는 이중화하도록 요구하고 있다.

협약의 또 다른 중요한 부분은 선박의 설비에 관한 것으로 선박과 같이 육지로부터 멀리 떨어져 열악한 환경 속에서 활동하는 수송수단의 경우 육상의 공장이나 기업조직과는 달리 특별한 설비나 설버의 성능이 요구된다. 즉, 긴급시에 외부로부터 도움을 받을 수 없다는 특성 때문에 선박 스스로가 이러한 긴급시에 대비하는 각종의 설비를 갖추지 않으면 안되게 하며, 해상에서 활동하는 선박의 경우 진동이나 동요, 기온의 급격한 변화와 염도와 습도가 높은 대기환경, 각종 설비의 제조자로부터의 도움이 쉽지 않다는 유지보수상의 난점 등으로 인해 선내에 비치되는 설비는 특별한 성능과 고도의 신뢰성이 요구되지 않으면 안된다.

협약이 선박설비와 관련하여 요구하는 내용의 핵심은 바로 이런 점에 있다.

그러나 SOLAS 협약의 내용 모두가 물적(物的) 규제인 것은 아니다. 이 협약 속에는 전체분량의 약 10%에 상당하는 인적규제가 포함되어 있다. 즉 위의 설비를 안전하게 운용하는 것은 좋은 설비를 갖추는 것만큼 중요한 일이기 때문에 운용과 관련한 규제는 이것뿐만 아니라 협약 속에 오래 전에서부터 포함시켜 온 항행의 안전과 관련한 부속서 제 5장의 규정들을 들 수 있다.

나. SOLAS 협약의 구성

형행의 1974년 협약은 1974년에 채택되어 1980년 5월 25일에 국제적으로 발효되었는데, 이는 본문(本文, Article) 13개조와 8개의 부속서(附屬書, Annex)로 출발하였다. 그러나 1978년 개정 의정서에서는 본문이 8개조로 축소되었고, 1988년 의정서에서는 9개로 늘어났다. 그 후에 다시 SOLAS 1992로 개정되어 1994년 10월 1일부터 발효하는 협약에서는 후에 설명하게 될 새로운 3개의 부속서가 추가되었기 때문에 이들 개정이 모두 발효되는 시점을 기준으로 본문 9개조 및 부속서 11개장으로 확대되었다.

협약의 본문은 당사국의 의무 및 당사국이 되는 방법과 시기와 적용범위를 정한 외에 대체로 협약의 개정, 발효, 폐기 등 절차에 관한 규정이 주를 이루고 있다. 그리고 보다 구체적이고 기술적인 내용에 대해서는 이후의 부속서에서 규정하고 있다.

2. STCW 협약

가. STCW 협약의 개요

선원의 과실에 의한 인적요인은 각 국가마다 해기교육 및 훈련과정과 면허발급요인 등의 차이로 인하여 그 자질이 크게 차이가 나고, 특히 1970년대에 들어서 선진 해운국 선적의 선박들이 편의치적선으로 급격한 증가를 보이자, 저질의 개발도상국의 선원들이 편의치적선에 대량 승선하면서 선원들의 자질에 대한 국제적인 문제가 대두되었다. 특히 1967년 3월에 프랑스 근해에서 좌초한 대형 유조선 토리캐년(Torry Canyon)호의 사고를 계기로 선원의 자격에 대한 국제적인 통일기준이 필요하다는 인식이 확산되어 IMO가 주축이 되어 국제협약을 마련하게 되었으며, 그 결과 1978년 7월 7일에 「선원의 훈련, 자격증명 및 당직근무의 기준에 관한 국제협약」, STCW 1978(International Convention on Standards of Training Certification and Watchkeeping for Seafarers, 1978)이 체결되기에 이르렀다. 그리고 총톤수 100톤이상의 세계상선대 선박량의 50% 이상의 국가가 비준하여 1984년 4월 28일에 발효하였다.

이 협약에서 규정하고 있는 주요 내용은:

① 국제적으로 일반 상선의 갑판부, 기관부. 통신부의 사관과 부원 그리고 유조선, 케미칼 탱커 및 액화가스운반선에 승무할 사관과 선원의 자격증명에 필요한 최저 승무 및 훈련기준과 당직배치에 관한 기준을 정하여 해상안전과 해양오염방지를 위한 인적인 측면에서의 요인을 제거할 수 있게 되었다는 점

② 본 협약에 따라 유효하게 발급된 증명서를 소지하지 않거나 적절한 당직배치가 이루어지지 아니한 선박 및 선원자질에 대한 감독권을 기항국에 부여하고, 필요시에는 그 선박을 억류할 수 있도록 강제화 하였다는 점

③ 개발도상국의 저질선원의 편의치적선에의 승선을 제도적으로 규제함으로서 선박의 안전과 선원자질 향상을 기할 수 있게 되었다는 점 등이다.

나. STCW 협약의 개정

STCW 1978이 발효한 이후에 첨단과학의 발전에 힘입어 초자동화선의 출현과 같은 선박 및 운항기술의 엄청난 발전을 가져왔으며, 이에 따른 선내조직 및 선원 기능 및 역할의 변화, GMDSS제도의 도입 등으로 STCW 1978 협약은 1990년 초부터 본격적인 개정작업에 착수하게 되었다.

그리하여 새로운 개정협약에서는 다음과 같은 내용들을 검토하게 되었다.

① 자동화 선박의 출현에 따른 양용면허제의 도입 등의 STCW 1978협약의 포괄적 재검토 및 제안된 개정안에 대한 통합정리

② 선원의 당직 배치시 피로요소의 영향에 대한 고려 방안 마련
③ 유조선 승무원에 대한 승선경력 강화 및 특별교육 등을 통한 면허발급 요건의 강화
④ 시뮬레이터 교육도입의 필요성 검토
⑤ 알콜과 마약복용에 대한 규제 방안 마련

이러한 개정안에 대하여 많은 소위원회를 구성하여 수차례의 회의를 거쳐서 1995년 6월에 개최된 STCW회의에서 최종안이 확정되었고, 이 개정안은 1997년 2월1일에 발효하게 되었다.

3. ISM Code

가. ISM Code의 명칭

ISM Code의 명칭은 우리나라에서는 국제안전관리규약으로 일컫고 있으며, 원어는 “International Management Code for the Safe Operation of Ships"이고, 일반적으로 약하여 ISM Code(International Safety Management Code, 국제안전관리규약)라고 통칭하고 있다.

나. ISM Code의 제정 배경

국제해사기구(IMO)에서는 1914년 SOLAS 협약을 처음 발효시킨 이래 그 동안 해상안전 및 해상환경 보전을 위해 선박 자체의 구조, 설비에 관한 각종 기준을 강화시켜 왔음에도 불구하고, 1960년에서 1980년에 걸쳐서 국제적으로 대형 해양사고와 해양오염사고가 잇달아 발생하였다. 그 원인을 분석한 결과 원인의 70~80%가 선박 자체의 구조적 결함이 아닌 인적요소(Human elements)인 것으로 판명됨으로써 IMO는 제 16차 총회 (1989년) 및 제 17회 총회(1991년)에서 소위 ‘선박 안전 운항과 오염방지를 위한 관리지침’을 결의서로 채택하였으며, 1993년 제 18차 총회에서는 선박경영자 및 육 · 해상 종사원의 안전 및 책임의식 제고로 자율적인 안전관리체제를 확보하도록 유도하기 위하여, 총회 결의 741호로 국

제안전관리규약(ISM Code)을 채택하여 각국 정부로 하여금 이를 시행토록 권고하였다.

이러한 과정에서 국제적으로 체계적인 선박안전관리의 필요성에 대한 인식이 확산됨으로써 IMO는 ISM Code 를 강제적으로 시행하도록 하기 위하여, 1994년 5월에 개최된 국제해상인명안전협약 당사국 회의에서 「SOLAS 협약」 제 9장에 삽입, 개정하기에 이르렀고, 1998년 7월 1일부터 협약 가입국 선박에 대해 해당 선종별로 단계적으로 적용하여 각국 정부로 하여금 ISM Code를 실시하는 선사에 대해 증서를 발급하도록 하고, 항만국제통제(PSC)검사시 이를 확인하도록 하였다.

ISM Code가 SOLAS 협약으로 채택되기까지의 과정을 도표로 나타내면 다음과 같다.

IMO의 인식- 1987.3. 6 벨기에서 발생된 화객선 "Herald of Free Enterprise"호의 전복 사고 (Bow Door의 Open상태에서 출항) 이후 선박 안전 및 환경보호를 위한 적절한 관리이 중요성 인식
↓
1989년 제 16차 IMO 총회- 결의서 A. 647 (16) 채택. "IMO Guidelines on Management for the Safe Operation and for Pollution Prevention (선박의 안전 운항과 오염방지를 위한 관리지침)"
↓
1991년 제 17차 IMO 총회 - 새로운 결의서 A. 680 (17) 채택 "선박의 안전 운항과 오염 방지를 위한 관리지침"
↓
1993년 11월 제 18차 IMO 총회 - 결의서 A. 741로 ISM CODE 채택
↓
1994년 5월 SOLAS 협약 당사국 회의 ISM CODE를 SOLAS 협약 제 9장으로 채택

[표 6-5] ISM Code의 제정 배경

다. ISM Code의 요구 사항

ISM Code에서 요구하는 사항은 다음과 같이 크게 6가지로 구분할 수 있다.

(1) 선박회사는 ISM Code의 13개 요소(Elements)를 반영하는 선박의 안전관리시스템을 구축하고, 회사의 육상조직과 선박에서 그 시스템에 따라 안전관리를 할 것.

(2) 주관청 혹은 주관청에 의해 인정된 기관으로부터 안전관리시스템과 관리실태에 대해 심사를 받도록 하고, 심사에 합격하면 육상은 DoC(Document of Compliance, 안전경영적합증서)를 교부받고, 합격한 선박은 SMC(Safety Management Certificate, 선박안전경영증서)를 교부받음.

(3) 본선 선장은 DoC사본과 SMC원본을 본선에 보관해야 하고, 외국항에서 검사관으로부터 요구를 받으면 제시할 것.

(4) 주기적으로 회사 자체의 내부심사를 실시함으로서 육상과 선박의 부적합사항을 찾아서 시정 및 예방조치를 취하고 시스템을 개선, 유지할 것.

(5) 행정관청 혹은 심사기관으로부터 정기적인 외부감사를 받고 증서를 갱신해야 함.

(6) 항만국(Port State)은 선박의 입 · 출항시 증서의 비치 여부를 확인하고, 유효한 증서가 비치되지 아니한 선박은 출항을 통제하여야 한다.

라. ISM Code의 발효 및 대상 선박

발 효 일	대 상 선 박
1998.7. 1	국제항해에 종사하는 여객선, 500톤 이상의 유탱커, 케미칼탱커, 가스캐리어, 벌크캐리어 및 고속화물선
2002.7. 1	국제항해에 종사하는 500톤 이상의 기타 화물선 및 MO여(석유시추선 등)

* 고속 화물선 : 최대 속력이 다음 식으로 계산된 속력 (m/sec) 이상인 선박

$3.7\times\nabla 0.1667$ 단, ∇ : 배수량 (m^3)

(Ex) 배수량 25,000 : 약 40 Kts.

마. ISM Code의 13개 요소

조항	요소항목	내 용
1	정의, 목적, 안전관리 시스템 (SMS)의 기능적 요건 등	안전관리의 목표를 정하고 안전관리 시스템을 구축하고, 실행하고, 유지할 것
2	안전 및 환경 보호 방침	회사의 안전관리 목표를 달성하기 위한 방침을 명확히 설정할 것
3	회사의 책임과 권한	선박 안전과 환경 보호에 관련된 업무를 수행하는 자들의 책임과 권한을 분명히 할 것
4	지정된 자	선박의 안전 활동을 보장하고, 선박과 최고 경영층간의 교량 역할을 위해 책임자를 지정할 것
5	선장의 책임과 권한	선상 안전 활동에 관한 선장의 책임과 권한 및 재량권을 분명히 하여 문서화할 것
6	자원 및 인원	선장을 포함한 자격있는 선원을 배승하고, 교육, 훈련하고, 선상 안전 활동을 위해 필요한 인적, 물적, 기술적 자원을 제공할 것
7	선박 운항 계획의 개발	안전운항과 환경 보호에 관련된 주요 선상 업무 지침을 개발하여 보급할 것
8	비상 대책	잠재적 비상 상황을 식별해 내고, 비상 대응 계획을 세워 교육, 훈련할 것
9	부적합 사항, 사고 및 위험 상황의 보고	안전관리 시스템 실행 과정에서 발견된 부적합 사항, 발생된 사고 및 위험 상황 등을 회사에 보고 할 것
10	선박 및 설비의 정비	강제 법규 및 규정에 의해 선박 및 설비의 주기적 검사, 부적합 사랑의 원인 색출 및 보고, 시정조치를 할 것
11	문서화	육·해상의 안전관리에 관한 제반 사항을 문서화하고, 주요업무의 수행절차를 마련할 것
12	회사의 검증, 검토 및 평가	구축된 시스템에 따라 업무 수행이 이루어지는지 내부 감사하고, 시스템의 유효성을 검토하고 평가할 것
13	증서, 검증 및 통제	감독관청은 회사와 선박을 심사하고, 증서를 발급하고 정기적으로 감사할 것

바. 안전관리시스템의 개발에 관한 일반적 권고 사항

국제안전관리규약의 제정은 회사가 자체 실정에 맞는 안전관리 체제를 수립하는데 기복적인 목적이 있다. 이에 따라 국제해운회의소(ICS: International Chamber of Shipping)와 국제해운연맹(ISF: International Shipping Federation)은 최근 많은 회사들이 안전관리 체제를 수립하여 시행한 경험의 결과와 지식을 토대로 각 선박회사가 자체 안전관리 시스템을 개발하는데 있어 필요한 사항을 다음과 같이 권고하고 있다.

(1) 최상층부로부터의 인식

회사의 직원은 경영자, 관리자, 감독자 및 회사 활동에 관계되는 모든 직원들이 완전하고 지속적인 의지가 있어야만 항상 안전하게 행동할 수 있음을 알아야 한다.

마찬가지로 안전관리 시스템에 영향을 미치는 직원은 그 시스템의 목적 및 필요성에 대하여 확신을 가져야 한다.

이러한 철학에 대한 의사소통과 시행은 대체적으로 회사 내 상부 의사 결정권자의 전적인 의지에 달려 있다. 이와 같은 의지가 없었다면 노력은 헛된 수고일 뿐이다. 최상부 경영층은 안전관리체제의 수립에 적극적으로 참여할 필요가 있으며, 회사의 목적에 기여하기 위해서는 다른 사람들에게 동기를 부여하여야 한다.

(2) 적절한 자원의 할당

안전관리 시스템 개발에 필요한 목적 및 제정적 자원은 회사의 규모, 기존의 안전체제에 따라 다르게 때문에 필요한 자원의 수준은 과소하게 평가되어서는 안된다.

최고 경영층은 직무에 적합한 인적 자원을 제공하여야 하며, ISM Code의 요건에 맞는 적절한 제도를 개발하는데 필요한 모든 수단을 제공하여야 한다.

일단 시스템이 가동되더라도 적절한 자원의 분배가 끝나는 것은 아니다. 최고 경영층은 안전관리 시스템을 유효한 상태로 유지하기 위하여 필요한 자원을 지속적으로 평가하여야 한다.

(3) 선박 및 육상 직원의 참여

육상 및 선박 사이에 존재할 수 있는 장애물을 제거하기 위해서는 해상과 육상 직원의 경영 철학과 절차가 통합되어 일체화되는 것이 중요하다. 안전관리 체제의 요건에 영향을 받는 사람들은 안전관리 시스템을 받아들여야 하며, 안전관리 체제는 그들이 시스템의 주인이라는 인식을 유발시킬 필요가 있다. 이것을 성취하기 위해서는 육상 및 해상 직원의 대표자가 시스템의 개발 및 시행에 참여하는 것이 필수적이다.

안전관리 체제의 개발 작업에 도움을 주기 위해 고려하여야 할 주요 의문사항과 명확한 계획수립을 위한 제안을 부록으로 수립하였다. 이 제안은 단지 일반적인 것으로서 개발 과정에서 동등한 효과가 있는 다른 절차들이 있을 수 있으므로 회사는 이 제안 내용에 한정되어서는 안된다.

(4) 현실적인 시간 계획

추진하게 될 작업 및 안전관리 체제를 확립하는데 소요되는 시간을 과소하게 평가하여서는 안된다. 미달성으로 인한 동기 감퇴 효과를 피하기 위하여 현실적인 시간 계획 및 목표일이 설정되어야 한다.

효과적인 안전관리 시스템을 시행하는데 필요한 시간은 회사의 규모 및 현행 안전관리의 수준에 따라 달라질 수 있다. 그러나 그러한 시스템을 구축하는 데는 몇 개월이 필요할 수 도 있음을 염두에 두어야 한다.

(5) 시행 이후

안전관리 시스템은 이 시스템의 모든 잠재력이 동원될 때만이 최대의 이익을 얻을 수 있다. 이와 같은 목적을 달성하기 위해 상부 경영층은 지속력으로 의지를 나타내 보여야 한다.

안전관리 시스템의 수행 능력과 이들 보고서의 분석 결과의 피드 백(feed back)과 관련하여 선박과 육상간에 계속 연락하는 것이 매우 중요하다.

4. ISPS Code

가. ISPS Code의 개요

국제선박 및 항만시설 보안규칙(International Code for the Security of Ships and of Port Facilities- ISPS Code)을 도입하게 된 배경은 지난 2001년 9월 11에 미국에서 발생한 무역센터빌딩에 대한 항공기 테러사건 이후 LNG선박 및 LPG선박 등을 포함한 해상화물 운송선박 및 항만시설에 대한 해상 테러 가능성에 대비하기 위하여 해상분야 보안강화 규정을 해상인명안전협약에 추가하여 국제적으로 시행하게 되었다.

(1) ISPS Code의 목적

당사국 정부, 정부기관, 주관청과 해운 및 항만산업 간에 해상보안 관련 국제적 협조체제를 구축하고, 보안등급의 변화에 대응하기 위한 계획과 절차를 수립함으로써 보안위협에 대한 예방조치 및 적절한 보안조치에 대한 신뢰성을 보장하도록 하는 것이다.

(2) ISPS Code의 채택 경과

- 2001. 11 : IMO 22차 총회에서 Res. A.924(22)(승객, 선원 및 선박의 안전을 위협하는 테러행위 방지대책 및 절차의 검토에 관한 결의서) 채택함
- 2002. 02 : MSC 중간작업반 1차 회의를 개최하여 미국이 제안한 해상보안 강화대책 방안의 대부분을 해상인명안전협약 11장의 개정안으로 채택함
- 2002. 05 : MSC 75차 회의에서 MSC 중간작업반 1차 회의 결과로 발의된 ISPS Code Part A의 초안을 검토함
- 2002. 09 : MSC 중간작업반 2차 회의를 개최하여 해상인명안전협약의 개정안 검토 및 ISPS Code Part B 초안 작성함
- 2002. 12 : 해상인명안전협약 당사국 외교회의 개최를 통하여 개정안 심의 및 채택

(3) ISPS Code의 시행방법

선박보안평가를 실시하여 선박보안계획서를 수립한 후 일정 자격을 가진 기관의 승인을 받아야 하며, 승인된 선박보안계획서에 따른 선내보안업무 시행 후 심사를 통하여 동 규칙에 적합한 경우 국제선박보안증서를 교부하도록 한다.

(4) ISPS Code의 발효시기 및 적용범위

- 발효시기 : 2004년 7월 1일
- 적용범위 : 다음의 국제항해에 종사하는 각 선박에 대하여 적용한다.
  - ◦ 고속 여객선을 포함한 모든 여객선
  - ◦ 고속 화물선을 포함한 총톤수 500톤 이상의 화물선
  - ◦ 이동식 해상구조물
- 상기 국제항해에 종사하는 선박이 이용하는 항만시설물

나. ISPS Code 관련 동향

(1) PARIS MOU의 동향

이미 지난 2003년 12월에 발표에 의하면 2004년 1월 1일부터 PARIS MOU 역내에 기항하는 선박에 대해 국제선박보안증서(ISSC)가 없거나 선박에서 보안활동이 시행되지 않는 선박에 대해서는 경고장(Letter of Warning)을 발행할 것임을 발표하였다.

그리고 PARIS MOU는 PSC(Port State Control) 임검시 다음 사항을 주목할 것을 요구하였고, 상세한 점검지침 초안을 작성하였으나, MSC 78차 회의에서 동 초안이 "해상보안 관련 항만국 통제 잠정지침"에 반영되어 7월 1일부터 시행함에 있어서, 이를 위하여 PARIS MOU는 해상보안 관련 집중점검 캠페인(Concentrated Inspection Campaign, CIC)을 2004년 7월 1일부터 9월 30일까지 3개월간 실시하기로 하였다.

- 유효한 국제선박보안증서(ISSC)의 보유 여부

- 선박으로의 출입통제(Access Control) 여부
- 선박 내 보안 민감지역에 대한 출입통제 여부
- 선박이 항만시설과 같거나 보다 높은 보안등급으로 운항되는지의 여부
- 최근 10회의 선박/항만인터페이스 또는 선박 대 선박 활동기록 보유 여부
- 선원의 교대를 포함하여 요구되는 보안 훈련과 연습의 시행 여부
- 선장과 본선 선원이 필수적 보안절차에 익숙한 지의 여부
- 선박 내 주요 인원 간의 효과적인 의사소통 여부
- ISPS Code의 완전한 이행을 회피하기 위해 연속적으로 임시보안증서를 보유하고 있는지의 여부
- 선박식별번호가 눈에 잘 띄는 장소에 영구적으로 표시되어 있는지의 여부

(2) TOKYO MOU의 동향

TOKYO MOU도 PARIS MOU와 같이 해상보안 관련 집중점검 캠패인(Concentrated Inspection Campaign, CIC)을 2004년 7월 1일부터 9월 30일까지 실시하기로 하였다. 다만 보안점검시 Checklist는 PARIS MOU의 점검표를 공동 사용하기로 발표하였다.

(3) USCG의 동향

지난 2003년 12월부터 이미 미국에 입항하고자 하는 총톤수 300톤 이상(곧 100톤 이상으로 강화 예정)의 선박은 국립선박이동통제센터(National Vessel Movement Center, NVMC)에 도착 통보(Notice of Arrival, NOA)를 하여야 하며, NVMC에서는 해당 선박이 미국항만에 위협을 가할 수 있는 선박인가를 위험성에 기초한 의사결정시스템(Ri나-Based Decision Making, RBDM)에 따라 관리할 것임을 공포하였다.

기존의 Targeting Matrix 시스템에 ISPS Code 관련사항을 연계하여 안전관리와 보안관리에 대한 종합적 Targeting Matrix를 운영할 것임을 공포하였다.

또한, 2004년 7월 1일 이후에 미국에 입항하는 선박은 반드시 국제선박보안증서(ISSC) 또는 임시국제선박보안증서(Interim ISSC)를 보유하여야 하며, 미비치 선박에 대해서는 강력한 항만국 통제를 시행할 것임을 발표하였다.

다. ISPS Code의 인증절차

(1) 보안책임자 지정

(가) 회사는 보안업무를 수행할 담당직원을 지정하여야 하며, 최소한 다음의 직원이 지정되어야 한다.

- 육상 : 회사보안책임자(CSO, Company security officer)
- 선박 : 선박보안책임자(SSO, Ship security officer), 선박별로 지정되어야 함

(나) 회사보안책임자는 회사의 선종 또는 선복량(船腹量, ship's space)에 따라 다수 인원이 지정될 수도 있으나, 이 경우 어떠한 선박의 책임을 맡고 있는지 명확하게 식별되어야 한다.

(2) 선박보안평가(Ship Security Assessment) 수행

(가) 회사보안책임자(CSO)는 선박보안평가 수행의 책임이 있으며, 선박보안평가는 선박별로 수행되어야 한다.

(나) 선박보안평가는 형장조사(On-scene Security Survey)를 반드시 포함하여야 하며, 평가결과는 문서화되어야 한다.

(다) 선박보안평가는 코드에서 요구하는 사항(ISPS Code A 제8.4항)을 포함하여야 하며, 주요 요소들은 다음과 같다.

- 시행중인 보안조치, 절차 및 활동에 대한 식별 및 평가
- 중요하게 보호되어야 하는 주요 선상작업의 식별 및 평가
- 보안조치의 수립 및 우선순위를 선별하기 위하여, 주요 선상작업에 대해 발생할 수 있는 위협 및 발생가능성의 식별 및 평가
- 기반시설, 정책 및 절차에 있어서 인적요소를 포함한 취약점의 식별

(라) 선박보안평가는 새로운 보안위협을 반영할 수 있도록 정기적으로 검토되어야 함.

(3) 선박보안계획서(SSP, Ship Security Plan) 작성

(가) 선박보안계획서의 작성 책임은 회사보안책임자에게 있다.

(나) 선박보안계획서는 선박보안평가를 근거로 작성되어야 한다.

(다) 선박보안계획서는 코드에서 요구하는 18가지의 항목(ISPS Code A 제9.4)을 포함하여야하며, 주요 요소들은 다음과 같으며, 보안등급 1,2 및 3에 따른 각각의 보안조치를 수립하여야 한다.

- 조직 및 선박보안 임무
- 선박출입통제
- 선박에서의 제한구역
- 화물 및 선용품의 취급
- 미휴대 수화물(Unaccompanied baggage)의 취급
- 선박보안 감시
- 내부심사 절차 등

(라) 선박보안계획서는 영어, 불어 또는 스페인어 중의 하나로 번역되어야 한다.

(마) 선박보안계획서는 정기적으로 검토되어 환경변화를 수용하여야 한다.

(4) 선박보안계획서 승인 요청 및 승인

(가) 선박보안계획의 승인을 위한 제출의 책임은 회사보안책임자에게 있다.

(나) 선박보안계획서의 승인은 각 지방해양수산청(외국선박의 경우 기국 주관청 또는 주관청이 인정한 RSO, Recognized security organization)에서 시행한다.

(다) SSP의 승인요청을 할 경우에는 선박보안평가서를 첨부하여야 한다.

(라) 승인된 선박보안계획서 또는 동 계획서에 명시된 보안장비 중 주관청이 특별하게 결정한 사항(해양수산부 고시 제2003-65호, 제19조의 6 참조)에 대해서는 관련 개정이 주관청의 승인없이 시행되어서는 아니 된다.

(마) SSP에 따라 선박보안시스템 활동 시행

선박보안책임자는 선박보안계획서에 따라 선박에서 보안활동이 시행되도록 하여야 한다.

(바) 최초 선박보안심사(Verification)

1) 선박보안심사는 각 지방해양수산청(외국선박의 경우, 기국 주관청 또는 기국이 인정한 RSO)에서 수행한다. 다만, 외국항에서의 보안심사는 한국선급에서 수행한다.
2) 선박보안심사는 보안시스템 및 관련 보안장비가 협약 및 코드의 요건에 완전히 적합하며, 만족한 상태에 있음을 확인하는데 있다.
3) 선박보안심사가 완료된 후에는 주관청의 승인없이 보안시스템 및 관련 보안장비가 변경되어서는 아니 된다.
4) 최초 선박보안심사를 신청하기 위해서는 보안시스템 활동을 시행한 객관적 증거가 있어야 하며, 기국에 따라서는 일정기간의 보안시스템 활동실적을 요구하고 있다.

(사) 국제선박보안증서 발급(ISSC, International Ship Security Certificate)

1) 최초 보안심사에 합격한 선박에 대하여 선적항 관할 지방해양수산청장(외국선박의 경우, 기구 주관청 또는 주관청이 인정한 RSO)은 국제선박보안증서를 발급한다.
2) 국제선박보안증서의 유효기간은 5년이다.
3) 2004년 7월 1일 이후에는 신조선, 선박의 국적변경 또는 회사의 변경 등이 발생할 경우, 임시 국제선박보안증서(Interim ISSC)를 발급할 수 있으며 유효기간은 6월이다.

(아) 선박보안시스템 유지

1) 선박보안계획서에 등재된 주요 활동(ISPS Code Part A, 제 10.1 참조).은 기록 유지되어야 한다.
2) SSP에 따른 훈련은 최소한 매 3개월마다 1회 이상 시행되어야 하며, 항만시설보안책임자, 회사보안책임자 및 당사국 정부가 참여하는 합동훈련이 최소한 매년 1회 이행되어야 한다.
3) SSP의 규칙적인 검토 및 내부심사가 수행되어야 한다.

(자) 중간보안심사(Intermediate Verification)

국제선박보안증서의 유효기간 이내에 최소 한번의 중간보안심사가 실시되어야 한다. 중간보안심사가 한번만 실시되는 경우에는 두 번째와 세 번째 연차일 사이에 실시되어야 한다.

(차) 갱신보안심사(Renewal Verification)

현 증서의 만료일 전 3개월 이전부터 증서의 유효기간 내에 갱신심사를 실시해야 한다.

라. 해상보안의 강화를 위한 통제 및 적합조치에 관한 잠정 지침

해사안전위원회 78차 회의에서 2004년 5월에 채택된 본 지침은 통제 및 적합조치에 대한 1974년 SOLAS 협약 제 11-2장 제 9조를 상기하며, 협약 당사국 내의 항만으로 입항하고자 하는 선박들에 대한 통제 및 이미 입항한 선박들에 대한 통제에 적용한다.

(1) 입항 전 선박의 평가

입항 전에 선박에서 통보한 정보의 평가에 있어서 명백한 근거는 다음 사항을 포함한다.

(가) 보안장비, 문서 또는 협약 제 11-2장 및 ISPS PART A에 의해 요구된 배치에 심각한 결함이 존재한다는 증거 또는 신뢰할만한 정보

(나) 정식으로 권한을 위임받은 항만국통제관의 전문적인 판단으로 선박이 협약 제 11-2장 또는 ISPS PART A의 요건에 적합하지 아니함을 나타내는 신뢰할 만한 정보를 포함한 보고서나 불만사항

(다) 선박이 협약 제11-2장 또는 ISPS PART A에 위배되는 항만시설 또는 다른 선박으로부터 인원, 선용품 또는 화물을 선적하여 의혹이 제기되는 동 선박이 보안선언서를 완성하지 아니하였거나 적절한 특별 또는 추가 보안조치를 취하지 아니하였거나 또는 적절한 보안절차를 유지관리하고 있지 아니하다는 증거 또는 신뢰할만한 정보

(라) 선박이 협약 제11-2장 또는 ISPS PART A를 따르도록 요구되지 않은 항만시설 또는 기타 공급원(예를 들어, 다른 선박 또는 헬리콥터 수송)으로부터 인원승선, 선용품 또는 화물을 선적하고, 동 선박이 적절한 특별 또는 추가 보안조치를 취하지 아니하였거나 또는 적절한 보안절차를 유지 관리하고 있지 아니하다는 증거 또는 신뢰할만한 정보

(마) 만약 선박이 연속적으로 발행된 임시국제선박보안증서를 소지하고 있으며 정식으로 권한을 위임받은 항만국통제관의 전문적인 판단으로 선박 또는 회사가 그러한 증서를 요구하는 목적이 규정된 최초 임시증서의 유효기간을 넘어서 제 11-2장 및 ISPS PSRT A에 대하여도 완전한 적합성을 피하기 위한 것일 경우

(바) 요구한 정보를 제공하지 않는 선박의 경우

(2) 입항 전 선박의 평가에 명백한 근거가 있는 경우의 조치사항

선박과 관련 유용한 정보에 대한 평가에서 만일 선박이 제 11-2장 혹은 ISPS PART A를 준수하지 않는다는 명백한 근거가 있다고 판단한 경우, 당사국 정부는 아래의 조치를 취할 수 있다.

(가) 명백한 근거가 있음을 알리고 입항을 허가한다.

(나) 선박으로 하여금 당사국 정부의 영해 또는 내수면에 구체적으로 명시되어진 장소로 이동할 것을 요구

(다) 영해에 있다면 선박의 입항 전 임검

(라) 입항거부

(3) 명백한 근거가 있음을 알리고 입항을 허가한 경우의 조치사항

당사국 정부가 명백한 근거가 있음을 알리고 입항을 허가한 경우는 다음 사항을 포함하는 한 가지 혹은 그 이상의 통제 조치를 부과하도록 요구하고 있다.

(가) 선박의 임검

(나) 선박의 출항지연

(다) 선박의 출항정지

(라) 항내를 포함한 운항 제한; 및
(마) 추가적 혹은 대체방안으로 완화된 행정조치 또는 시정조치 요구

제 4 절 항해당직 업무

1. 항해당직 근무 개요

가. 항해당직 근무의 구성

일반 선박에 있어서 항행중의 갑판부의 당직근무는 보통 항해사 당직사관 1명과 갑판수 1명으로 구성되고, 기관부는 기관사 당직사관 1명과 오일러 1명으로 구성되며, 오전과 우후에 각각 4시간씩 하루 8시간 근무한다.

하루 24시간 중의 시간별 갑판부 및 기관부의 항해 당직표는 다음과 같다.

[표 6-6] 시간대별 항해 당직표

당직 시간	당직 이름	갑판 당직원	기관 당직원
04:00 ~ 08:00 16:00 ~ 20:00	아침당직(morning watch) 저녁당직(evening watch)	1등 항해사 당직 갑판수	1등 기관사 당직 조기수
08:00 ~ 12:00 20:00 ~ 24:00	오전당직(forenoon watch) 이른밤당직(first night watch)	3등 항해사 당직 갑판수	3등 기관사 당직 조기수
00:00 ~ 04:00 12:00 ~ 16:00	밤중당직(midnight watch) 오후당직(afternoon watch)	2등 항해사 당직 갑판수	2등 기관사 당직 조기수

나. 항해당직 근무의 업무

항해당직 중 각 부서에서 행하는 일이 다르나, 갑판부의 경우에는 다음과 같은 업무를 수행한다.

(1) 공해에서는 국제 해상충돌예방 규칙과, 영해에서는 해상교통안전법, 개항질서법 그리고 각 국에서 규정하는 규칙이 있으면, 그 규칙을 준수하여 항행한다.

(2) 침로를 유지하면서 엄중한 경계(Look-out)를 한다.

(3) 항해계기를 사용하여 자주 선박의 위치를 확인한다.

(4) 항상 선박의 보안에 유의하며, 의심나는 사실이 있을 때에는 즉시 선장에게 보고하고, 비상시에는 먼저 응급조치를 취한다.

(5) 항해계기와 조타장치가 정상 상태인지를 자주 점검한다.

(6) 날씨변화에 유의하고 해상상태를 관측하며, 필요할 때에는 선장에게 보고한다.

(7) 기회가 있으면 컴퍼스의 오차를 측정한다.

(8) 연안항해 중에는 자주 측심하여 안전항해를 하도록 노력한다.

(9) 필요한 경우 육상 또는 다른 선박과 신호를 송 · 수신하고, 야간에는 항해등의 점등을 확인한다.

(10) 기름의 배출에 유의한다.

(11) 항해당직을 교대할 때에는 15분전에 선교에 도착하여 다음 사항을 인수, 인계하고 정시에 교대한다.

① 본선의 위치와 침로, 속력, 기관 회전수
② 현재 보이는 물표와 해도상의 위치, 종류 및 성질
③ 현재의 주위상황과 항행 중인 다른 선박의 동태
④ 날씨, 해 · 조류, 파랑 등의 상태와 본선에 미치는 영향
⑤ 선장의 지시나 그 밖의 전달 사항
⑥ 항해계기 작동상태 및 기타 참고 사항
⑦ 당직 종료 후에는 선내를 순시한다.

2. 항해 당직사관의 복무지침(Standing orders)

선장은 선박운항에 관한 최고의 전문인이고, 또한 책임자이기도 하므로 항행 중에는 언제나 선교(Bridge)에 있으면서 선박의 안전을 확보하는 것이 가장 바람직한 일이지만 현실적으로는 불가능한 일이다. 그러므로 선장이 선교를 비우고 당직 항해사가 대신 항행 당직을 수행할 때에는 선장의 의도를 당직사관에게 전달하여 선박의 안전운항을 확보할 수 있도록 하고, 또한 선장업무를 수행함에 있어서 감독을 게을리 하지 않았다는 증명자료로서, 당직사관 복무지침을 선장이 직접 기록하여 해도실 등에 비치하고 당직자로 하여금 이를 속독토록 하여 이행하도록 한다.

이러한 복무지침에 대한 상세한 내용은 대부분 항해일지 첫 페이지에 기록되어 있으며, 선장은 당시 상황을 감안하여 이 내용에 추가로 특별 지시사항을 Night order book에 기록하여 당직사관들이 숙지하도록 하며, 그 중요한 내용은 다음과 같다.

가. 당직사관은 선장의 대행자로서 그의 첫째 책무는 본선을 항상 안전한 상태로 운항하는데 있으며, 또한 당직사관은 해상충돌의 예방을 위한 제반 규칙에 따라야 한다.

나. 당직사관은 브리지에서 당직을 유지하여야 하며, 어떠한 경우에도 적절한 자격을 가진 자와 교대할 때까지 브리지를 떠나서는 안된다. 분리된 해도실이 있는 선박에서는 선위결정을 위하여 필요한 경우에 짧은 시간동안 해도실에 들어갈 수 있으나, 그렇게 하여도 안전하다는 것을 사전에 자신이 확신을 가져야 한다.

다. 당직사관이 항상 유효적절한 경계를 유지하는 것은 당직근무의 가장 기본적인 업무로서 특히 중요한 일이다. 당직사관이 홀로 경계업무를 수행하고 있을 때에는 브리지에 보조자를 부르는 것을 주저하지 말아야 하며, 어떠한 이유로 당직사관이 경계 업무에 전념할 수 없을 경우에는 그러한 보조자를 즉시 이용하여야 한다.

라. 당직사관은 주기관(Main engine)의 사용이 자신에게 일임되어 있음을 유의하고, 필요한 경우에는 즉시 기관을 사용하도록 하고 기관사용을 주저하여

서는 안된다. 그렇지만 가능하다면 기관속력의 변경의사를 적시에 기관실에 통보해 주어야 한다. 그리고 선박 조종성에 관한 자료 및 흘수와 속력의 변화에 따른 정지거리를 브리지에서 사용할 수 있도록 가장 잘 보이는 곳에 비치하여 파악하고 있어야 한다.

마. 당직사관은 선장이 브리지에 왔을지라도 선장이 당직사관에게 특별히 자신의 조종책임을 인수한다고 통지하고 상호간에 확인할 때까지는 선박의 안전운항에 대한 책임이 계속된다.

바. 당직 교대를 위한 후임 당직사관은 자신의 시력이 주위의 명암상태에 충분ㅎ 적응되고 또 다음 사항에 대하여 스스로 확신을 갖게 될 때까지는 당직을 인계받아서는 안된다.

(1) 본선의 위치, 침로, 속력

(2) 현재와 예보된 조석, 조류, 천후, 시정 및 이들 요인에 의한 침로와 속력에 대한 영향

(3) 적어도 다음 사항을 포함하는 항행 상태

① 당 직중에 사용되고 있거나 사용될 가능성이 있는 모든 항해장치와 안전설비의 작동상태

② 시야 내에 있거나 혹은 부근에 있다고 알려진 선박의 존재와 동향

③ 그의 당직중에 조우하리라고 생각되는 상황과 위험

사. 당직을 인수받을 사관은 선장의 명령 및 다른 특별한 지시사항을 통보받고 이를 준수하여야 한다.

아. 당직교대는 급박한 항행위험을 피하기 위한 동작이 진행 중일 때에는 완료될 때가지 연기 되어져야 한다.

자. 당직사관은 다음 사항을 확인하기 위하여 정기적인 점검을 하여야 한다.

(1) 조타수 또는 자동조타기가 정확한 침로로 조타하고 있는지의 여부

(2) 자이로컴퍼스 오차 및 마그네틱 컴퍼스 자치를 자주 확인하여 오차기록부에 기재하고 당직 중에 한번이상 리피터컴퍼스의 동조여부를 확인하여야 한다.

(3) 자동조타장치는 수동으로 즉시 사용될 수 있는지의 여부

자. 당직사관은 잠재적인 위험상태를 안전한 방법으로 처리할 수 있도록 충분한 시간여유를 가지고 조타수를 배치하고 수동 조타로 바꿀 필요가 있음을 유념하여야 한다. 자동조타를 행하고 있는 선박에서 당직사관이 보조자 없이 긴급동작을 취하기 위해 경계를 중단하여야 될 시점까지 사태의 진전을 허용하는 것은 대단히 위험하다.

차. 당직사관은 본선에 장치된 전자항행 보조장치의 사용방법에 대해 이들 장치의 성능과 한계를 포함하여 철저하게 알고 있어야 한다.

카. 음향측심기는 귀중한 항해 보조장치이며, 필요한 때에는 언제나 이를 이용하여야 한다.

타. 당직중 선박의 움직임과 활동에 관한 적절한 기록을 행하여야 한다.

파. 당직사관은 다른 선박의 조기 탐지를 위하여 항상 1대의 레이더를 사용하여야 되며, 레이더의 한계를 인식하면서 적당한 때 또는 시정이 제한되거나 제한되리라고 예상되는 때 그리고 선박이 폭주하는 해역에서는 레이더 플로팅을 실시하여야 한다. 적절한 범위의 스케일레인지를 선택하여 영상을 주의 깊게 관찰하고, 또 효과적으로 플로팅을 실시하여야 하며, 청명한 기상시에 당직사관은 가능한 레이더 작동연습을 실행하여야 한다.

하. 당해 해역에 대하여 적당하고 또 최신의 유효한 자료에 의하여 소개정(Small correction)된 최대척도의 해도를 사용하여야 한다. 사정이 허락한다면 선위의 확인은 빈번하게 행하여야 하며, 2가지 이상의 방법으로 선위를 확인하여야 한다. 당직사관은 모든 항로표지를 적극적으로 확인하여야 하며, 실행 가능하다면 그 표지들을 점검하여야 한다.

갸. 당직사관은 접근하여 오는 선박의 컴퍼스 방위를 빈번하고 정확하게 측정하여야 하고, 당직사관은 충돌예방규칙에 따라서 조기에 적극적인 동작을 취하여 바라는 효과가 나타나는지의 여부를 계속해서 확인하여야 한다.

냐. 제한된 시정에 조우하거나 또는 조우하리라고 예상될 경우에 있어서 당직사관의 제일 주된 임무는, 해상충돌예방규칙의 관련 규정에 따라 안전속력으로 무중신호를 발하면서 즉시 기관을 사용할 수 있도록 준비하여 항행하도록 유념하여야 한다. 아울러 다음 사항을 실시해야 한다.

(1) 선장에게 보고할 것

(2) 조타수를 즉시 배치하고 필요하다면 경계요원을 배치할 것

(3) 레이더의 플로팅을 실시할 것

(4) 필요하다면 수동조타로 바꿀 것

(5) 항해등을 표시할 것

또한 당직사관은 자선의 정지거리를 포함한 조종성에 유의하는 것이 중요하고, 충돌을 피하기 위한 모든 행동, 즉 속력의 변경, 침로의 변경은 빠르고 충분한 시간 내에 이루어져야 하며, 실질적으로 접근선박에 대해 넓고 충분한 해역을 줄 수 있도록 해야 한다. 소각도의 침로변경은 피해야 한다.

댜. 당직사관은 다음 상황에서는 즉시 선장에게 보고하여야 한다.

(1) 시정이 악화되었거나 시정의 악화가 예상될 때

(2) 교통상태 또는 다른 선박의 동향이 불안을 야기하고 있을 때

(3) 침로의 유지에 곤란을 겪고 있을 때

(4) 예정된 시간에 육지 또는 항해상의 목표물 발견을 실패하였을 경우

(5) 예상외의 육지 또는 항해상의 목표물을 발견했을 경우

(6) 기관, 조타장치, 또는 기타 주요한 항해장치에 고장이 났을 경우

(7) 악천후에 있어서 황천에 의한 손상의 가능성에 관하여 어떠한 의구심이 생겼을 경우

(8) 선박의 안전에 관하여 의구심을 갖게 될 어떤 긴급상태 또는 상황일 경우

랴. 도선사가 승선하여 조종중일 경우에도 당직사관의 책임을 결코 감소시키는 것은 아니다. 당직사관은 도선사와 긴밀하게 협력하여야 하고, 또 본선의 위치와 동정에 대하여 정확한 확인을 계속하여야 한다. 만일 당직사관이 도선사의 행동 또는 의도에 대하여 어떠한 의심이 있다면 즉시 선장에게 알려야 한다.

먀. 풍력계급 6이하의 일상적인 풍력과 해상상태는 기사란(Remarks)에 기술할 필요가 없다.

뱌. 당직사관은 각 당직의 항해일지 기재 후에 반드시 본인이 서명해야 한다.

샤. 본선에 승선중인 사관은 Standing orders를 속독하여 충분히 이해하고, 서명란에 서명하여야 한다.

[그림 6-1] 상선의 좌초와 화재 사고

제5절 정박당직 업무

1. 정박당직 근무의 업무

선박이 정박중에는 정박당직에 임하게 되는데, 갑판부원은 현문당직(Deck watch, Gang-way watch)을 서고, 기관부원은 기관실당직에 임한다. 당직 근무자 이외의 인원은 일과작업에 임한다.

현문 당직자는 다음 사항에 유의하며 근무해야 한다.

가. 본선의 보안을 위하여 관련 법령을 준수하고, 부두에 접안했을 때에는 접안상태, 투묘정박했을 때에는 닻의 상태를 자주 확인해야 한다.

나. 현문 사다리의 통제, 승·하선자의 파악과 외부인의 출입을 관장한다.

다. 자주 선내를 순시하여 화재, 도난, 기름 또는 유성 혼합물의 배출 등을 방지한다.

라. 기상상태와 바다의 상태를 관측하고, 날씨가 급변할 경우에는 항해당직 체제로 전환하고, 선박 안전에 노력을 해야 한다.

2. IMO의 정박당직에 대한 권고 사항

IMO 총회에서는 IMO산하에 있는 해상안전 위원회에서 심의 및 보고하여 결의된 「항해당직의 유지에 관한 기본원칙과 적용지침에 대한 권고」를 상기하고, 해상안전위원회에 제 32차 회의의 보고를 고려하여 「항내에서 정박당직에 종사하는 갑판사관을 위한 원칙과 적용지침에 관한 권고」를 채택하여 모든 가입국들이 가능한 조속히 이 권고에 포함되어 잇는 조치를 이행할 것을 권고하였으며, 그 권고내용을 보면 다음과 같다.

가. 항내에서 정박당직에 종사하는 갑판사관을 위한 원칙과 적용지침에 관한 권고

(1) 개요

① 이 권고는 항내에서 정상적인 상황하에 안전하게 육지에 계류 중이거나 정박하고 있는 선박에 적용된다. 노출되어 있는 묘지에 정박하고 있는 선박은 여기에 부가하여「항해당직의 유지에 관한 기본원칙과 적용지침에 대한 권고」에 포함되어 있는 주의사항을 참조하여야 한다. 특수한 형태의 선박이나 특수하물에 대해서는 특수한 요건이 필요하다.

② 선박소유자, 선장 및 당직사관은 다음의 원칙과 적용지침에 유의해야 한다.

(2) 당직과 그 준비

① 선박이 항내에 있는 경우에 당직의 이행을 위한 준비는,
㉠ 인명, 선박, 화물 및 항만의 안전을 확보해야 하며,
㉡ 국제규칙, 국내규칙 및 지방규칙을 지켜야 하고,
㉢ 명령과 선박의 통상적인 관례를 지켜야 한다.
② 선장은 선박의 계류상태와 선형 및 직무의 성질에 따라서 당직에 충원될 인원수와 당직시간을 결정한다.
③ 선장이 적당한 자격이 있는 자이면 누구든지 항내에서의 당직임무를 수행하도록 지명할 수 있는 선박은 등록톤수가 500총톤 미만이고, 위험물을 적재하지 아니한 선박의 경우에 한하며, 이를 제외하고는 항상 자격있는 갑판부 당직사관 한 사람이 선내에 있어야 한다.
④ 필요한 장비의 준비는 각 당직자가 그 임무를 가장 능률적으로 수행할 수 있도록 마련되어야 한다.

(3) 당직의 인수

① 당직사관은 인계받을 사관에게 그의 당직임무를 효과적으로 수행할 능력이 없을 것이 명백하다고 믿을 만한 어떤 사유가 있을 때에는 그에게 당직을 인계해서는 안된다. 의심스러운 경우에는 당직사관은 이에 관하여 선장에게 보고해야 한다.
② 인계받은 사관은 인계하는 사관으로부터 다음 사항을 통보받아야 한다.
㉠ 정박한 장소의 수심, 선박의 흘수, 만조시와 간조시의 수위와 시각, 계류색의 긴장도, 닻의 배치와 닻줄의 늘어뜨림, 선박의 안전을 위하여 중요한 계류상의 그 밖의 특징, 주기관의 상태와 응급사용에 대비한 이용 가능성
㉡ 선내에서 이루어지고 있는 모든 작업, 선내에 선적되었거나 남아있는 화물, 선내에서 양하한 뒤의 잔여화물의 성질, 분량 및 위치

㉢ 빌지(Bilges)의 밸러스트 탱크에 있는 물의 수위
㉣ 표시하고 있는 형상물과 등화
㉤ 정당하게 승선중인 사람들과 선내에 있어야 할 승무원의 인원수
㉥ 소화기구의 상태
㉦ 특별한 항만규칙이 있으면 그 규칙
㉧ 선장의 일상적인 지시와 특별한 지시
㉨ 긴급사태 발생의 경우 혹은 원조가 요청되는 경우에 본선과 부두직원 또는 항만당국과 의 사이에 이용할 수 있는 통신시설
㉩ 선박의 안전과 오염으로부터 환경을 보호하기 위하여 중요한 그 밖의 사정

③ 인수받은 당직사관은 다음 사항에 관하여 스스로 흡족할 정도이어야 한다.
㉠ 계류줄 또는 닻줄의 긴장도가 적합하다는 것
㉡ 적절한 형상물 또는 등화가 적당하게 게양되고 또 표시되어 있다는 것
㉢ 안전조치와 소방규칙이 유지되고 있다는 것
㉣ 선적중이거나 양하중인 유해 · 위험화물의 성질을 알고 있고, 또 누출 또는 화재의 경우에 취해야 할 적절한 조치에 관하여 자신이 알고 있다는 것
㉤ 자선을 위태롭게 하는 외부적인 조건이나 사정이 존재하지 아니하고 또 자선도 다른 선박을 위태롭게 하지 아니한다는 것

④ 만약 당직을 인계하는 순간에 주요한 작업이 수행되고 있을 때에는 선장이 별도로 지시한 경우를 제외하고는 당직을 인계하는 사관이 그 작업을 종결하여야 한다.

(4) 당직의 이행

당직사관은,
① 적당한 간격을 두고 선내를 순시할 것
② 다음 사항에 관하여 각별한 주의를 기울일 것
㉠ 현문(Gangway), 닻줄 또는 계류장치의 상태와 긴장도, 특히 조류가 변경

되는 시기나 또는 조석의 고저차가 심한 정박장소에 있어서의 위의 상태와 긴장도, 그리고 필요하다면 이러한 것들이 정상적인 상태로 기능을 하도록 확보하기 위한 조치를 강구하는 일

㉡ 하역작업 중 또는 밸러스트를 싣는 동안에 위험한 경사나 트림을 피하기 위한 선박의 흘수, 선저여유수심(Under keel clearance, UKC)

㉢ 기상상태와 해면상태

㉣ 안전상의 주의와 소방에 관한 모든 규칙의 준수

㉤ 빌지의 탱크의 수위

㉥ 선내에 이는 모든 사람들과 그들의 소재, 특히 멀리 있거나 폐쇄된 장소에 있는 사람들

㉦ 모든 형상물과 등화의 표시

③ 날씨가 나쁘거나 폭풍경보를 받았을 때에는 사람, 선박 및 화물을 보호하기 위하여 필요한 조치를 취할 것

④ 자선에 의한 환경오염을 방지하기 위하여 필요한 모든 예방조치를 취할 것

⑤ 선박의 안전을 위태롭게 하는 긴급사태에 있어서는 경보를 내리고, 선장에게 알리며 자선의 손상을 방지하기 위한 모든 가능한 수단을 다할 것. 그리고 필요하다면 육상의 관련 관청이나 인근 선박에게 원조를 요청할 것

⑥ 화재가 발생한 경우에는 본선을 위태롭게 하지 않고 선내에 펌프로 뿌릴 수 있는 물의 양을 육상의 소방당국에게 알려줄 수 있도록 복원성의 상태를 알고 있을 것

⑦ 조난한 선박이나 사람에게 원조를 제공할 것

⑧ 프로펠러를 회전하려고 할 때 사고나 손상을 방지하기 위하여 필요한 예방조치를 취할 것

⑨ 본선에 영향을 미치는 모든 중요한 사건을 항해일지(Log Book)에 기입할 것

제 6 절 특별당직 업무

1. 선내 특별부서 배치 및 당직업무

선박을 운항하는 데는 위험이 따른다. 많은 인원이 필요한 작업을 할 때나, 위급한 경우, 비상체제로서 특별부서를 정하여 둔다.

가. 비상 배치표 및 훈련

(1) 다음에 해당하는 선박의 선장은 비상시에 조치하여야 할 승조원의 임무를 정한 비상배치표(Station Bill)를 선내의 보기 쉬운 곳에 걸어두고, 선내에 있는 자에 대하여 소방훈련, 구명정훈련 그 밖에 비상시에 대비한 선내훈련을 실시하여야 한다.

① 총톤수 500톤 이상의 선박(다만, 평수구역을 항행구역으로 하는 선박을 제외한다).

② 여객선

(2) 위의 소방훈련, 구명정훈련 그 밖의 비상시에 대비한 훈련은 매월 1회 선장이 지정하는 일시에 실시하되, 여객선의 경우에는 10일마다 실시하여야 한다.

(3) 여객선의 선장은 여객이 비상시에 대비할 수 있도록, 비상신호의 위치, 구명기구의 비치장소를 선내에 명시하고, 피난요령 등을 보기 쉬운 곳에 걸어두며, 구명기구의 사용법과 여객이 알고 있어야 할 필요한 사항에 대하여 출항 후 1시간(국제항해에 있어서는 4시간)이내에 여객에게 주지시켜야 한다.

(4) 선장은 당해 선박의 해원 $\frac{1}{4}$이상이 교체된 때에는, 출항 후 24시간 이내에 선내 비상훈련을 실시하여야 한다.

(5) 선장은 구명훈련을 2개월에 한번씩 구명정을 바다에 띄워 놓고, 훈련을 실시하여야 한다.

(6) 비상신호법은 기적 또는 사이렌에 의한 연속 7회의 단음과 계속 1회의 장음으로 한다.

(7) 선장은 선내 비상훈련시마다 훈련내용을 항해일지에 기록하여야 한다.

[표 6-7] 비상 부서 배치표의 신호방법(대양 항행선의 경우의 예)

상 황	신 호 방 법
화재 또는 긴급시	(————) 선박의 기적 또는 사이렌에 의한, 10초 이상 계속되는 장음을 발하고, 10초 이상의 전선경보(general alarm)를 발한다.
사람이 물에 빠졌을 때	(———) 선박의 기적에 의하여 모스 부호 "O" 의 신호를 적어도 4회 이상 발하고, 일반경보(general alarm)에 의해 동일한 신호를 발한다.
퇴선시	(● ● ● ● ● ● ● ——) 선박의 기적에 의해, 단음 7회와 장음 1회를 울리고, 전선경보(general alarm)에 의해 동일한 신호를 발한다.
구명정 강하 구명정 강하 정지	선박의 기적(whistle)에 의한 (●) 단음 1회 (● ●) 단음 2회를 발한다.

2. 하역 당직

하역 당직은 1등 항해사의 감독을 받아 당직사관과 갑판부원들이 담당하며, 자동화 선박에 있어서는 정박당직 및 하역당직 근무는 육상 근무자가 승선하여 맡게 될 것이다.

3. 항해 일지

항해일지는 선용 항해일지와 관용 항해일지로 구별할 수 있는데, 일반적으로 항해일지라 함은 선용 항해일지(Log book)를 말한다.

선용 항해일지는 항행 중 및 정박 중 해도실에 비치하고, 당직근무 중 일어난 일을 당직 항해사가 기록하여 선장의 검열과 서명을 받아 둔다.

선용 항해일지는 선박의 동정 및 선내에서 일어난 일에 대하여 중요한 증거서류가 되므로 최후에 기입된 날로부터 3년간 보존해야 한다.

다음 사항들을 항해일지에 기록한다.

가. 정박 중 선내에서 일어난 전반적인 상황과 날씨에 대한 사항

나. 항해중의 날씨에 대한 것과 항해의 개요

다. 해난이 있을 때에는 그 원인과 조치 및 결과

라. 선박이나 인명구조 업무에 종사한 내용, 타선의 조난을 알고도 구조에 임하지 않았을 때 그 이유

마. 선내에 사망자나 출생자 및 행방불명자가 있을 때 그 내용과 시간

바. 선박이 예정된 항로를 변경했을 때의 이유 및 억류. 포획되었을 때의 시간

제7절 당직 사고사례

1. 유조선 제00제일호와 어선 제00서일호의 충돌사고

가. 충돌사고의 발생 원인

이 사고는 지난 1995년 12월21일 02시 35분경에 서해안 남쪽에 위치하고 있는 안마군도의 횡도등대 서방 약 2마일 해상에서 일어난 충돌사고로 그 당시의 상황도를 나타내면 〈그림 6-2〉와 같다.

양 선박은 각각 부산 및 군산 선적으로, 제15제일호는 총톤수 998톤급 강선으로 여수 삼일항에서 벙커 씨유(Bunker-C) 약 2,500KL를 선적하고 12월 20일 출항하여 군산항으로 항해 중이었다, 그리고 제91서일호는 총톤수 42톤의 목조 근해안강망어선으로 9월 5일 군산항을 출항하여 약 3개월 동안 홍도, 소흑산도 및 안마도 근해에서 어로작업을 하다가 12월 20일 13시경에 휴식차 안마항에 입항하였

으나, 선원들이 휴식은 취하지 않고 과다한 음주를 하며 상륙을 하려고 하여 선장은 21일 00시 30분에 조업차 다시 출항하여 안마도 부근까지 항행한 후에 졸음과 약간의 음주로 인한 항행의 위험을 느끼고, 휴식을 위하여 기관을 중립상태로 해 놓고 전 선원과 함께 취침에 들어간 상황에서 발생한 사고였다.

이 충돌사고에 대한 해양안전심판원의 재결내용을 보면, 먼저 제15제일호 선장(3급 항해사면허소지)은 자신이 항해당직 근무를 서지 않고 조타수도 없는 상태에서 경험도 없는 무면허실습항해사로 하여금 대신 항해당직 근무에 임하도록 하였다. 항해당직업무를 맡은 실습항해사 자신도 전방 경계를 태만히 하여 항로 전방에서 밝은 작업등을 켜고 주기관을 중립상태로 유지한 채 표류중인 상대선을 충돌직전까지 발견하지 못한 것이 이 사고의 주원인으로 선원의 운항과실이다.

제91서일호의 경우 선장(6급항해사 면허소지)을 포함ㅂ한 선원들이 술에 취한 상태에서 심야에 출항을 감행한 후에 야간항행에 위험을 느껴 연안항로상에서 선박을 풍압 및 유압에 따라 표류하도록 하고, 작업등만 밝게 점등하고 별도의 경계등을 배치하지 않은 상태에서 전 선원이 취침함으로써 충돌회피 협조동작을 취하지 못한 것도 이 사고발생의 하나의 원인이 되었다.

나. 사고의 문제점

이 충돌사고는 하급 해기사 및 무자격선원에 의한 항해당직 근무에서 비롯된 대표적인 선원의 요인에 의한 운항과실로서 이 사고의 문제점으로는 다음과 같이 몇 가지에 대하여 생각 할 수 있다.

첫째로 제15제일호는 원래 여수의 삼일항에서 부산항, 마산항, 군산항 등지로 석유제품을 운송하는 총톤수 약 1,000톤급의 유조선으로, 이 선박에는 항해 중에 항행당직에 임할 수 있는 항해계열의 해기사로는 선장 1명과 갑판장 정도인 것으로 판단된다는 점이다. 그러므로 이러한 선박은 항행중에 무자격 선원이 항해당직을 설 수밖에 없는 물리적인 근무환경을 선주와 정부의 선박안전 감독기관이 묵인 내지는 방관하고 있다는 것이다. 선원을 보호하고 선박의 항행안전 확보를 위해서도 해기사의 승무자격 기준설정에 있어서 선박의 크기에 항행로 등을 감안하여 전반적인 재검토가 필요하다.

둘째로 어선 제91서일호에 승선조업하고 잇는 선원들의 열악한 근무환경과 선장 1인 3역에 의한 선박안전성 확보에 대하여 고려해 볼 일이다. 어로작업을 위하여 모항을 출항하면 약 3개월 이상 해상에서 조업과 항행을 계속하는 상황에서 6급 항해사인 선장 1명만이 어로작업을 총괄지휘하고 어장으로 이동 항행시에는 합법적으로 항행의 모든 안전책임을 지고 항해당직에 임해야 한다, 그러므로 연안어선에 승선하는 선원들의 근무환경과 생활상에 대한 개선책이 시급한 상황인 것을 알 수 있다.

셋째로 알래스카에서 발생한 초대형 유조선 액숀발데즈(Exxon Baldez)호의 좌초사고 이후로 미국을 포함한 선진 해운국에서는 상선 해기사들의 음주상태에서의 선박조종이 해난사고의 주요 원인으로 작용하고 있는 점을 중시하여 그 규제를 강화하고 있다. 우리나라의 경우 특히 연안어선에 있어서는 조업근무의 여건상 음주운항이 거의 관습화되어 있다고 볼 수 있어서 훨씬 더 큰 사고위험을 초래한다. 이러한 선박의 음주운전은 그 선박에 승선중인 선원 및 선박의 안전뿐만 아니라 그 선박과 조우하는 다른 선박들의 항행안전에도 심각한 위험요소로 작용하고 있다는 사실이다.

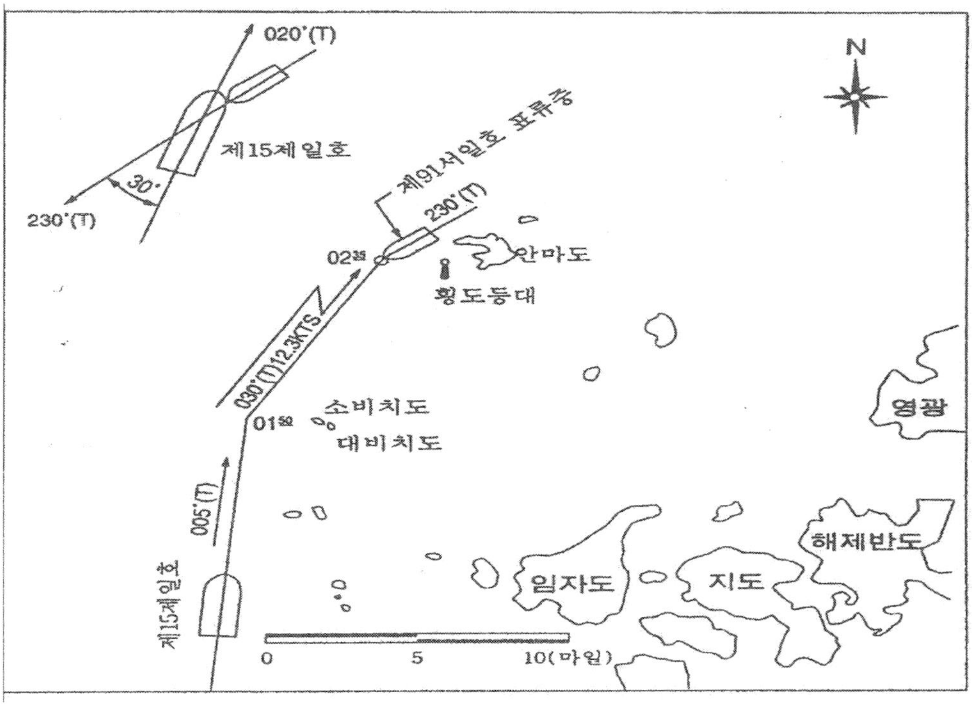

[그림 6-2] 제 15제일호와 제 91서일호의 충돌 상황도

제7장

해 상 기 상

제 7 장 해 상 기 상

일반적으로 기상이라 함은 대기 중에서 일어나는 구름, 강수, 안개, 바람 등의 지구를 둘러싸고 있는 대기상태의 각종 자연현상을 물리적인 방법으로 다루는 학문으로, 이것은 태양, 지구, 대기의 상호작용에 의한 많은 요소의 영향을 받아서 발행하는 것이다. 특히 태양은 기상변화의 가장 근원적인 것으로 태양의 복사에너지의 영향으로 대기의 상태가 변화하여 기상의 변화를 일으키는 것이다.

해양은 지구 표면의 약 70%에 달하는 면적을 점하고 있고, 해상이란 이렇게 광대한 해양의 물리적, 화학적, 생물학적 제 현상을 총칭하는 것으로 대기에 있어서의 기상과 같은 의미이다. 그리고 최근에 기상은 대기과학(Atmospheric Science)의 이름으로 많이 다루어지고 있으며, 대기의 현상을 좀 더 바르게 이해하고 정확히 예보함으로써 인위적인 환경조절의 가능성을 추구하기 위하여 꾸준한 연구가 이루어 지고 있다.

이 단원에서는 해상기상의 영향을 미치는 제반 요소와 우리나라의 기상특성에 대하여 이해하도록 한다.

제1절 기상 요소

어떤 지점의 어느 시각에 있어서의 대기의 상태나 대기 중에서 일어나는 기상현상을 물리적으로 알기 위하여 기상관측을 행하며, 그 관측의 주된 대상은 기압, 기온, 습도, 바람, 구름, 강수 및 시정 등으로 이들을 기상 요소라고 한다.

1. 기 압

기압은 대기의 압력으로 지구표면에서 1㎠의 단위면적을 가지고 수직기주에 대한 공기의 무게라고 정의할 수 있다. 기압의 차원은 ML-1T-2(M은 질량, L은 길이, T는 시간)으로 표시되며, 기압은 대기의 운동에 의해 시시각각으로 변한다. 가령 지금까지 밀도가 작은 공기가 있던 곳에 밀도가 큰 공기가 이동해 오면 공기의 무게에 해당하는 만큼 지상기압은 높아진다. 그러므로 동일 수평면상의 두 지점에 기압차가 있으면 공기의 운동이 일어나며 그 결과로 여러 가지의 기상현상이 나타나게 된다.

기압을 나타내는 단위로는 과거에는 밀리바(Millibar)를 사용했지만, 최근에는 헥토 파스칼(hPa : Hecto-pascal)이라는 단위를 사용하며, 1 hPa은 1㎠에 1,000 다인(1Dyne : 1gcm/sec^2)의 힘이 미치는 압력을 말한다. 압력이란 단위면적당 힘으로 지구 표면에서의 1대기압(1기압)은 수은주를 760mm 높이까지 올리므로 일반적으로 대기압의 표시를 760mmHg로 나타낸다.

1기압(atm) 즉, 수은 76㎝ 높이 무게의 힘(760mmHg)을 C.G.S단위로 환산하면, 1.0332[kgf/cm]과 같기 때문에 다음과 같이 정의할 수 있다.

1 atm = 76cmHg = 1.0332[kgf/cm] = 10,332[kgf/m] = 10,1253.6[N/cm] = 76cm × 13.596 × 980.665 (dyne/㎠) ÷ 1.000 = 1,013.32hPa = 14.7[lb/in] 로 나타낼 수 있다.

0°C, 1기압의 상태를 표준상태라 하며, 이때의 기압을 표준기압이라 한다. 이러한 표준기압 아래에서 우리 인간이 지구표면 상에서 받는 압력은 단위면적(㎠)당 약 1.033kg크기 무게의 압력을 받으며 생활하고 있지만, 압력에 대한 별다른 어려움을 느끼지 못하고 있으며, 이 압력은 또한 수중 10m 깊이에서 받는 압력과 같다고 이해할 수 있을 것이다.

대기압까지 압축된 공기는 우리 주위에 얼마든지 있기 때문에 이것을 강제적으로 압축하면 높은 압력으로 인하여 인간이 필요로 하는 여러 가지 힘을 얻을 수가 있으며, 대기압 보다 높은 압력공기를 공기압이라 하여 공업용으로 많이 사용하고 있다.

2. 기 온

지구상에서의 기상변화는 일반적으로 대기권내에서 일어나며, 대기 중에는 질소가 약 78%, 산소가 약 21%를 차지하고, 탄소는 0.033%정도이다.

우리나라의 기온분포를 보면, 동해안이 서해안보다 약간 높은 분포를 나타내고, 또한 월평균 기온의 연교차는 서귀포에서 가장 작아 20.7℃이고, 울릉도에서는 23.5℃ 그리고 인천에서 가장 커서 28.1℃이다. 대체로 기온의 연교차는 남동해안에서 23°~25℃이고 서해안 중부에서 26°~28℃의 분포를 나타낸다. 서해안의 연교차가 동해안보다 큰 것은 겨울철의 북서계절풍이 지형상 심한 한파를 가져오기 때문이라고 생각된다.

3. 강 우

강우량의 단위로는 강우(비)의 경우는 ㎜단위로 나타내고, 강설(눈)의 경우는㎝단위로 나타낸다. 보통 눈과 비의 비율은 평균 10대 1로써 10㎝의 눈은 1㎝(10㎜)의 비에 해당한다. 이러한 강우는 구름 속에서 생기므로 그 때의 대기의 상태와 밀접한 관계를 가진다. 강우는 때로는 시정을 대단히 악화시키므로 육상이나 해상의 교통안전에 장애현상을 일으키기도 한다.

한반도의 강우량은 계절적 및 지역적으로 변화가 크며, 일반적으로 강우는 하계 계절풍과 함께 7~8월에 집중된다. 최대강우는 북상하는 하계 해양기단이 제주도의 한라산을 지날 때 일어난다. 제주도 남안에 위치한 서귀포항에서의 연간 총강우량은 1,780mm를 나타내고 대체적으로 남한의 연간 평균강우량은 1,165mm정도이다.

4. 바 람

바람은 대기 중의 공기의 수평적인 운동을 말하며 풍향과 풍속으로 관측한다. 이러한 공기의 운동은 대단히 복잡하지만 보통의 기상관측에서는 어느 일정시간

(약 10분)내의 평균적인 풍향이나 풍속을 나타낸다.

바람의 방향은 주로 16방위로 나타내고 그 순서는 4방점(N, E, S, W)을 먼저 읽고 그 다음에 4우점(NE, SE, SW, NW)순으로 읽으며, 풍속의 단위로는 육상에서는 m/sec을 사용하고 해상에서는 노트(knot)로 나타낸다. 이들 각 단위 사이의 관계는 다음과 같으며, 실용상으로는 초속을 2배하여 노트의 값으로 사용해도 큰 차이가 없다.

1m/sec =3.6 km/hour = 1.94 노트이다.

지표에서의 바람은 주로 계절풍계 지형의 영향에 의하여 결정되고, 계절풍의 영향은 여름철은 대체로 남풍계열이고 겨울철에는 북풍계열로서 겨울철에서 여름철로 넘어가면서 풍향은 주로 북선~북~북동~남동~남풍 등의 시계방향의 순서로 변화한다. 그리고 지형의 영향은 여러 지점에서 큰 변화를 나타내어 지역풍의 양상은 조금씩 다르고, 고저차가 심한 산지지형 및 불규칙한 해안선은 우리나라 해안의 특징이다.

5. 안 개 (시정)

지표부근의 대기중에 떠있는 먼지 및 수분의 응결체가 대기를 탁하게 하여 시정을 악화시키는 것을 안개(Fog)라고 한다. 특히 Smog는 Smoke와 Fog를 합성한 용어로서 공기중에 물방울과 연기의 입자가 혼합되어 부유하고 있어서 시정을 악화시키고 있는 현상을 말한다. 기상관측에서 시정이라고 하면 대기혼탁의 정도를 나타내는 것으로, 정상적인 육안으로 멀리 떨어진 선박 등의 물표를 보았을 때 인식할 수 있는 최대거리를 나타내는 것을 말한다.

우리나라 주요 항구 및 지역에 대한 20년(1976~1995) 동안의 안개 발생일수를 보면, 연간안개 발생일수는 군산과 인천이 약 45일 이상으로 가장 많고, 마산과 포항이 6일 정도로 가장적다. 월별, 해역별로 비교해 보면 서해에서는 연중 안개가 발생하며 특히 4월 ~ 8월에 발생하고, 특히 6월과 7월에 집중되며 나머지 달에는 거의 발생하지 않는다.

6. 해상 기온

해상기온은 계절에 따르는 여러 기단의 영향이외에 계절적인 해류분포와 해수온도의 분포의 영향을 주로 받는다.

우리나라 근해의 해상기온의 특징을 보면, 겨울철에는 수온이 해상기온보다 약 6℃ 정도 높고, 같은 위도상에서 동해안의 기온이 서해안보다 약 2℃ 높은데 이는 동한난류의 영향을 받기 때문이다.

봄철에는 수온이 해상기온보다 1℃~2℃ 정도 높거나 또는 거의 같은 정도이다. 여름철에는 연안의 가열된 기온의 영향으로 연안의 해상기온은 육지기온과 거의 비슷해져서 수온 보다 높으나 난류역에서는 수온이 해상기온보다 높은 온도를 보인다. 가을철에는 해상기온의 변화가 가장 적은 계절이며 수온보다 1℃~2℃ 낮다.

7. 해 무

우리나라 근해에 발생하는 안개는 주로 4월부터 10월까지의 난후기에 현저하며 11월부터 3월까지의 환후기에도 또한 발생한다. 난후기에 발생하는 안개는 주로 이류무(移流霧)의 일종인 연안무 그리고 전선무 등이다.

이류무는 대규모의 습윤한 기류가 온난한 해면상으로부터 한류해역 위로 이류할 때 냉각되어 발생하는데 황해에서는 봄부터 초여름에 걸쳐 발생하며, 특히 목포근해의 다도해역에서 하층냉수의 상승 때문에 심하게 발생한다. 해상 안개의 대부분은 이류무이므로 해무(Sea fog)라 부르기도 하며, 육무(Land fog)보다 층이 두껍고 발생하는 범위가 극히 넓고 또 지속성이 커서 수일 또는 십수일 동안 소산하지 않을 때도 가끔 있다.

연안무는 한반도연안에서 특히 초여름에 온난다습한 육상의 공기가 비교적 한랭한 해면위로 불어올 때 발생한다. 또 상승류역에서도 해면이 차기 때문에 연안무가 발생한다. 우리나라에서는 초여름에 이동성 고기압의 중심이 우리나라를 지배할 때 연안무의 발생을 볼 수 있다.

전선무는 우리나라에 장마전선이 놓여 있을 때 매우 지속적이며 광범위하게 분포한다.

제2절 우리나라의 기후

우리나라와 같이 중위도 지역에 위치하고 있는 나라에서 4계절의 변화가 뚜렷이 나타나는 것은 지축과 지구의 공전궤도면의 수선이 23°27' 의 경사를 이루고 있어서 태양의 남중시의 고도는 연중 변화하며, 이로 인하여 태양관선이 지표면과 이루는 입사각도와 비추는 시간의 차이에 의하여 4계절의 변화가 생기는 것이다.

특히 우리나라는 북반구 중위도(부산의 기준위도 : 북위 35° 07')의 온대지역에 위치하고 있어서 4계절이 뚜렷하게 나타나는 온대성 기후의 특징을 가진다. 그러나 우리나라는 지리적으로 중국 대륙과 유라시아 대륙의 동쪽 끝단에 위치하며, 또한 남동쪽으로 일본열도를 넘어서 태평양에 인접하고 있기 때문에 계절풍이 발달하여, 겨울철에는 같은 위도에 위치한 유럽의 나라들에 비하여 매우 추운 한랭 건조한 기후가 나타나고, 여름에는 고온다습한 기후가 나타나서 겨울과 여름 사이에는 기온차가 심하다. 그리고 봄 및 가을은 이 대표적인 두 계절사이의 전이적인 환절기인 셈이며, 이러한 우리나라의 기후를 좌우하는 요소는 크게 나누어 계절풍계의 순환, 복잡한 지형, 연해의 해류 등으로 생각할 수 있다.

1. 대기의 기원

지구의 대기는 태양계내의 다른 행성들과 그 조성 및 성분에 있어서 매우 다르며, 지구가 약 46억년전에 탄생할 당시 태양과 같이 수소나 헬륨과 같은 기체로 쌓여 있었지만, 어떤 강한 메카니즘에 의해 원시대기는 흩어져 지구로부터 없어져서 거의 진공상태로 된 다음 화산폭발과 같은 과정을 통해 지구 내부로부터 분출되어 나온 가스로 다시 채워져 오늘날과 같은 지구의 대기를 이룬 것으로 알려져 있다.

그러나 화산 분출가스의 성분을 보면 수증기가 약 85%이고, 그 다음 약 10%의 탄산가스, 수%의 질소 그리고 유황, 나트륨, 염소 등으로 되어 있어 현재 지구대기의 성분인 약 78%의 질소, 21%의 산소 비율과는 큰 차이가 나고 있다. 이는 화산가스의 성분이 수십억년의 세월을 지나면서 수권, 암권, 생물권과의 상호 복합적인 활동을 통해 오늘날과 같은 대기의 성분을 이룬 것으로 생각된다. 그 중에서 몇가지 주요성분의 변천과정은 다음과 같다.

먼저 다량의 분출되는 수증기는 대기중의 함유될 수 있는 양에는 한계가 있기 때문에 응결하여 구름이 되고 비나 눈으로 되어 지상으로 낙하한다. 지상으로 낙하한 강수는 지구상의 저지대에 모여 바다를 이룬다. 지구상에서 수분은 여러 가지의 형태로 존재하지만 거의 대부분은 해수이며, 대기중에 수증기의 형태로 존재하는 것은 0.001%로서 매우 적은 양이다. 해양이 형성되자마자 염산가스나 아황산가스는 바다에 녹기 시작하여 산성의 바다를 이룬다. 탄산가스는 산성의 바다에 잘 녹지 않고, 또 질소 역시 물에 잘 안 녹기 때문에 이때의 대기는 대부분 질소와 탄산가스로 되어 있다. 그러나 그 다음 산성의 바다에 접해있던 그 부근의 암석으로부터 원소(철, 알루미늄, 칼슘, 마그네슘)가 녹기 시작하여 산성의 바다는 중화되고 중화된 바다에 이제는 탄산가스가 녹아들기 시작한다. 따라서 역시 대부분의 탄산가스는 바다에 녹아 있는 상태가 되고, 대기 중에는 역시 적은 양만이 남게 되어 이제는 질소가 대기의 주성분이 된다.

한편 화산분출가스의 성분에는 포함되어 있지 않은 산소(O_2)의 생성과정에는 대체로 다음 2가지의 가정이 있다. 첫째 가정은 대기중의 물(H_2O)이 태양복사의 자외선을 흡수하여 수소(H)와 산소(O)로 분리된다는 것이다. 즉 H는 가벼워서 지구를 탈출하고 O는 서로 결합하여 O_2를 이룬다는 것이다. 그러나 이 가정만으로는 현재 지구대기 중에 함유되어 있는 많은 양의 O_2생성을 설명하는 데에 충분치 못하다. 둘째의 가정은 녹색식물에 의한 광합성 반응이다. 즉, 엽록소가 가시광선 영역의 파장영역을 흡수하여 물(H_2O)과 탄산가스(CO_2)로부터 당류를 생성하는 과정이다.

$$[\ H_2O + CO_2 \rightarrow (CH_2O) + O_2 \uparrow\ ]$$

대체로 지금부터 약 30억 년 전 해양 중에 발생한 식물에 의해 광합성이 시작되었다고 한다. 자외선의 영향으로부터 벗어날 수 있는 충분한 깊이이지만 광합성에 필요한 가시광선은 도달할 수 있을 정도의 깊이에 생존하고 있었던 원시식물에 의한 광합성으로부터 바닷속에 산소가 생성되고 그와 더불어 대기에 산소가 모여짐에 따라 오존층이 생성된 것으로 보고 있다. 오존층은 자외선을 흡수하여 지구상에 도달하는 자외선의 양이 감소함에 따라 식물은 지상에서도 번식할 수 있게 되고 따라서 광합성 작용은 더욱 활발해져 대기 중의 산소량은 오늘날과 같이 증가하였을 것이다.

2. 기 단

기압계는 대륙에서나 해양에서 정체하려는 경향이 있으며, 그 실례로서 아열대 고기압이나 대륙성 한대고기압을 들 수 있다. 이러한 시스템의 공기는 점차 그 밑면인 지구표면의 물리적인 성질을 얻게 되어 넓은 범위의 육지나 해양에서는 각각 그 지표의 성질을 닮은 거대한 공기덩어리인 기단(氣團)이 형성된다. 기단이 발생하는 이러한 지역을 발원지라 하며, 발원지에 따라 기단을 〈표 7-1〉과 같이 나눌 수 있다.

이들 기단이 그 발원지를 떠나 다른 성질을 가진 지표로 이동하면 처음의 지표면과 이루고 있던 평형이 교란되어 그 구조가 변하기 시작한다. 이러한 변화는 기온과 수증기량 뿐만 아니고 수직적인 안정도도 변하게 된다. 예를 들면, 기단이 더 따뜻한 지면 위로 옮겨가면 지면으로부터 열을 흡수하여 대기는 불안정하게 된다. 그 결과로 구름이 발생하고 여러 가지 기상현상이 생기게 된다. 반대로 기단의 발원지보다 한랭한 지면으로 옮겨가면 기단 하부에서 열을 빼앗기면서 대기가 안정하게 되므로 대체로 날씨가 좋아지지만 때로는 층상운이나 안개가 발생할 수 있다.

[표 7-1] 발원지에 따른 기단의 분류

기 호	이 름	발생계절	특 징
A	북극기단	전 계절	극한랭 건조
cP	대륙성 한대기단	겨울에 현저	한랭 건조
mP	해양성 한대기단	전 계절	한랭 다습
cT	대륙성 열대기단	여름에 현저	고온 건조
mT	해양성 열대기단	전 계절	고온 다습
E	적도기단	전 계절	극고온 다습
M	몬순기단	전 계절	겨울에 한랭건조/여름에 고온다습

우리나라의 4계절 날씨를 좌우하는 기단은 겨울철에 가장 활발히 활동하여 우리나라에 한파를 몰고 오는 시베리아 대륙성 한대기단(cP), 여름철에 가장 발달하여 장마와 불볕더위를 가져오는 북태평양 해양성 열대기단(mT), 특히 봄철에 많은 비를 뿌리는 양쯔강 대륙성 열대기단(cT), 초여름 및 가을철에 영향을 많이 주는 오호츠크해 해양성 한대기단(mP) 등이다.

그리고 여름 장마철에는 고온다습한 북태평양 고기압과 차고 습한 오호츠크해 고기압이 서로 만나서 그 사이에 동서로 길게 정체전선을 형성하여 이 전선을 타고 중국의 양쯔강 및 대만북부 해상부근에서 발달한 저기압이 수시로 발달하여 동쪽으로 시속 약 40km(하루에 약 1,000km)의 속도로 통과하면서 중국, 우리나라, 일콘 등의 나라에 많은 비와 때로는 집중호우를 뿌리며, 이 기상현상은 극동지역에서만 발생하는 특유한 현상이다.

3. 전 선

따뜻한 기단과 차가운 기단이 서로 이웃하고 있으면, 두 기단은 밀도차 때문에 찬 기단이 따뜻한 기단의 아래로 파고들게 되고 따듯한 기단은 찬 기단 위로 올라가 안정한 상태가 되려고 한다. 이렇게 안정된 상태에서는 위치에너지가 최소가 되기 때문에 처음에 서로 이웃해 있을 때 보다는 위치에너지가 감소된다. 이러한 위치에너지의 감소부분이 운동에너지로 바뀌어 바람이 강하게 불게 된다. 또한 따뜻한 기단의 상승에 의해서 단열냉각이 일어나 수증기가 응결되므로 구름이 많이 생기고 강수현상이 발생하게 된다.

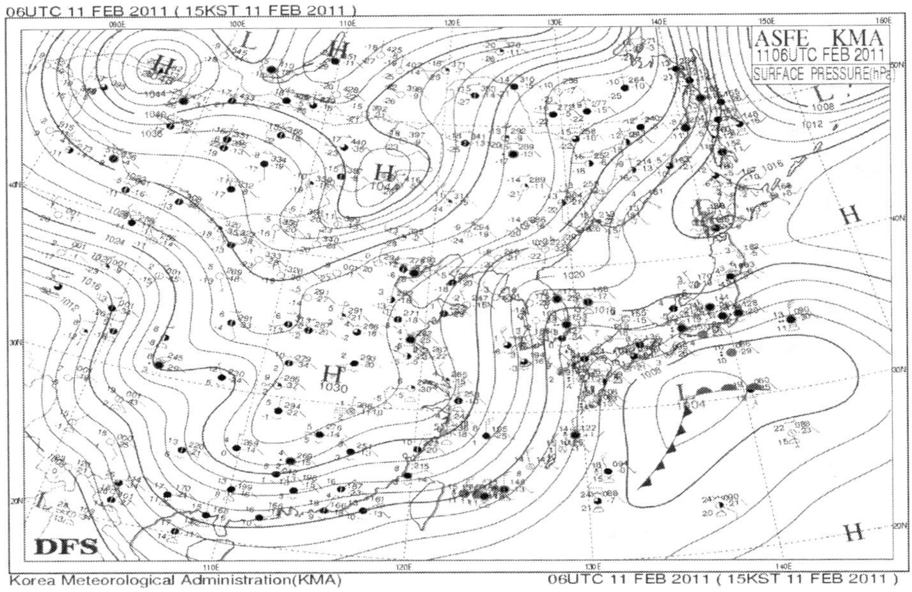

[그림 7-1] 전선의 구조

이때 또한 응결에 의한 잠열이 방출되면서 공기는 계속 큰 부력을 얻으므로 상승이 촉진된다. 이와 같이 기상요소가 어떤 면을 경계로 하여 급격히 변화하고 있을 때 이를 불연속면 혹은 전선면이라 하고, 이 전선면이 지면과 만나는 선을 불연속선 또는 전선이라고 한다.

따뜻한 공기의 기단이 찬 공기를 밀면서 진행하게 될 때, 따듯한 공기는 찬 공기 위를 타고 올라가게 된다. 이때에 형성되는 것을 온난전선이라 한다. 전선면의 경사는 보통 1/100~1/200 정도이다. 따뜻한 공기가 단열상승하면서 그 중에 포함된 수증기가 응결되어 구름이 많이 끼고 강수가 있게 된다.

위와는 반대로 차가운 공기의 기단이 따뜻한 공기를 밀면서 진행하게 되면 찬 공기가 따뜻한 공기의 밑으로 파고들면서 따뜻한 공기를 강제적으로 상승시킨다. 이러한 전선이 한랭전선이다.

한랭전선의 경사는 온난전선보다 급하여 1/50~1/100 정도이며, 이렇게 경사가 급한 이유는 지면부근의 풍속은 느려서 전선의 지면부근이 상층보다 느리게 진행하기 때문이다. 전선면의 상층부분의 진행속도가 특히 빠르면 어느 고도까지는 기층이 매우 불안정해져서 적란운이 발생하고 스콜(Squall)이라 하는 강한 돌풍이 불게 된다. 일반적으로 한랭전선에서는 따뜻한 공기의 상승속도가 온난전선의 경우보다 커서 대륙성의 구름과 소낙성 강수가 많다.

한랭전선의 이동 속도는 보통 온난전선의 속도보다 빨라서 한랭전선과 온난전선이 발생한 며칠 후에는 한랭전선이 온난전선을 추월하여 폐색전선이 된다. 이때는 따뜻한 공기는 공중으로 상승하고, 그 아래에서 한랭전선 후방의 찬 공기와 온난전선 전방의 찬 공기가 마주치게 된다.

전선이 이동을 멈추고 한자리에 정체해 있는 경우를 정체전선이라 한다.

제 3 절　일기도의 해석법

지상 일기도에는 관측한 지역의 기상요소를 기호, 숫자 및 영문약어로 표시하고 있으므로, 이것을 통하여 그 지역에서의 기상상황 및 변화를 알 수 있다.

우리나라 부근 및 경도 180도 이서 해역까지의 지상 일기도는 주로 한국 기상청 및 일본 기상청에서 팩스로 송신하는 것을 수신하여 사용하고 있으며, 평소에는 하루에 4차례에 걸쳐서 지상 일기도를 송신하고 있으나, 태풍이 접근할 때에는 태풍 기상도를 따로 작성하여 보내주고 있다.

다음은 지상 일기도를 비롯한 각종 일기도 상에서 사용하고 있는 각종 기호와 그 의미를 나타낸 것이다.

[표 7-2] 일기도상의 전문 용어

약 어	원 어	의 미
L	LOW	저기압
H	HIGH	고기압
SLW	SLOWLY	천천히
STNR	STATIONARY	정체
UKN	UNKNOWN	자세히 알 수 없음
KT	KNOTS	노트(해상 속력)
NM	NAUTICAL MINE	마일(해상거리 단위)
MAX	MAXIMUM	최대
PSN	POSITION	위치
TD	TROPICAL DEPRESSION	열대성 저기압(풍속33노트이하)
TS	TROPICAL STORM	열대성 폭풍(풍속 34~47노트)
STS	SEVERETROPICAL STORM	열대성 폭풍(풍속 48~63노트)
T	TYPHOON	태풍(풍속 64노트이상)
[W]	WARNING OF WIND	강풍 경보(풍력계급 7)
FOG[W]	WARNING OF FOG	농무 경보
[GW]	GALE WARNING	폭풍 주의보(풍력계급 8~9)
[SW]	STORM WARNING	폭풍 경보(풍력계급 10이상)
[TW]	TYPHOON WARNING	태풍 경보(풍력계급 12이상)

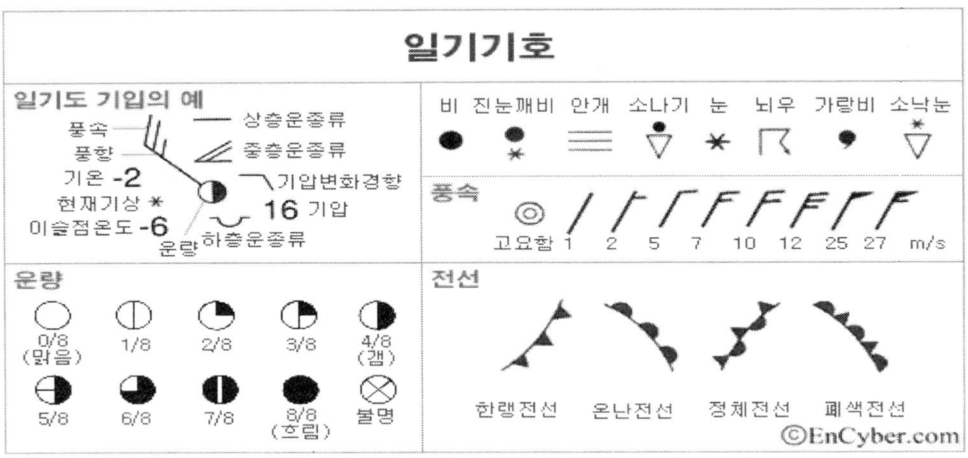

[그림 7-2]일기도 상의각종기호

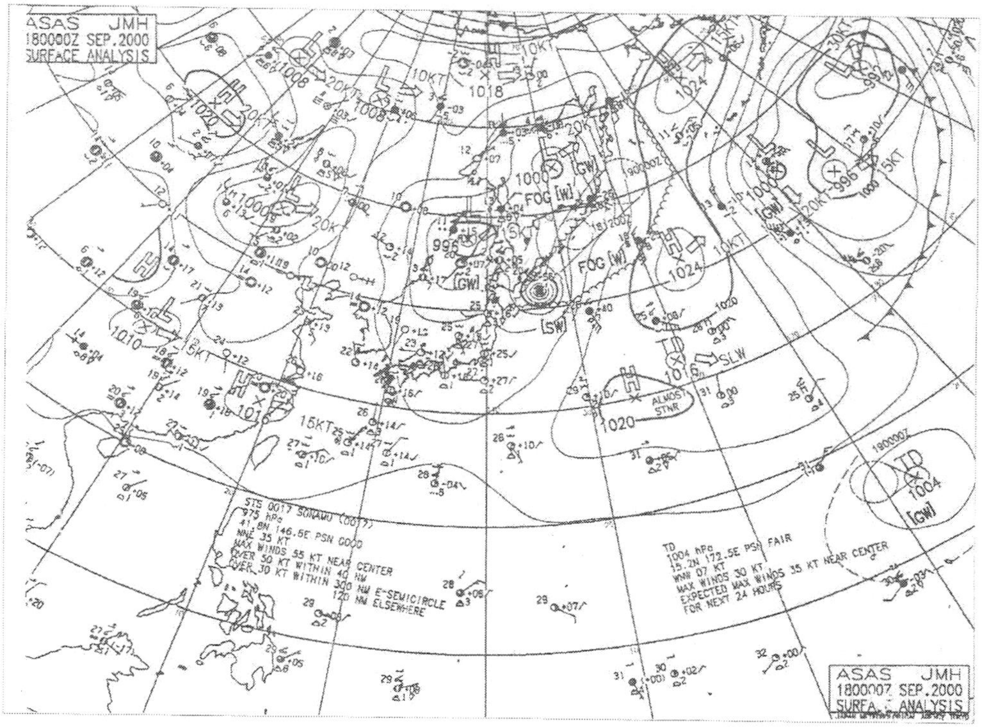

[그림 7–3] 지상 일기도

제4절 태 풍

1. 태풍의 정의

태양으로부터 오는 열은 지구의 날씨를 변화시키는 주된 원인이다. 지구는 자전하면서 태양의 주위를 돌기 때문에 낮과 밤, 계절의 변화가 생기며 이로 인해 지구가 태양으로부터 받는 열량의 차이가 발생한다. 또한 대륙과 바다, 적도와 극지방과 같이 지역 조건에 따른 열적 불균형이 일어난다. 이러한 불균형을 해소하기 위하여 비나 눈이 내리고, 바람이 불고, 기온이 오르내리는 등 날씨의 변화가 생기게 된다.

그러므로 태풍은 적도 부근이 극지방보다 태양열을 더 많이 받기 때문에 생기는 열적 불균형을 없애기 위하여 저위도 지방의 따뜻한 공기가 바다로부터 수증기를 공급받으면서 강한 바람과 많은 비를 동반하며 고위도로 이동하는 기상 현상 중의 하나이다.

태풍은 북태평양 서부에서 발생하는 열대저기압 중에서 중심 부근의 최대풍속이 34노트(17m/s) 이상의 강한 폭풍우를 동반하고 있는 것을 말하는데, 폭풍우는 반드시 태풍에만 동반되는 것이 아니고 온대저기압에서도 발생하는 경우가 많다. 그러나 그 발생원인과 양상이 다르게 때문에 열대저기압과 온대저기압은 구별되고 있다.

열대성 저기압(Tropical cyclone)은 〈그림 7-4〉와 같이 지구상 여러 곳에서 연간 평균 80개 정도가 발생하고 있으며, 특히 발생지역은 대별하여 북태평양 남서부, 대서양 남쪽의 카리비안 해역, 인도양 남방의 벵갈만 해역, 호주의 남서단 해역 등 4곳으로 구분하고 있으며, 명칭도 지역에 따라서 달리 부르고 있다.

2. 태풍의 발생원인

현재까지의 발생설을 종합해 보면 태풍발생의 온상이 되고 있는 적도전선은 한대전선과는 다르게 양측의 기류사이에 온도나 수증기 함유량의 차가 적으며, 남양에서는 일반적으로 공기가 고온다습하여 대기는 조건부 불안정상태에 있기 때문에 적란운이 쉽게 발생하여 가끔 강한 스콜(Squall)을 동반한다. 이 스콜이 처음으로 공기의 작은 소용돌이가 되며, 이것이 수렴기류로 인하여 적도부근에 모이게 된다. 이 소용돌이가 북동무역풍대의 동풍중에 발생한 수평파동 때문에 한곳으로 모이게 되면 소용돌이가 크게 된다. 이것이 바로 태풍의 씨앗이다. 이 씨앗이 적도전선에서 기류의 수렴이 강해지면 크게 되어 마침내 태풍이 되는 것이다.

3. 태풍의 구분

세계기상기구(WMO : World meteorological organization)에서는 저기압 중심 부근의 최대크기의 풍속에 따라〈표 11-3〉과 같이 4계급으로 분류하며, 열대폭풍(TS)부터 태풍의 이름을 붙인다. 우리나라와 일본은 열대폭풍 이상을 태풍이라고 부른다.

세계기상기구(WMO)는 열대저기압 중에서 중심 부근의 최대풍속이 33m/s 이상인 것을 태풍(TY), 25~32 m/s인 것을 강한 열대폭풍(STS), 17~24 m/s인 것을 열대폭풍(TS), 그리고 17m/s 미만인 것을 열대저압부(TD)로 구분한다.

우리나라와 일본에서도 태풍을 이와 같이 구분하지만, 일반적으로 최대풍속이 17m/s 이상인 열대저기압 모두를 태풍이라고 부른다.

(주) 1m/s ≒ 1.94 knots

[표 7-3] 태풍의 구분

종 류	중심최대풍속	표시방법(예)
열대저기압 (Tropical depression)	34 knots 미만 (17.2m/s 미만)	TD
열대 폭풍우 (Tropical storm)	34~47 knots (17.2~24.4 m/s)	TS VERA (8613) 이름 번호
심한 열대 폭풍우 (Severe tropical storm)	48~63 knots (24.5~32.6 m/s)	STS VERA (8613)
태 풍 (Typhoon)	64 knots 이상 (32.7 m/s 이상)	TY VERA (8613)

4. 열대저기압의 발생장소와 명칭

태풍은 열대성 저기압의 일종으로서 전 세계해역의 지역에 따라서 대개 아래와 같이 4종류의 다른 명칭으로 불러지고 있으며, 이 중에서 특히 우리나라에 영향을 미치는 북태평양 남서부와 남중국해에서 발생하는 것을 태풍(Typhoon, T, TY)이라고 말한다.

일반적으로 태풍이 우리나라에 내습할 때에는 그 최성기를 지나 쇠약기에 들어갈 때쯤이다. 따라서 우리나라의 육지에 상륙하기 직전의 태풍은 대단히 큰 힘을 가지고 있으나, 상륙 후에는 급격히 약해지는 것이 보통이다.

열대저기압인 태풍은 강한 비바람을 동반하고 움직이는 것을 말한다. 지역에 따라 다른 이름으로 불리는데 북서태평양에서는 태풍(Typhoon), 북중미에서는 허리케인(Hurricane), 인도양에서는 사이클론(Cyclone)이라고 한다.

(1) Typhoon : 마리아나, 캐로라인, 마샬군도를 포함하는 북태평양 남서부
(2) Hurricane : 북대서양의 카리비안 해역, 서인도제도, 멕시코만, 멕시코 서측 해역
(3) Cyclone : 벵갈만 해역, 아라비아 해, 북인도양 해역
(4) Willy willy : 호주 북서방의 티모르해, 북동방의 남태평양-뉴칼레도니아, 피지, 사모아 제도 부근

일반적으로 우리나라에 영향을 미치는 태풍은 7~10월 사이에 많이 발생하며, 열대 해양의 서쪽에 많이 나타나는데, 적도를 사이에 둔 남북 5°이내에서는 거의 발생하지 않는다.

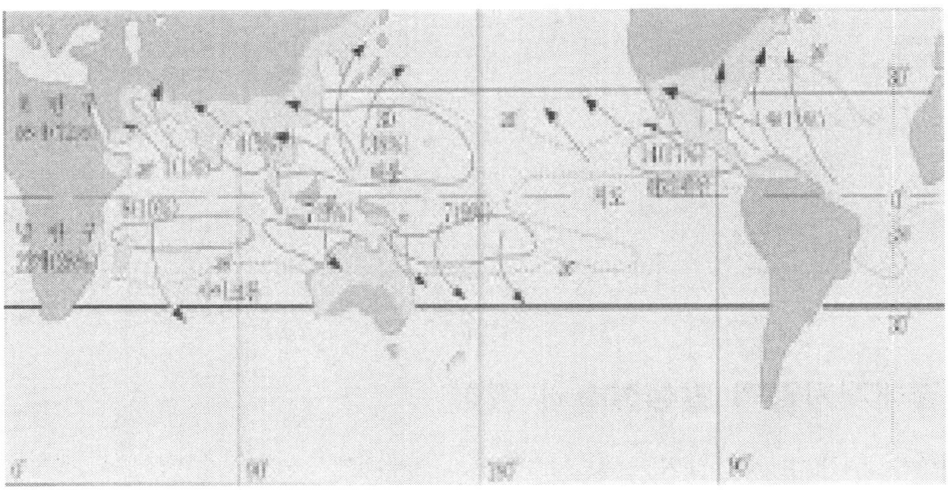

[그림 7-4] 열대성 저기압의 발생장소

위의 그림에서,

① 북대서양 서부, 서인도제도 부근

② 북태평양 동부, 멕시코 앞바다

③ 북태평양의 동경(東經) 170°의 서쪽에서 남중국해

④ 인도양 남부(마다가스카르에서 동격 90°까지 및 오스트레일리아 북서부)

⑤ 벵골만과 아라비아해

①, ②, ③ 지역은 7~10월에 많이 발생하며, ④, ⑤지역은 4~6월과 9~12월에 많이 발생한다.

5. 태풍의 진로

북태평양 남서부 해상에서 발생한 태풍은 점차 발달하면서 적도전선을 따라 서서히 서진 혹은 북서진한다. 그 후에 태풍의 경로는 대개 다음의 2개로 구분할 수 있으나, 최근에는 이상진로를 취하는 경우가 많다.

하나는 적도부근에서 발생하여 그대로 계속 서진하여 필리핀군도, 중국의 남해, 화남방면을 엄습하는 것으로서 연간 발생하는 태풍의 약 1/3은 이 진로를 취한다. 특히 적도전선이 남쪽으로 치우치는 한후기에 발생하는 태풍은 $\frac{1}{2}$이상이 이 경로를 취한다.

또 하나는 적도부근에서 발생한 후에 서진하면서 점차 진로를 북서쪽으로 바꾸어 북위 25°부근(Okinawa)에서 전향하여 북동쪽으로 진행한다. 이 전향현상은 극히 현저하여 포물선상의 진로로서 중국대륙 동안, 한국 남서해안, 일본 큐슈열도 부근, 일본 동해안 해상을 향하여 북동진하는 것으로서 발생 태풍의 약 2/3는 이 진로를 취한다. 특히 여름철과 가을철의 태풍은 거의 이와 같은 진로를 취한다.

우리나라에 영향을 미치는 태풍의 진로를 살펴보면, 7월에는 동중국해를 거쳐서 중국 대륙으로 상륙하거나 우리나라의 서해안 지역을 통과하는 것이 많고, 8월에는 우리나라의 남부지방을, 그리고 9월에는 일본부근을 통과하면서 우리나라 남동부 지역에 영향을 미치는 경우가 많다. 그러나 10월이 되면 편서풍이 강해지고 북태평양 고기압이 쇠약하여 후퇴하므로 빨리 전향하여 일본의 남방 해상을 북동진하는 것이 많다.

[그림 7-5] '02년도 태풍 루사의 진로

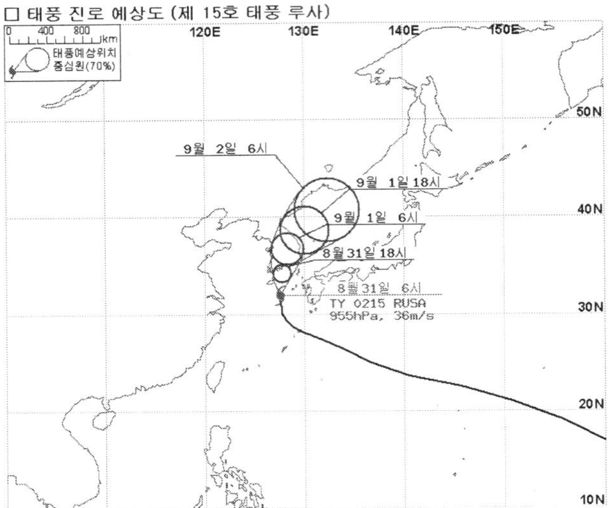

검은색 굵은선 : 태풍경로 / 검은색 점 : 최초 태풍발생 위치 (2002.08.23.09:00)

6. 태풍의 진행 속도

태풍이 평균진로를 취할 때에는 계속 발달하면서 위도 10~20°N 부근 해상을 북서진하지만, 이 경우 진행속도는 비교적 안정되어 있어서 18 km/h 정도이다. 다시 북상하는 태풍은 20~30°N 해상에서 최성기에 달하고, 이때 쯤 이동속도는 18~31 km/h 정도로 계속 증가한다. 그러나 회전할 경우에는 전향점에서 일시적으로 속도가 갑자기 떨어지고, 전향 직후에는 28km/h 정도이지만 우리나라 부근을 통과할 때에는 28~40 km/h이며, 속도가 빠를 때에는 이 이상에 달할 때도 있다. 태풍진행의 가속경향은 5~6월, 9~12월에 현저하게 되는데, 이 시기에는 일본 남해안에 전선대가 정체되어 있으며, 북상하는 태풍이 여기서 온대성 저기압 성질을 지니게 되어서 재차 발달하면서 북동쪽으로 전향하기 때문이다.

7. 태풍의 월별 평균 발생수

태풍발생에 있어서 위의 결과를 정리해 보면 연평균 27개가 발생하며, 지역적으로는 동경 130°~145°, 북위 5°~20°사이에서 가장 많이 발생하고, 계절적으로는 7, 8, 9, 10월의 4개월간에 발생빈도가 가장 높다. 또한 계절에 따른 발생위치의 변화를 보면, 봄에서 초여름까지는 북위 10°~20°부근에서 많이 발생하고, 7, 8월이 되면 북위 20°~30°부근으로 발생위치가 북상하게 되고, 10, 11, 12월이 되면 다시 반대로 저위도로 남하하게 된다.

월	1	2	3	4	5	6	7	8	9	10	11	12	합계
횟수	0.5	0.2	0.5	0.7	0.9	1.8	4.0	5.7	5.0	4.1	2.6	1.3	27.3

위의 약50년(1951-1998)간의 기상 통계자료를 분석, 정리하면 태풍은 연평균 27.3개 정도가 발생하고, 우리나라에는 약 3개 정도가 영향을 주는 것으로 분석된다. 그러나 특별히 1998년에는 엘니뇨 및 라니냐 현상의 영향으로 7월 초순까지 태풍이 발생하지 않고, 제 1호 태풍은 7월 8일에 T9801 Nichole이 대만남부에서 발생하였고, 9월 중순까지 5개의 태풍(9805호 Stella)이 발생하였으며, 이는 예년의 20여개 발생에 비하여 1/4에 준하는 수준이었다.

지역적으로는 동경 130°~145°, 북위 5°~20°사이에서 가장 많이 발생하고, 계절적으로는 7, 8, 9, 10월의 4개월간에 발생빈도가 가장 높다. 또한 계절에 따른 발생위치의 변화를 보면, 봄에서 초여름까지는 북위 10°~20°부근에서 많이 발생하고, 7·8월이 되면 북위20°~30°부근으로 발생위치가 북상하게 되고 10, 11, 12월이 되면 다시 반대로 저위도로 남하하게 된다.

8. 태풍의 번호 및 명칭

WMO(세계기상기구)의 권장에 따라 열대폭풍 이상에 대하여는 번호와 이름을 붙이도록 되어 있다. 그리하여 북서태평양에서의 태풍은 1999년까지는 매년 1월 1일을 기점으로 하여 발생순서에 따라 1호부터 차례로 붙이는데, 이름은 괌

(Guam)에 위치한 미국태풍합동경보센터(JTWC)에서 남성과 여성의 이름으로 미리 정해 놓은 것을 사용하고 있다.

그러나 2000년부터 아시아태풍위원회는 아시아 각 나라 국민들의 태풍에 대한 관심을 높이고 태풍경계를 강화하기 위하여 서양식의 태풍이름에서 미국을 포함한 아시아 국가(14개국)들의 고유이름을 변경하여 새 천년(2000년)부터 사용하기로 하였다.

태풍이름 및 4자리 숫자로 된 인식번호는 열대폭풍(TS)이상의 열대저기압에 대해 일본 동경태풍센터에서 부여한다(인신번호는 태풍이름 다음에 ( )로 표시한다.).

태풍이름 목록은 각국별로 10개씩 제출한 총 140개를 각조 28개씩 5개조로 구성하고, 1조부터 5조까지 순환하면서 사용하게 되며, 태풍이름 순서는 제출국가의 알파벳순으로 배열하였다. 우리나라에서는 개미, 나리, 장미, 수달, 노루, 제비, 너구리, 고니, 메기, 나비 등 10개의 태풍 이름을 제출했고, 북한에서도 '기러기'를 비롯하여 10개의 이름을 제출하여서 한글 이름의 태풍이 20개로 많아졌다.

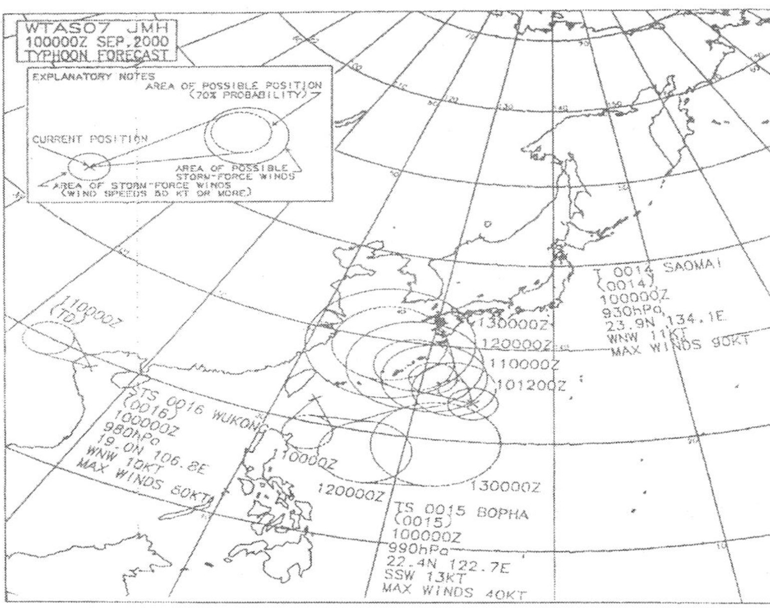

[그림 7-6] 태풍 일기도

[그림 7-7] 전국에 큰 피해를 준 태풍 루사의 모습

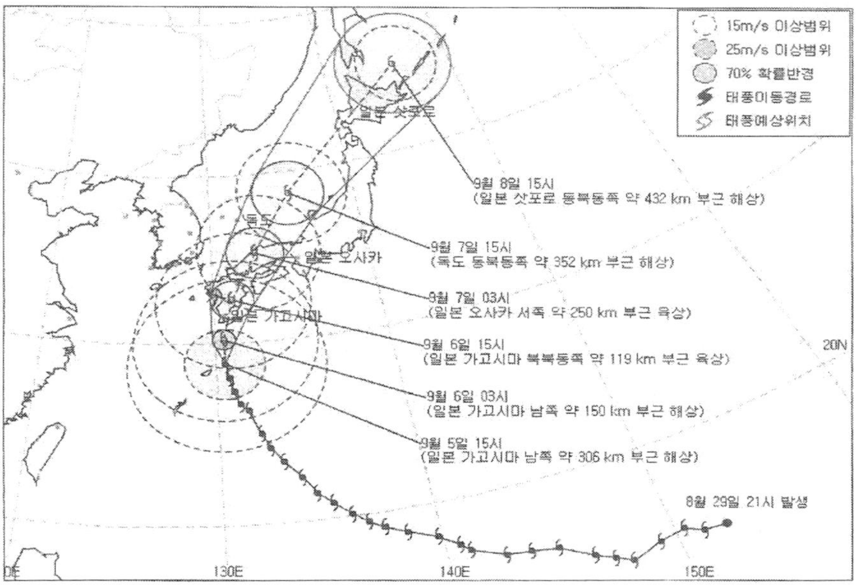

[그림 7-8] 태풍 나비의 진로도

[표 7-4] 태풍의 이름(2004. 1. 1 기준)

국가명	1 조		2 조		3 조		4 조		5 조	
캄보디아	담레이	Damrey	콩레이	Kong-rey	나크리	Nakri	크로반	Krovanh	사리카	Sarika
중 국	룽왕	Longwang	위투	Yutu	펑선	Fengshen	두쥐안	Dujuan	하이마	Haima
북 한	기러기	Kirogi	도라지	Toraji	갈매기	Kalmaegi	매미	Maemi	메아리	Meari
홍 콩	카이탁	Kai-tak	마니	Man-yi	풍웡	Fung-wong	초이완	Choi-wan	망온	Ma-on
일 본	덴빈	Tembin	우사기	Usago	간무리	Kammuri	곳푸	Koppu	도카게	Tokage
라오스	볼라벤	Bolaven	파북	Pabuk	판폰	Phanfone	켓사나	Ketsana	녹텐	Nock-ten
마카오	짠쯔	Chanchu	우딥	Wutip	봉퐁	Vongfong	파마	Parma	무이파	Muifa
말레이시아	즐라왓	Jelawat	스팟	Sepat	누리	Nuri	믈로르	Melor	모르복	Merbok
미크로네시아	애위니아	Ewiniar	피토	Fitow	실라코	Sinlaku	네파탁	Nepartak	난마돌	Nanmadol
필리핀	빌리스	Bilis	다나스	Danas	하구핏	Hagupit	루핏	Lupit	탈라스	Talas
한 국	개미	Kaemi	나리	Nari	장미	Changmi	수달	Sudal	노루	Noru
태 국	쁘라삐룬	Prapiroon	위파	Wipha	멕칼라	Mekkhala	니다	Nida	꿀랍	Kulap
미 국	마리아	Maria	프란시스코	Francisco	히고스	Higos	오마이스	Omais	로키	Roke
베트남	사오마이	Saomai	레끼마	Lekima	바비	Bavi	꼰선	Conson	선까	Sonca
캄보디아	보파	Bopha	크로사	Krosa	마이삭	Matsak	찬투	Chanthu	네삿	Nesat
중 국	우쿵	Wukong	하이옌	Haiyan	하이선	Haishen	뎬무	Dianmu	하이탕	Haitang
북 한	소나무	Sonamu	버들	Podul	봉선화	Pongsona	민들레	Mindulle	날개	Nalgae
홍 콩	산산	Shanshan	링링	Lingling	야냔	Yanyan	팅팅	Tingting	바냔	Banyan
일 본	야기	Yagi	가지키	Kajiki	구지라	Kujira	곤파스	Kompasu	와시	Washi
라오스	상산	Xangsane	파사이	Faxai	찬홈	Chan-hom	남테운	Namtheun	맛사	Matsa
마카오	버빙카	Bebinca	페이파	Peipah	린파	Linfa	말로	Malou	상우	Sanvu
말레이시아	룸비아	Rumbia	타파	Tapah	낭카	Nangka	므란티	Meranti	마와르	Mawar
미크로네시아	솔릭	Soulik	미탁	Miltag	사우델로르	Soudelor	라나님	Rananim	구촐	Guchol
필리핀	시마론	Cimaron	하기비스	Hagibis	몰라베	Molave	말라카스	Malakas	탈림	Talim
한 국	제비	Chebi	너구리	Noguri	고니	Koni	메기	Mego	나비	Nabi
태 국	두리안	Durian	라마순	Rammasun	모라꼿	Morakot	차바	Chaba	카눈	Khanun
미 국	우토르	Utor	마트모	Matmo	아타우	Etau	에어리	Aere	바센티	Vicente
베트남	짜미	Trami	하롱	Halong	밤꼬	Vamco	송다	Songda	사오라	Saola

제 5 절 우리나라 근해의 해류 및 조석

우리나라의 각 해역에 가장 큰 영향을 미치는 해류는 일본 큐슈 남쪽에서 북상하는 쿠로시오이다. 이 해류는 루존, 대만 동방으로부터 유구열도 서방의 동중국해의 외연을 유속 1~2.5노트, 유폭 수십마일로 북상하여 아마미오시마의 북서방에서 분리하여 대마난류가 되어 대한해협을 거쳐 동해로 유입하고, 나머지 쿠로시오 주류는 큐슈, 시코쿠 및 혼슈의 대륙붕의 외연을 따라 북상한다.

우리나라에 영향을 미치는 것은 본류로부터 분리되어 대한해협을 거쳐 동해로 유입되는 대한난류이다.

1. 해 류

가. 동해의 해류

동해에는 많은 해류가 폭 넓게 분포되어 있어서 정확히 해석하기는 어려우나, 대체적으로 폭넓은 난류대가 대한해협의 동서수도로 들어가 일본 혼슈를 따라 북동진하며, 그의 일부는 북해도의 해협을 거쳐 오호츠크해로 빠지며 나머지는 사할린 서안을 그대로 북상하고 있다. 그리고 연해주와 한반도 가까이는 남서로 향하는 리만해류가 있고, 대마난류의 일부가 한국동안을 따라 북상하는 동한난류도 있다. 또한 북한 근해에서는 북한한류가 형성되어 함경남북도에서 남하하여 강원도 남부연안까지 남하하여 경상북도 연안부터는 표층으로부터 침하여 하층류가 형성되며 영일만 이남에서는 저층수가 연안 근처에 나타난다.

나. 서해의 해류

황해의 해류는 쿠로시오에서 갈라져 나와 황해의 중앙을 북상하여 발해만에까지 흐르는 황해난류와 황해북쪽으로부터 중국대륙의 연안을 남하하는 중국대륙 연안류가 있어 연중 반시계방향의 독립된 환류를 이루고 있다. 또 우리나라 서해안에는 온도가 낮고 염도가 적은 연안수로서 형성된 서해연안류가 남류하여 남해안을 돌아 대한해류와 합류한다.

다. 남해의 해류

남해안 외해에서의 대마난류가 여름철의 소리도 남방에서 좌선회와류가 자주 발생하여 서향류가 존재하며, 또 겨울철에는 연안 표층수의 과냉각 때문에 냉각 연안수의 침강으로 부분적으로 대마난류가 해안으로 서향하기도 한다. 즉 거제도로부터 소리도 사이에서는 서향류가 일년을 통해 우세하고 여름에는 와류에 의해 일어나고, 겨울에는 보류에 의해 일어남이 확인 되었다.

2. 우리나라의 조석 및 조류

해수는 달과 태양의 인력작용에 의하여 상하운동과 수평운동을 한다. 이러한 해수면의 완만한 주기적 상하운동을 조석(Tide)이라 하고, 주기적 수평운동을 조류(Tidal current, tidal stream)라 한다.

조석은 달과 태양의 인력에 의하여 해수의 표면이 규칙 바르게 승강하는 현상이지만, 달의 영향이 태양의 2배 이상이므로 주로 달에 대한 지구의 상대적 위치에 따라 지역마다 조석의 형이 결정된다. 해면이 가장 높아진 상태를 고조(High water)라 하고 가장 얕아진 상태를 저조(Low water)라 하며, 특히 보름과 그믐 경에는 태양, 달 및 지구의 위치가 일직선상에 있게 되어 조석이 가장 커지게 되는데 이것을 대조(Spring tide)라 하고, 이와는 반대로 상현, 하현 경에는 조석이 가장 작아지는데 이것을 소조(Neap tide)라 한다.

한편 저조에서 고조까지의 해면이 점차 상승하는 사이를 창조(Flood)라 하고, 반대로 고조에서 저조까지의 해면이 점차 내려가는 사이를 낙조(Ebb)라 하며 고조 또는 저조를 전후해서 해면의 승강이 거의 정지하고 있는 것처럼 보이는 상태를 정조(Stand of tide)라 한다.

가. 동해안의 조석 및 조류

감포 이북은 0.3m이하이며, 울산에서 0.5m, 고리에서 0.7m, 부산에서 1.2m로 남으로 갈수록 점차 증가한다.

동해안의 울기이북에서의 조류는 조차가 0.2m밖에 안되므로 조류 역시 매우 미약하여 유속은 20~30cm/sec에 불과하고 창조류는 남향하며 낙조류는 북향한다.

울기이남에서는 상당히 강한 50~90cm/sec의 조류가 흐른다. 동해안의 유동은 조류보다도 오히려 외해로 흐르는 동한난류, 연안을 따라 흐르는 북한한류 및 이들을 반류 그리고 동해역의 시송류 등의 흐름이 우세하여 조류의 왕복성이 사라지고 일정방향의 흐름이 수일내지 수십일씩 계속되는 수가 많다.

나. 남해안의 조석 및 조류

대조차는 부산의 1.2m로부터 서쪽으로 감에 따라 증가하여 여수에서3.0m, 완도에서3.1m가 된다. 평균해면은 2월에 최저, 8월에 최고로 되어 그 차이는 0.3m에 달한다.

평균해류는 전 해역에서 0.5~1.0노트이며 최대유속은 대마도 부근에서 1.2~1.5노트인데, 이는 대만난류가 동해로 들어가는 것을 나타낸다.

남해안 다도해의 협수로에서의 조류는 왕복성조류로서 대체로 창조류는 저조시로부터 고조시까지 서류하며, 낙조류는 고조시부터 저조시까지 동류하고 최강유속은 대조에 약 2~6노트에 달한다.

다. 서해안의 조석 및 조류

대조차는 서해안남부에서는 약3.0m이고 북쪽으로 올라감에 따라 증가하여 군산에서 약6.0m, 인천부근에서는 약8.0m에 달한다. 여기서부터 북쪽으로 가면서 감소하여 대청도 부근에서는 약2.8m가 되나 다시 증가하여 남포에서는 약4.8m, 압록강 입구에서는 약4.2m가 된다. 대조기의 최강유속은 2~3노트에 달한다. 그러나 연안 및 도서사이의 수로에서는 왕복성 조류로서 유속은 약 5~6노트이며, 특히 다도해의 협수도에서는 10노트에 달하는 곳도 있다.

장죽수도 및 맹골수도에서의 창(낙)조류는 저(고)조후 약 1~2시로부터 고(저)조후 약 1~2시까지 북서(남동)류하며 대조기 최강유속은 6~7노트에 달한다. 특히 진도수도 및 목포구에서는 각 수로의 최강유속은 대소조기에 각각 8노트 및 11노트로서 통행 선박들은 대체로 역조를 피하고 순조를 이용하고 있다.

제6절 해상 기상 예보

1. 해상 기상 예보의 종류

우리나라의 기상업무법 시행령에서 규정하고 있는 선박의 안전운항을 위한 예보 및 특보의 내용을 보면 다음과 같이 정의하고 있다.

선박에 대한 기상 경보의 종류는 최대풍속에 따라 다음의 5종류로 구분된다.

① **경보(Warning)** : 앞으로 24시간 내에 예상되는 최대풍속이 뷔포트(Beaufort) 풍력계급 7(33노트)이하이지만 특히 주의를 요하는 경우

② **강풍경보(Gale warning)** : 앞으로 24시간 내에 예상되는 최대풍속이 풍력계급7~9(34~47노트)에 달할 것으로 예상되는 경우

③ **폭풍경보(Storm warning)** : 앞으로 24시간 내에 예상되는 최대풍속이 풍력계급 10(48노트)이상으로 예상될 경우. 단, 열대저기압에 의한 풍력 12이상의 경우는 제외됨

④ **태풍경보(Typhoon warning)** : 열대저기압에 의하여 앞으로 24시간 내에 예상되는 최대풍속이 풍력계급 12(64노트)이상에 달할 것으로 예상되는 경우

2. 해군 및 해양 경찰청에서의 황천 및 기상특보 기준

우리나라의 해군은 자체적인 황천 및 기상특보 기준을 설정하여 놓고, 기상 및 해상이 악화될 경우에 각 함정들에 적용하고 있다. 이 기준은 또한 해양경찰청의

함정들에게도 적용되며, 특별히 해군과 해양경찰청의 함정들은 업무적으로 상호 보완적인 관계를 유지하기 위하여 필요로 한다고 볼 수 있다.

가. 황 천

구 분	풍 속(노트)	파 고(m)	피난대상 함정
1 급	36 이상	4.1 이상	전 함정
2 급	31 ~ 36	3.1 ~4.0	1,000~1,500톤급
3 급	26 ~ 30	2.6 ~3.0	300~500톤급
4 급	21 ~ 25	2.1 ~2.5	200~250톤급
5 급	16 ~ 20	1.6 ~2.0	60~150톤급
6 급	11 ~ 15	1.1 ~ 1.5	30톤급이하

나. 기상특보

① **폭풍주의보** : 풍속 26 ~ 35노트, 파고 3~4m 예상될 때

② **폭풍경보** : 풍속 36 ~ 63노트, 파고 5m 예상될 때

③ **저시정 주의보** : 시계 1마일(1.8km) 이하가 예상될 때

④ **저시정 경보** : 시계 500야드(약 500m)이하가 예상될 때

ⓐ **저시정 1급** : 시정 1,000야드 이하일 때

ⓑ **저시정 2급** : 시정 500야드 이하일 때

ⓒ **저시정 3급** : 시정 100야드 이하일 때

㈜ 2001년부터는 국제적으로 통일된 CGS단위만 사용토록 하고 피트, 야드, 파운드 등의 단위사용은 불법으로 규정하고 있다.

다. 태풍경보 : 최대풍속 50노트이상의 태풍내습이 예상

① **제4종** : 72시간내 내습이 예상될 때(6월 1일~10월 31일)

② **제3종** : 48시간내 내습이 예상될 때(6월 1일~10월 31일)

③ **제2종** : 24시간내 내습이 예상될 때(6월 1일~10월 31일)

④ **제1종** : 12시간내 내습이 예상될 때(6월 1일~10월 31일)

3. 해상예보, 특보발표 구역도

우리나라 기상청에서 해상기상예보 발표시에 사용하는 용어중 주요한 내용을 보면 해상구역은 동남서해를 아래 그림과 같이 전체적으로 8개의 구역으로 나누어서 해상기상예보를 하고 있다. 그리고 앞바다의 경우에는 동해안은 지형적으로 해안선이 굴곡이 적은 거의 직선해안으로 이루어져 있고 수심이 깊어서 해안선으로부터 12마일까지의 범위를 말하고, 남서해안은 섬과 굴곡이 많으므로 해안선으로부터 20마일까지의 범위를 앞바다로 부르고 있다. 또 먼 바다는 동남서해 공통으로 앞바다의 경계선에서 각각 200마일까지의 범위를 나타내고 있다.

[그림 7-9] 기상특보 구역도

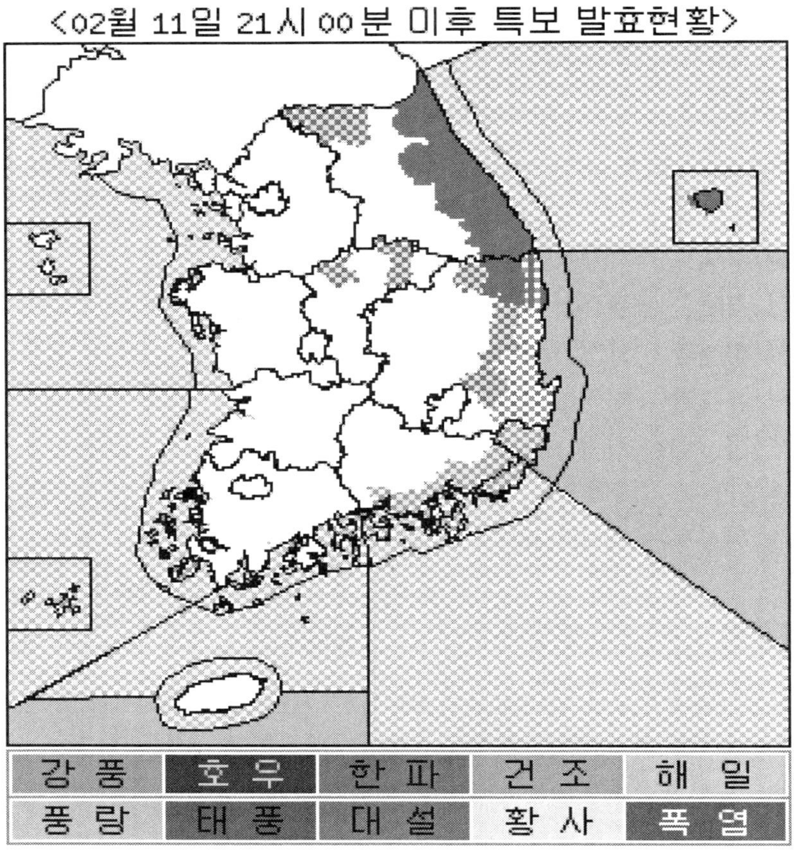

제 7 절 세계의 해상 기상

1. 지구의 온난화 현상

지구는 과거 100년 사이에 약 0.5℃씩 기온이 상승되는 현상이 지속되어 왔다. 수십년전 지구는 냉각되면서 다시 빙하기가 도래하지 않을까 하는 일부 기상학자들의 우려가 있기는 하였지만, 1970년대부터 승온이 현저해지면서 1980년대 들어 세계의 평균기온은 수차례에 걸쳐서 19세기 이후의 기록을 깨고 고온을 보였다.

미국우주과학연구소(NASA)의 발표에 의하면, 19세기 후반부터의 기상 관상관측 자료를 분석한 결과 전 지구의 평균기온이 현저하게 증가하고 있으며, 북반구와 남반구로 나누어 증가추세를 보면 북반구에서 평균기온 상승률이 더 컸다.

북반구에서의 증가추세를 보면, 1880년부터 1920년대까지는 상대적으로 저온이었으나 그 후 30~40년간에 걸쳐 고온으로 나타났고, 1960년대 후반부터는 상당히 빠른 속도로 평균기온이 상승하고 있다. 지역적으로는 최근에 북미와 구소련 및 오세아니아에서 현저한 온난화가 있었다.

한편 우리나라의 경우, 기상관측소의 관측자료를 분석하여 보면 기온의 경년변화는 서울에서 100년에 2℃나 상승하는 커다란 증가율을 보였고, 대부분의 대도시에서 큰 폭으로 기온이 상승하였다. 해안가에 위치한 지역에서 상대적으로 기온의 상승률이 낮았으며, 울릉도와 추풍령에서는 기온의 상승이 나타나지 않았다.

2. 해양과 기상

일반적으로 기상이라 하면 해상의 기상을 일컬어 왔으며, 농경시대의 인간들은 농경에 따른 홍수, 가뭄 등을 통하여 기상을 이해하게 되었으며, 중세이후에는 해양활동이 활발해지면서 범선의 항해를 위한 날씨나 바람에 대한 연구가 활발하여 졌으며, 아울러 기상이 인간활동에 미치는 영향이 커지게 되었다.

바다는 지구표면의 약 71%를 차지하며 비열의 경우 공기의 1,200배에 달한다. 또한 바닷물도 공기와 마찬가지로 흐름이 있는데 Gulf stream과 같이 빠른 해류의 유속은 200~250cm/sec에 달하는 것도 있으며, 일반적으로 수 cm/sec정도이다. 바다는 교통, 어업, 수산양식 등의 생활현장으로 그 이용이 확대되면서 악천후로 인한 재해를 예방하고자 하는 인간의 활동도 점차 증대되어 왔다.

물리학에 기초를 두고 있는 기상학은 대기 중에 일어나는 여러 현상을 그 대상으로 함으로써 바다 위에서 일어나는 자연현상 또는 해양기상은 육상에서의 기상과 다소 차이가 있다. 해양과 육지는 그 표면의 물리적 특성이 다르므로 해양과 대기의 상호작용에 의한 양상도 크게 다르며, 다음과 같이 크게 3가지로 구분할 수 있다.

첫째, 바다는 열용량이 매우 크므로 열적 보존성이 크며, 바닷물의 열용량은 1.0cal/deg · ㎤로 공기의 약 3,000배에 달하므로 공기에 비해 빨리 데워지거나 냉각되지 않는다. 따라서 해면에 접한 공기는 아래쪽으로부터 해수의 영향을 받아 열적인 변화가 육지에 접한 공기에 비해 완만하게 일어나서, 바다는 열용량이 작은 대기의 완충제 역할을 한다고 볼 수 있다.

둘째, 해양과 대기의 경계면은 중요한 수증기의 공급원으로, 해면으로부터 지속적으로 많은 수증기가 대기중에 공급되어 국지적으로 영향을 미칠 뿐만 아니라 전 세계의 기상에 큰 영향을 미친다.

셋째, 해면상에서는 육상과 같은 복잡한 지형지물(산, 건물, 나무 등)이 없어 마찰이 작다. 따라서 보통 해상의 바람이 육상보다 강하며, 바람의 에너지가 해수면에 전달되어 파랑을 일으킨다. 그 결과, 해면에서는 풍랑이 일게 되어 거칠어졌다, 잔잔해졌다 하면서 항상 변하고 있는 것을 볼 수 있다. 해양에서는 수증기의 유입량이 크므로 태풍, 돌풍 등과 같은 대규모 기상현상을 유발하기도 한다. 해양과 대기사이에서는 이와 같이 서로 영향을 미치고 있으므로 상호 밀접한 관련성을 갖고 제 현상이 발생 또는 소멸하는 것이다.

3. 열대의 대기 대순환

지구의 기후시스템의 에너지 근원이 되는 태양 에너지는 대기 상층 약 20~50km에 위치하고 있는 성층권 오존층에 의하여 일부 흡수되고, 또 일기현상이 활발한 대류권의 구름, 공기 또는 부유 먼지에 의하여 반사되거나 흡수된다. 그러나 지구로 들어오는 태양에너지의 대부분은 지표에서 반사되거나 흡수된다. 특히 해수면의 반사율은 대략 7%정도에 불과하기에 적도 해양에서는 대부분의 태양열을 바닷물이 흡수한다. 그 결과 적도 해양의 온도는 주변 중위도보다 더 따뜻하게 된다.

따뜻한 해수면 근처의 공기는 이 영향으로 점점 더워지며, 주변 공기보다 밀도가 작아지기 때문에 위로 상승한다. 상승하는 공기 덩어리는 위로 올라감에 따라 응결을 하게 되는데, 이때 잠열을 발생하여 상승하는 공기에 추가 에너지를 제공하게 되어 더욱 더 상승하게 된다.

열대 해양상의 대기는 상승하는 공기를 보충하기 위하여 주변에서 수렴하게 된다. 계절에 따라 태양의 위치가 바뀌는데 봄과 가을에는 적도가 가장 많은 태양 에너지를 받아 가장 따뜻한 반면에, 여름에는 북쪽으로 올라가며, 겨울에는 남반구에 위치하게 된다. 이에 따라 그림에서 보는 바와 같이 하층 대기의 수렴에도 남북 방향으로 계절에 따라 진동하게 된다. 이를 수렴하는 하층 대기의 이동을 무역풍이라 하는 이유는 계절에 따른 그 풍향이 변하기 때문이다.

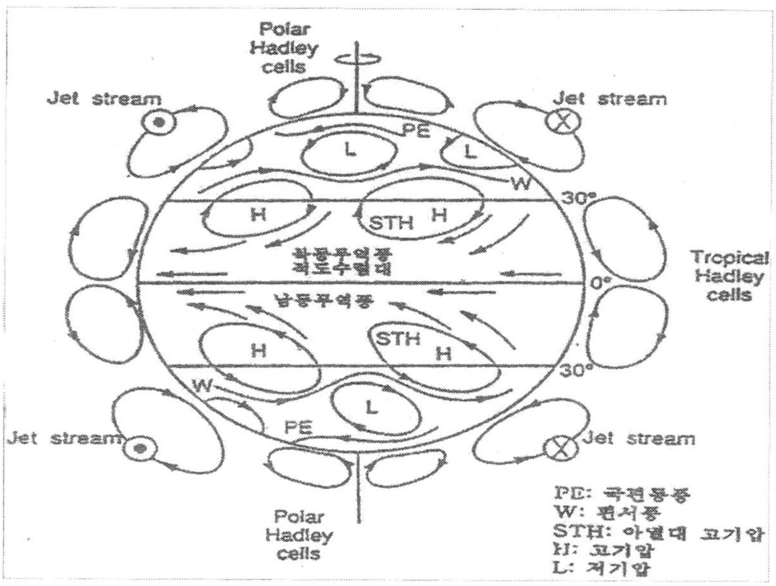

[그림 7-10] 지구의 대기 순환과 기압배치

북쪽에서 남쪽의 수렴대로 이동하는 북반구의 무역풍은 지구의 자전 영향으로 생기는 전향력의 영향으로 점차 북풍에서 북동풍으로 바뀌게 되며, 남쪽에서 북쪽으로 수렴하는 남반구에서 북반구에서와는 반대로 남동 무역풍을 일으키게 된다. 이 남·북반구의 북동과 남동 무역풍은 열대 해상에서 서로 합류하게 되어 동풍 계열의 바람을 만든다. 이를 저위도 편동풍이라 하며 태평양의 동쪽에서부터 필리핀과 인도네시아가 있는 서쪽까지 연장되고 있다.

4. 해수온도와 대기와 해양의 동서순환

한편 앞에서 설명한 열대 해상의 편동풍은 태양에너지에 의하여 더워진 표층의 바닷물을 동에서 서로 이동시킨다. 이 해류는 적도 바로 남쪽에서 위치하며, 남적도 해류로 불리며, 그 속도는 1초에 약 50~60cm씩 이동한다. 이에 따라 필리핀 부근의 서쪽 태평양에는 따뜻한 바닷물이 모이게 되어 해수 온도가 상대적으로 높은 반면에 동쪽 태평양에서는 따뜻해진 표층의 바닷물은 서쪽으로 이동해 가고 밑에서 올라오는 차가운 용승류에 의하여 찬물이 모이게 된다. 이로 인하여 동·서 적도 태평양에 걸쳐 나타나는 해면 높이의 차는 약 40cm 정도가 된다. 남미의 페루 연안이 세계적 어장이 될 수 있는 것도 차고 영향이 풍부한 하층의 바닷물이 올라오기 때문이다.

호주와 인도네시아 도서지방에서는 따뜻한 해수온도의 영향으로 하층 대기의 열대 수렴대가 강화되며, 이에 따라 대류 구름이 형성되며 많은 비를 이 지역에 내리게 한다. 이때 상승한 기류는 약 200㍶ 고도의 대류권계면 근처의 높은 곳에서 일부는 남북으로 이동하며, 이 순환은 해들리(Hadley) 순환을 일으키며, 일부는 적도 서풍대를 형성하여 동진한 후 남아메리카 부근에서 침강한다. 이 동서순환을 1920년경 인도의 기상대장이었던 길버트 워커경(Sir Gilbert Walker)의 이름을 따라 워커순환이라 한다.

5. 엘니뇨와 라니냐

가. 엘니뇨현상

엘니뇨란 스페인어로서 남자아이란 뜻으로 "Ni o"에 정관사를 붙여서 "El Ni o"라고 쓰고, 특히 페루나 에콰도르 부근에서 바닷물 온도가 올라가는 현상이 크리스마스 경에 나타나 수개월 지속되는 까닭에서 아기예수를 의미하기도 한다.

전문적인 엘니뇨에 대한 정의는 태평양 동부 적도해역(4°S~4°N, 150°W~90°W)의 월 평균해수면 온도 편차의 5개월 이동 평균값이 약 6개월 이상 계속해서 +0.5°C 이상이 되는 것을 말한다.

엘니뇨 기간동안 페루연안의 멸치어장은 해수면 온도 상승으로 사라져, 이 지역의 어부는 잠시 일을 멈추고 가족들과 함께 시간을 보내며, 때로는 이 엘니뇨가 다음해 여름까지 또는 그 이상 지속되는 경우가 있어 어부들뿐만 아니라 생태계에도 큰 영향을 미친다.

나. 라니냐현상

엘니뇨에 대한 반대적 현상 즉, 남미 페루 부근 앞 바다의 해수온도가 평소보다 더 내려가고, 필리핀, 인도네시아 지역에서 바닷물의 온도가 더 올라가는 때를 라니냐라 하며, 스페인어로 그 뜻은 여자아이를 의미한다.

다. 엘니뇨의 기후영향

적도 태평양 해수면의 광범위한 온도상승 현상의 효과는 전 지구적으로 영향을 주게 되어 많은 이상기상을 초래하였다. 강한 엘니뇨가 일어나는 해에는 에콰도르, 페루, 쿠바와 미국 남부지방에서는 홍수가 자주 발생하였으며, 오세아니아, 인도네시아, 필리핀과 남부 아프리카에서는 가뭄이 나타났다. 그러나 엘니뇨의 긍정적 효과 중 하나는 대서양에서 열대성 폭풍우나 태풍이 드물게 발생한다는 것이다.

1990년대 초반까지 발생한 엘니뇨 중에서 가장 강했던 것은 1982~1983년의 엘니뇨로써 평년 해수면 온도보다 무려 4℃ 이상 높았다. 그래서 1983년에는 금세기에서 가장 비정상적이고 격심한 기상현상이 나타났다. 하와이에서는 전년도 12월부터 그 이듬해 3월까지 장기간 가뭄이 있었고. 알래스카 만에서는 극도로 낮은 저기압이 발달하였고, 1983년 2월에는 월평균 해면기압이 금세기 들어 가장 낮았다.

이와 관련하여 캘리포니아주, 워싱턴주, 오레곤주 등에서는 강풍, 폭우 등의 이상기상이 나타났고, 에콰도르나 북부 페루에서는 극심한 폭우가 광범위한 홍수를 유발시켰으며, 남부 아프리카, 스리랑카, 남부 인도, 필리핀, 인도네시아, 오세아니아에서는 가뭄이 광범위하게 발생하였다.

라. 엘니뇨현상과 기상이변

엘니뇨 현상이 나타날 때 동반되는 세계의 기상현상은 일반적으로 필리핀, 인도네시아, 호주 북부 등지에서는 강수량이 평년보다 적으며, 반면에 적도 중앙 태평양, 멕시코 북부와 미국 남부, 남미 대륙 중부에서는 홍수가 나는 등 예년보다 많은 강수량을 보인다고 알려지고 있다. 알래스카와 케나다 서부에 걸쳐 고온의 경향이 나타나고, 미국 남동부는 저온이 되기 쉽다.

즉, 엘니뇨현상이 발생하면 대기의 흐름을 변화시켜 페루 등 남미지역과 태평양을 둘러싼 열대, 아열대 지역인 인도네시아, 필리핀, 호주 등지에 이상기상을 일으키는 경향이 뚜렷하다. 케냐, 탄자니아. 우간다 등 아프리카 동부에서는 10~12월에 비가 많아지고, 남아프리카에서는 여름에 중부를 중심으로 적은 강수량을 보인다.

한국에서의 변화는 대략적으로 다음과 같이 정리할 수 있다.

엘니뇨가 발생한 해에는 여름철 기온이 평년보다 다소 낮게 나타나기도 하며, 비가 다소 많이 오는 통계적인 경향은 있으나 아주 뚜렷하지는 않다. 엘니뇨가 발생한 해의 여름철 기온이 어떤 해에는 낮게 나타나기도 하고, 또 다른 해에는 높게 나타나기도 한다. 우리나라는 중위도지방에 위치한 까닭에 적도 태평양뿐만 아니라 북서쪽 고위도 지방에서 흘러들어 오는 공기의 흐름에도 영향을 받는다. 이것은 엘니뇨의 영향과 함께 겹쳐서 우리나라에서는 열대나 아열대 지방처럼 엘니뇨의 영향이 아주 뚜렷하게 나타나지는 않는다.

이러한 엘니뇨현상은 대개 12~18개월 동안 지속되다가 급속도로 정상 상태로 되돌아간다. 때로는 그 반동작용으로 적도 태평양상의 동풍이 평소 보다 더 강화되는 경우도 발생하는 라니냐 형상을 유발하기도 한다. 라니냐가 일어나면 인도네시아 부근의 서태평양상의 대류운동이 평상시보다 더욱 강화되고, 이에 따라 우리나라 부근의 하강기류 또한 강화된다. 이런 파동역시 고위도 지방으로 전달되어 여러 지역에서 가뭄과 홍수 등을 유발하는데 1994년 여름의 폭염과 가뭄은 1993년도 엘니뇨 시기에서 반동으로 나타난 일시적 라니냐 현상에 의하여 일어났다는 견해도 있다. 그러나 세계적인 기상이변이 이 엘니뇨 현상으로만 설명되는 것은 아니다. 기상이변 현상은 서로 규모가 다르고 생성 및 유지 메카니즘이 상이한 공기 흐름들이 기후를 지배하고 있기 때문에 어떤 단순한 인과관계로 설명되기는 어렵다.

엘리뇨 현상과 더불어 기상이변의 원인으로서 지구 기후 시스템의 자연적 변동을 꼽을 수 있다. 우리가 살고 있는 지구촌에는 늘 어느 지역에서는 가뭄이 또 다른 지역에서는 홍수가, 또 혹서와 냉해가 동시에 서로 다른 지역에서 특별한 원인없이 일어나고 있다. 지구촌에는 기후가 늘 일정한 것이 아니라 항상 변동하고 있다. 비가 평년보다 조금 많기도 하고 때로는 적기도 하며, 곳에 따라서 조금 더 따뜻하기도 하며, 춥기도 하다. 다만 이런 변동의 정도가 때로는 심하게 나타나기도 하며, 때로는 사람이 많이 사는 지역이나 농사지역에 나타난다. 같은 정도의 자연 변동도 우리가 관심을 많이 갖고 있는 지역에 일어날 경우 기상이변으로 인식되기도 한다.

그 다음은 지구상에서의 화석연료 사용량의 증가로 대기 중 온실기체 증가로 인한 지구 온난화 때문으로 볼 수 있다. 1991년 6월 15일 필리핀의 피나투보(Pinatubo) 화산 폭발로 주춤했던 지구 온난화가 근래에 들어 성층권의 화산 먼지가 많이 제거되어 다시 진행되는 것으로 판단하기도 한다. 지구의 온난화가 일어나면서 기온이 점차적으로 올라간다기 보다는, 남 · 북극에 위치하고 있는 만년설의 빙하가 녹아서 해수면 상승과 더불어 이상난동, 한파, 홍수, 가뭄 등이 세계 각처에서 더 빈번히 또 더 극심하게 일어날 가능성이 많다. 지난 겨울 및 여름철의 아시아 및 유럽 지역의 홍수는 지구 온난화와 연관된 기상이변의 일환으로 설명하는 학자들도 있다.

6. 쓰나미(지진해일)

쓰나미는 해안의 파도를 뜻하는 일본어 '쓰나미(tsunami)'로서 지진이나 화산 폭발 때문에 바다 밑에서 발생하는 지진에 의한 해일을 말하며, '지진해일'의 세계 공용어로 사용되고 있다. 지난 2004년 12월 26일에 인도네시아에서 발원한 해저 지진으로 해일을 동반하자 외신들은 일제히 'Tsunami'라는 용어를 사용하여 피해 소식을 보도하였다. 쓰나미는 폭풍 때문에 발생하는 폭풍해일보다 훨씬 강력한 것으로 바람이 만드는 파도는 바다 표면에서만 파도가 일어나지만 쓰나미는 바다 밑바닥에서부터 표면에 이르기까지 바닷물 전체가 움직이기 때문이다.

쓰나미의 파고는 바다 중심에서는 1m 이하로 경미하지만 육지 쪽으로 가까이 올수록 급격히 높아지며, 육지쪽으로 오면서 수심이 얕기 때문에 그만큼 위 아래로 움직이는 파동이 커지게 된다. 파고는 해안선 지점마다 다르지만 30m 이상인 것도 있으며 10m 정도의 것은 흔한 것으로 보고되고 있으며, 파도의 마루 간 거리는 100km, 속도는 시속 최대 800km에 이르기도 한다. 전 세계적으로 쓰나미의 80% 이상은 태평양지역에서 집중적으로 발생하며, 한국은 일본이 태평양과 한국 사이를 가로막고 있어 쓰나미의 피해를 거의 당하지 않고 있다.

가. 해일의 종류

일반적으로 폭풍 때문에 발생하는 것은 폭풍해일이라 하고, 지진이나 화산폭발로 일어나는 것은 지진해일(쓰나미)이라고 한다. 해일은 달과 태양의 인력에도 영향을 받는데, 특히 사리 때에 발생하는 해일은 그 피해가 크므로 주의하여야 한다.

기상청에서는 먼 바다에서 해일이 발생하면 해일 전파도를 제작하여 해일의 진행상황을 파악하고, 해당지역에 해일경보를 발한다. 해일경보가 발표되면, 그 지역 주민들은 즉시 높은 산 등으로 피난해야 한다.

나. 해일의 기록

해일은 지진이 일어나는 지역에서 많이 나타나는데, 1933년 일본의 산리쿠쓰나미는 파고가 20m 이상이었으며, 1972년 마유야마산 지진으로 발생한 해일은 1만 4,920명의 사망djl와 함께 막대한 재산의 손실을 가져왔다. 1958년 알래스카의 리트야만에서 산사태로 인해 발생한 해일은 높이가 251m에 달했던 것으로 기록되어 있다. 한국에서 발생하는 해일은 주로 폭풍해일이지만 드물게는 지진해일이 나타나기도 한다.

우리나라의 역사적인 기록으로는 증보문헌비고에 1088년의 해일이 처음으로 기록되어 있고, 조선왕조실록에 따르면 1392~ 1903년 사이에 모두 44회의 해일이 발생하였으며, 그 대부분은 서해안에서 폭풍과 관계된 것들이다. 지진해일은 1741년(영조 17년)에 강원도 평해와 1940년에 나진 · 묵호 등지에, 1983년에 동해안의 임원 일대에서 발생한 해일이 있는데, 많은 민가와 배가 유실되는 피해가 있었다.

다. 해일의 전파속도

해저에서 일어나는 지각변동으로 해수가 상하로 진동하고, 그것이 대규모의 파동이 되어 외부로 퍼지게 된다. 이때 중력가속도를 g(9.8m/s^2), h(m)를 수심이라 하면, 지진해일의 전파속도 V(m/s) 는 다음과 같이 표시된다.

$V(m/s) = 3.1\sqrt{h}$

또 h와 V의 단위를 각각 km 와 km/h 로 나타내면 $V(km/h) = 11.3\sqrt{h}$ 가 된다.

이때의 파동은 심해에서는 파장과 비교하여 파고(波高)가 작아 눈에 잘 띄지 않지만, 해안에 도달하면 그 파고가 수심과 같아지고, 파도의 산이 무너지며 벽 모양이 되어 밀려온다. 이때, 파고가 10m이고 속도가 10m/s이면, 그것이 물체에 충돌할 때의 압력은 약 5 Ton/m^2가 된다.

지진해일이 내습하기 쉬운 해안 근처의 얕은 곳에서는 갑자기 커져서 해안을 내습하여 큰 피해를 입히며, 특히 리아스식 해안에서는 이 경향이 뚜렷하다.

지진해일의 도달시간을 지진파와 비교하면 큰 차이가 있으며, 예를 들면, 칠레의 서부해안에서 발생한 지진의 경우, 하와이의 호놀룰루까지 지진파가 도달하는 데는 13분 52초가 걸리고, 지진해일은 15시간 29분이 걸린 것으로 기록되고 있다. 따라서 지진해일이 발생하면 그것이 도달하기 전에 경계해역을 결정하여 정확한 지진해일의 규모를 파악하고 지진해일 경보를 발할 수 있다.

제8장

해상교통 관련법

제8장 해상교통 관련법

우리나라에서는 선박의 해상활동과 관련하여 선박의 교통안전을 확보 유지하기 위하여 여러 가지의 법들을 규정하고 있다.

이 중에서 가장 대표적인 것으로는 우리나라 전체 항만의 항계내에서 적용되는 개항질서법이 있고, 항계를 벗어난 지점에서부터 영해의 범위까지 중점적으로 적용되는 해상교통안전법이 있으며, 그리고 특정해역에 적용되는 규칙으로는 해양수산청장의 고시로 되어 있는 부산항의 항내항법 및 정박에 관한 규칙과 인천항의 출·입항로 행행규칙 등이 있다. 특히 영해에서의 유류 유출사고에 의한 환경보전과 해난사고 방지를 위하여 우리나라의 연안항로 중에 유조선통항금지해역을 설정하여 규제하고 있고, 최근에는 수상레저안전법을 입법하여 인명안전을 도모하고 있다.

공하상에서는 국제적으로 적용되는 국제해상충돌방지규칙1972(COLREG 1972)이 있으며, 이 법에 관해서는 우리나라도 비준하고 국내법으로 받아들여서 해상교통안전법으로 국내법화 하였다. 그러므로 국제해상충돌방지규칙의 내용은 국내의 해상교통안전법과 동일하다.

제1절 개항질서법

개항질서법은 개항의 항계안에서 선박교통의 안전 및 질서를 유지함을 목적으로 규정한 법을 말하고, 개항이란 내외국적의 선박이 상시 출입할 수 있는 항구를 말하는 데 우리나라의 개항질서법 시행령에서 규정하는 개항은 2004년 기준으로 전체 28개항(부산항, 인천항, 평택· 당진항, 마산항, 통영항, 삼천포항, 장승포항, 태안항)으로 되어 있다. 개항의 항계는 개항질서법에서 적용하는 해역을 표시하는 구역선으로 각 항구의 관할을 정하는 경계선이다. 이에 대한 내용은 항만법에서 보다 구체적으로 정하고 있다.

1. 출 · 입항과 정박

가. 출 · 입항 신고

내항선이나 외항선이 항계 내로 입항하는 경우에는 입항 후 지체없이, 그리고 출항할 경우에는 출항 전에 각각 출·입항 신고서를 당해 지방해양수산청장 또는 출장소에 제출하여야 한다. 그리고 태풍 또는 폭풍우를 피하기 위하여 피난 정박지로 이동하거나, 또는 선박화재를 진압하거나 육상화재로부터 탈출하기 위한 조치, 선박충돌, 좌초 또는 화물의 이동 혹은 부패, 기름유출 등에 의하여 선박을 긴급히 이동시켜야 할 경우에는 긴급사유로 인정하여 항계 내에서의 출·입항을 관할청에 신고함으로서 출·입항 신고에 갈음할 수 있다. 그리고 이러한 피난을 위하여 긴급히 출항하여야 할 경우에는 신고를 생략할 수 있으며, 전쟁 등의 비상사태가 발생한 때에는 국무회의의 심의를 거쳐서 당해 장관이 따로 제한 허가를 받아서 입항하여야 한다.

특히 남북교류에 취항하는 선박은 출·입항허가 신청서에 시행령 제4조 6항에서 규정한 서류와 선원명부, 승선자 명부 및 통일부장관이 승인한 남북한 운행승인서를 첨부하여 신청하여야 한다.

나. 정 박

입항하는 선박(잡종선과 총톤수 20톤 미만의 선박 제외)은 선박의 종류, 톤수, 또는 화물의 종류에 따라서 지정된 정박구역에 정박하여야 하고, 그리고 선박의 수선, 이동명령이 있는 경우가 아니면 정박선은 관할청(지방해양수산청)의 허가 없이 함부로 이동하지 못한다. 그리고 관활청장은 접안시설이 부족하거나, 접안시설 이용을 위하여 대기가 필요할 때, 접안하는 것이 부적당할 때 등의 경우에는 개항의 항계 밖의 수역에 정박구역을 지정할 수 있다.

[그림 8-1] 정박중인 여객선

다. 수리와 계선

총톤수 20톤 이상의 선박은 선박을 수선하거나 계류하고자 할 때에는 지방해양수산청장에게 신고하여야 하고, 지방청장이 지정한 곳에 정박하여야 한다. 이러한 계선 중인 선박은 선박과 항의 안전을 위하여 안전관리원을 승선시켜야 한다. 그리고 20톤 미만의 소형선박들은 계선부표나 다른 선박에 계류하거나 다른 선박의 교통에 방해가 될 우려가 있는 장소에 정박하거나 정류해서는 안된다.

일반적으로 장기간 계선하는 선박들은 섬들 사이의 평온한 수역에 주로 정박계선하며, 부산항의 경우에는 부산남항의 적절한 정박지에 계선하기도 한다.

2. 항로와 항법

가. 항로준수 의무

잡종선 이외의 선박은 개항의 항계 내를 출·입항할 때에는 반드시 항로를 따라서 항행하여야 한고, 다음과 같은 경우를 제외하고는 항로 내에서 정박 또는 정류하거나 선박을 방치하지 못한다.

① 해난을 피하고자 할 때, ② 운전의 자유를 상실한 때, ③ 인명 또는 급박한 위험이 있는 선박을 구조할 때, ④ 관할 지방청장의 허가를 얻어서 해상공사를 할 때

나. 항 법

개항의 항계 내에서 항행하는 선박은 다음의 항법원칙을 준수함은 물론 다른 선박에 위험을 주지 아니할 정도의 속력으로 항행하여야 한다.

(1) 기본항법

① **항로우선원칙** : 지정항로 안에서 항행하는 선박은 우선적 항행권을 가진다.
② **오른쪽 항행원칙** : 지정항로 내에서 다른 선박과 마주칠 경우에는 각 선박은 항로의 오른쪽으로 항행하여야 한다.
③ **나란한 항행의 금지** : 항로의 폭이 좁으므로 2척 이상의 선박이 나란히 항행할 수 없다.
④ **추월금지** : 항로 내에서는 앞에 있는 선박을 추월할 수 없다.
⑤ **흘수제한선, 위험물적재선 우선원칙** : 모든 선박은 항로를 항행하는 위험물적재선박 또는 흘수제약선의 진로를 방해하여서는 아니된다. 즉, 흘수가 깊어서 수심의 제한을 받는 선박은 만조 때를 이용하여 입출항 할 수 있도록 우선권을 주며, 또한 위험물을 적재한 선박은 타 일반선박에 우선하여 입출항 할 수 있도록 하고 있다.

(2) 방파제부근의 항법

방파제 부근에서 입항하는 선박과 출항하는 선박이 마주쳐서 위험이 있을 경우에는 출항선이 방파제를 완전히 통과할 때까지 입항선은 방파제 밖에서 기다려야 한다. 이를 출항선 우선원칙이라 한다. 그리고 동시에 2척의 선박이 입항하거나 출항할 경우에는 이곳은 인위적인 좁은 수로이기 때문에 좁은 수도에서의 항법을 적용하여야 한다.

(3) 기타의 항법

① **속력의 제한** : 개항의 항계안과 항계부근에 있는 선박은 다른 선박에 위험을 미치지 아니할 정도의 속력으로 항행하여야 한다.

② **항내 시설물 부근의 항법** : 방파제, 부두, 해안으로 길게 뻗은 육지, 잔교 등의 시설물 또는 정박선의 부근을 항행할 때는 오른쪽 항행원칙을 적용하여 이들을 오른쪽으로 보고 항행할 때는 이에 접근하여 항행하고, 이를 왼쪽으로 두고서 항행할 때는 가능한 멀리 떨어져서 항행하여야 한다.

③ **잡종선의 피항 의무** : 잡종선은 항계 내에서 동력선과 범선의 진로를 피해야 한다.

④ **예항의 제한** : 개항의 항계안에서 4척이상의 단정, 3척이상의 부선 및 소선 또는 2척 이상의 항양선을 예항하고자 할 때에는 지방청장의 허가를 받아야 한다.

[그림 8-2] 연안을 항해 중인 관광선

3. 위험물과 수로보전

가. 위험물

(1) 정박제한

위험물을 적재한 선박은 관할 지방청장의 지시를 받고 입항해야 하며, 또한 지정된 장소에만 정박하여야 한다. 그러나 지방청장이 위험물의 종류, 수량 및 관리방법을 참고하여 지정정박 장소이외에 정박하여도 무방하다고 인정하여 허가한 경우에는 예외로 한다. 위험물을 적재한 선박은 원유, 정제유, 화학물질, 액화석유가스, 액화천연가스, 폭발물, 방사능물질 등을 운반하는 전용선을 말한다.

(2) 하역운반

항계 안에서 위험물을 하역하거나 운반하고자 할 때에는 지방청장의 허가를 받아야 하고, 위험물하역을 허가함에 있어서 지방청장은 항계안에서의 하역이 부적합하다고 판단되면 항계 밖의 일정한 장소를 지정하여 하역하게 할 수 있다.

나. 수로의 보전

(1) 유해물 투기금지

누구든지 개항의 항계안 및 항계밖 10km 이내의 수면에서는 선박의 안전운항에 우려가 있는 다음의 유해물 또는 폐기물을 버려서는 안된다.

① 동물 사체, ② 밸러스트, 유류, 폐유 및 폐기물, ③ 돌, 죽재, 목재, 원목, 쓰레기

(2) 장애물 제거

지방청장은 항계 내에 또는 그 부근에 다른 선박의 항해를 방해하거나 위험을 줄 우려가 있는 표류물, 침몰물 등의 물건을 발견한 때에는 그 물건의 소유자에

게 제거를 명령하여야 한다. 그리고 그 물건의 소유자가 제거명령을 이행하지 아니할 때에는 정부가 이를 제거하고, 행정대집행법에 따라서 소유자에게 제거비용을 강제로 징수할 수 있다.

(3) 해난 등의 경고의 조치

개항의 항계안 또는 그 부근에서 해난·화재 등의 재난으로 인하여 다른 선박의 항행이나 항만의 안전을 해할 우려가 있는 조난선의 선방은 즉시 표지의 설치 등 다른 선박의 위험 예방을 위하여 필요한 조치를 취하고 지방청장에게 그 사실을 신고하여야 한다. 단, 조난선의 선장이 이러한 조치를 취할 수 없을 때는 지방청장에게 이에 필요한 조치를 요구할 수 있다.

제 2 절 해상교통안전법

이 법의 제1조에 규정하고 있는 목적을 보면, "이 법은 선박의 안전운항을 위한 안전관리체제를 확립하고, 해상에서 일어나는 선박항행상의 모든 위험과 장해를 제거함으로써 해상에 서의 안전 및 원활한 교통을 확보함을 목적으로 한다." 라고 규정하고 있다.

1. 전문용어의 정의

이 법에서 사용하는 주요한 용어의 정의는 다음과 같다.

① **동력선** : 기관을 사용하여 추진하는 선박을 말하되, 돛을 설치한 선박으로서 주로 기관을 사용하여 추진하는 경우에는 동력선으로 본다.

② **범선** : 돛을 사용하여 추진하는 선박을 말하되, 기관을 설치한 선박으로서 주로 돛을 사용하여 추진하는 경우에는 범선으로 본다.

③ **어로에 종사하고 있는 선박** : 그물·낚시줄·트롤망 기타 조종성능을 제한하는 어구를 사용하여 어로작업을 하고 있는 선박을 말한다.

④ **조종불능선** : 선박의 조종성능을 제한하는 고장 기타의 사유로 조종이 불가능하게 되어 다른 반박의 진로를 피할 수 없는 선박을 말한다.

⑤ **조종제한선** : 다음 각목의 작업 기타 선박의 조종성능을 제한하는 작업에 종사하고 있어 다른 선박의 진로를 피할 수 없는 선박을 말한다.

가. 항로표지 · 해저전선 또는 해저파이프라인의 부설 · 보수 및 인양작업

나. 준설 · 측량 또는 수중작업

다. 항행중 보급, 사람의 이송 또는 화물의 이적

라. 항공기의 발착 작업

마. 기뢰제거 작업

바. 진로로부터의 이탈능력을 매우 제한받는 예인 작업

⑥ **흘수제약선** : 선박의 흘수와 수심과의 관계에 의하여 그 진로로부터 벗어날 수 있는 능력을 매우 제한받고 있는 동력선을 말한다.

⑦ **통항분리방식** : 선박의 충돌을 방지하기 위하여 통항로의 설정 기타 적절한 방법으로 한쪽 방향만으로 항행할 수 있도록 항로를 분리하는 제도를 말한다.

⑧ **연안통항대** : 통항분리수역의 육지쪽 경계선과 해안사이의 수역을 말한다.

⑨ **대수속력** : 자선 또는 다른 선박의 추진장치의 작용이나 그로 인한 선박의 타력에 의하여 생기는 선박의 물에 대한 속력을 말한다.

⑩ **항행중** : 선박이 다음 각목의 1에 해당하지 아니하는 상태를 말한다.

가. 정박

나. 육안에의 계류(계선부표 및 정박하고 있는 선박에의 계류를 포함한다.)

다. 얹혀있는 상태

⑪ **항로지정방식** : 선박이 통항하는 항로 · 속력 기타 선박운항에 관한 사항을 지정하는 제도를 말하고, 통항분리방식이라 함은 선박의 충돌을 방지하기 위하여 통항로의 설정 기타 적절한 방법으로 한쪽 방향만으로 항행할 수 있도록 항로를 분리하는 제도를 말한다.

⑫ **통항로** : 선박의 항행안전을 확보하기 위하여 한쪽 방향만으로 항행할 수 있도록되어 있는 일정한 범위의 수역을 말한다.

⑬ **단음 및 장음** : 단음은 1초 정도 계속되는 고동소리를 말하고, 장음이라 함

은 4초 내지 6초 정도 계속되는 고동소리를 말한다.

⑭ **거대선** : 길이 200미터 이상의 선박을 말한다.

⑮ **위험화물운반선** : 선체구조의 일부로서 형성되는 화물창 또는 선체에 고정된 탱크 등에 해양수산부령이 정하는 위험물을 싣고 운반하는 선박을 말한다.

⑯ **고속여객선** : 시속 15노트이상의 속력으로 항행하는 여객선을 말한다.

⑰ **해상교통관제방식** : 선박의 안전하고 원활한 통항을 목적으로 해상교통관제시설을 설치하여 항행하는 선박에 대하여 적절한 항행정보를 제공하고 당해 선박이 적법하게 항행하는지의 여부를 감시 · 지도하는 제도를 말한다.

⑱ **항로** : 다음 각목의 1에 해당하는 수로를 말한다.

① 개항질서법의 규정에 의한 항로 : '항로'라 함은 선박의 입 · 출항 통로로 이용하기 위한 수로를 말한다.

② 제 45조의 규정에 의한 교통안전특정해역안의 항로 : 해양수산부장관은 다음 각 호의 1에 해당하는 해역으로서 대형 해양사고가 발생할 우려가 있는 '교통안전특정해역' 안에서의 선박의 항행안전을 위하여 해양경찰청장의 의견을 들어 해양수산부령이 정하는 바에 의하여 항로지정방식과 해상교통관제방식을 시행할 수 있다.

(1) 해상교통량이 폭주하는 해역

(2) 거대선 · 위험화물운반선 · 고속여객선 등의 통항이 빈번한 해역

교통안전특정해역의 범위는 시행령 4조에서 부산구역, 인천구역, 포항구역, 울산구역, 여수구역 등으로 특별히 지정하고 있다.

③ 제50조의 규정에 의하여 고시된 좁은 수로 등에서의 항로 : 해양수산부장관은 교통안전특정해역외의 해역으로서 그 해역의 지형 · 조류 기타 자연적인 조건 등으로 해양사고가 발생할 우려가 있다고 인정되는 경우에는 해양경찰청장의 의견을 들어 그 해역의 범위, 선박의 항로 및 속력 등 선박의 항행안전에 필요한 사항을 정하여 고시 할 수 있다.

이 법의 적용범위는 대한민국의 영해 및 내수(해상항해 선박이 항해를 계속 할 수 없는 하천, 호수 등을 제외)에 있는 선박 또는 해양시설에 적용하고, 또한 대

한민국의 영해 및 내수를 제외한 해역에 있는 대한민국 선박에 적용한다.

다만, 외국선박에 관한 적용에 있어서는 대한민국 선박이 아닌 선박으로서 다음 각 호의 선박에 대하여는 대통령령이 정하는 바에 의하여 이 법의 일부를 적용한다.

(1) 대한민국의 각 항간만을 항행하는 선박

(2) 국적취득조건부 나용선으로 차용한 선박

다른 법률과의 관계에 있어서 개항 및 지정항의 항계 안에서 선박의 충돌방지를 위하여 지켜야 할 항법·신호 기타 운항에 관하여 개항질서법에 다른 규정이 있는 때에는 그 규정에서 정하는 바에 의한다. 그리고 선박의 충돌방지 및 안전관리 등에 관하여 조약에 다른 규정이 있는 때에는 그 규정에서 정하는 바에 의한다고 규정하고 있다.

2. 선박의 등화 및 형상물

선박은 자선의 위치와 항행상태를 상대방에게 알리기 위하여 법에서 규정하고 있는 다음과 같은 등화 및 형상물을 달아야 된다.

가. 항행중인 동력선

길이가 50m이상인 동력선은 항행중에 다음의 특질을 갖는 등화를 달아야 한다.

① **전부 마스트등(Masthead light forward) 1개**

선박의 앞쪽에 설치하고, 백색으로 선수미선을 기준으로 좌우를 합쳐서 전체 225°의 수평의 호를 비추고, 가시거리는 6마일

② **후부 마스트등(Second masthead light) 1개**

전부 마스트등의 뒤쪽으로 그 보다 높은 위치에 설치하고, 백색으로 선수미선을 기준으로 좌우를 합쳐서 전체 225°의 수평의 호를 비추고, 가시거리는 6마일

③ **우현 현등(Starboard sidelight) 1개**

선체 우현 제일 끝단에 설치하고, 녹색으로 선수미선을 기준으로 오른쪽(시계 방향)으로 112.5°의 호를 비추고, 가시거리는 3마일

④ **좌현 현등(Port sidelight) 1개**

선체 좌현 제일 끝단에 설치하고, 홍색으로 선수미선을 기준으로 왼쪽(반시계 방향)으로 112.5°의 호를 비추고, 가시거리는 3마일

⑤ **선미등(Stern light) 1개**

선체 뒤쪽으로 설치하고, 백색으로 선수미선을 기준으로 좌우를 합쳐서 전체 135° 의 호를 비추고, 가시거리는 3마일

단, 길이 50m 미만의 동력선은 후부 마스트등을 설치할 의무는 없으나 달아드 무방하다.

이상의 5종류의 항해용 등화이외의 등화를 점등하고자 할 때에는 위의 항해용 등화와 혼동되어 오인이 일어나지 않는 등화를 사용하여야 하며, 최근의 대형 여객선이나 컨테이너 선박들은 갑판상의 통로를 비추는 등화를 켜서 여객의 안전 및 해적의 침입을 방지하는 효과를 도모하고 있다.

또한 이러한 등화들은 이중장치 및 자동경보장치가 설치되어 있어서, 1차등화가 고장났을 경우에도 2차등화를 이용하여 정상적인 기능을 할 수 있도록 하고 있다.

나. 정박중인 동력선

길이가 50m이상인 동력선은 정박중에 다음의 특질을 갖는 등화 및 형상물을 달아야 한다.

① 선수부근의 가장 잘 보이는 곳에 백색 전주등 1개 혹은 흑구 1개(All-round white light or One black ball), 전주등은 360°의 수평의 호를 비추고, 가시거리는 3마일

② 선미부근에 백색 전주등(All-round white light) 1개, 선수부근의 전주등보다

낮은 위치에 달고, 가시거리는 3마일

③ 특히 야간의 경우에는 본선의 존재를 나타내기 위하여 갑판을 조명할 수 있는 조명등 및 작업등을 켜서 주위를 통항하는 선박들이 멀리서도 쉽게 정박 중임을 알 수 있도록 해야 한다.

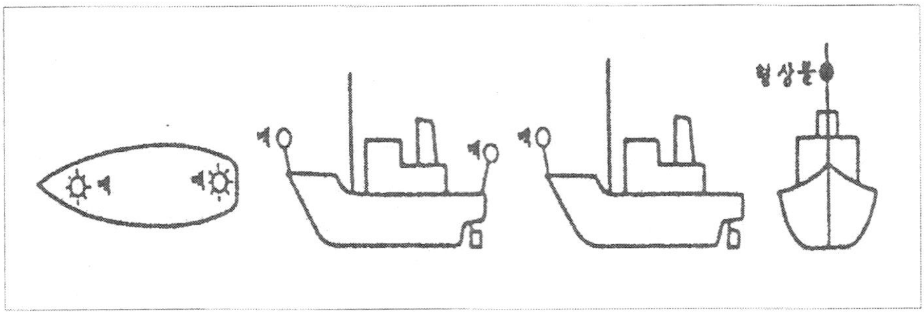

[그림 8-3] 길이 50m 이상의 동력선의 야간 정박등 및 주간 형상물

3. 선장의 항행 안전 조치

선장은 선박의 항행안전을 확보하고 항행상 위험을 방지하기 위하여 출항전 점검의 이행, 적절한 항법의 운용, 항해당직의 철저한 실시, 선박의 화재 기타 각종 사고의 예방활동 등 항행안전을 위하여 필요한 조치를 취하여야 한다.

4. 주취중의 조타가 조작 등 금지

가. 누구든지 술에 취한 상태에서 운항을 위하여 조타기를 조작하거나 그 조작을 지시하여서는 아니된다.

나. 해양경찰은 다음에 해당하는 경우에는 운항을 위하여 조타기를 조작하거나 그 조작을 지시하는 자(운항자)가 술에 취하였는지의 여부를 측정할 수 있으며, 당해 운항자는 해양경찰청 소속경찰공무원의 측정요구에 응하여야 한다.

① 해상교통안전과 위험방지를 위하여 필요하다고 인정되는 경우

② 제1항의 규정 위반하였다고 인정할 만한 상당한 이유가 있는 경우

다. 제2항의 규정에 의하여 술에 취하였는지의 여부를 측정한 결과에 불복하는 운항자에 대하여는 당해 운항자의 동의를 얻어 혈액 채취 등의 방법으로 다시 측정할 수 있다.

라. 해양경찰서장은 운항자가 제 1항의 규정에 위반한 때에는 당해 운항자에 대하여 정상적으로 조타기를 조작하거나 그 조작을 지시할 수 있는 상태에 이르기까지 승선금지를 명하고 그에 필요한 조치를 할 수 있다.

마. 제1항의 규정에 의한 술에 취한 상태의 기준은 혈중 알콜농도 0.08퍼센트(%) 이상으로 한다고 규정하고 있다.

5. 안전한 속력

가. 선박은 다른 선박과의 충돌을 피하기 위하여 적절하고 유효한 동작을 취하거나 당시의 상황에 적합한 거리에서 정선할 수 있도록 항상 안전한 속력으로 항행하여야 한다.

나. 제1항의 규정에 의한 안전한 속력에 관하여 필요한 사항은 해양수산부령으로 정한다.

6. 충돌을 피하기 위한 동작

가. 선박은 다른 선박과의 충돌을 피하기 위한 동작을 취할 경우에는 될 수 있는 대로 충분한 시간적 여유를 두고 적절한 선박의 운용상의관행에 따라 적극적으로 취하여야 한다.

나. 선박은 다른 선박과의 충돌을 피하기 위하여 침로 또는 속력을 변경할 때에는 될 수 있는 대로 그 변경을 다른 선박이 쉽게 알아볼 수 있도록 충분히 크게 하여야 하며, 침로나 속력을 소폭으로 연속적으로 변경하여서는 아니된다.

다. 선박은 넓은 수역에서 침로를 변경하여 충돌을 피하고자 할 때에는 적절한

시기에 큰 각도로 침로를 변경하여야 하며, 그에 따라 다른 선박에 접근하지 아니하도록 하여야 한다.

라. 선박은 다른 선박과의 충돌을 피하기 위한 동작을 취할 때에는 다른 선박과의 사이에 안전한 거리를 두고 통과할 수 있도록 그 동작을 취하여야 한다. 이 경우 그 동작의 효과를 다른 선박이 완전히 통과할 때까지 주의 깊게 확인하여야 한다.

마. 선박은 다른 선박과의 충돌을 피하거나 상황을 판단하기 위한 시간적 여유를 얻기 위하여 필요한 경우에는 속력을 줄이거나 기관을 정지 또는 후진하여 선박의 진행을 완전히 멈추어야 한다.

[그림 8-4] 충돌한 선박의 구조

7. 좁은 수로 등에서의 항법

가. 좁은 수로 또는 항로를 따라 항행하는 선박은 항행의 안전을 고려하여 될 수 있는 대로 좁은 수로 등의 오른편 끝 쪽으로 항행하여야 한다. 다만, 통항분리방식이 적용되는 해역 또는 해양수산부장관이 특별히 지정한 해역에서는 그러하지 아니하다.

나. 길이 20m 미만의 선박 또는 범선은 좁은 수로 등의 안쪽에서만 안전하게 항행할 수 있는 다른 선박의 통항을 방해하여서는 안된다.

다. 어로에 종사하고 있는 선박은 좁은 수로 등의 안쪽에서 항행하고 있는 다른 선박의 통항을 방해하여서는 안된다.

라. 선박의 좁은 수로 등의 안쪽에서만 안전하게 항행할 수 있는 다른 선박의 통항을 방해하게 되는 경우에는 좁은 수로 등을 횡단하여서는 안된다.

마. 추월선은 좁은 수로 등에서 추월당하는 선박이 추월선을 안전하게 통과시키기 위한 동작을 취하지 아니하면 이를 추월할 수 없을 경우에는 기적신호를 하여 그 의사를 표시하고, 추월선을 안전하게 통과시키기 위한 동작을 취하여야 한다.

바. 선박이 좁은 수로 등의 굽은 부분 또는 항로상의 장애물로 인하여 다른 선박을 볼 수 없는 수역에 접근하는 경우에는 특히 주의하여 항행하여야 한다.

사. 선박은 좁은 수로 등에서 정박을 하여서는 안된다. 다만, 해난을 피하거나 인명 기타 선박을 구조하기 위하여 부득이하다고 인정되는 경우에는 그러하지 아니하다.

8. 통항분리 방식(Traffic separation scheme)

가. 이 조의 규정은 국제해사기구가 채택한 통항분리방식이 적용되는 수역에 대하여 적용한다.

나. 선박이 통항분리수역을 항행하는 경우에는 다음 각 호의 사항을 준수하여야 한다.

① 통항로 안에서는 정하여진 선박의 진행방향으로 항행하여야 한다.

② 분리선 또는 분리대에서 될 수 있는 대로 떨어져서 항행하여야 한다.

③ 통항로의 출입구를 통하여 출입하는 것을 원칙으로 하되, 통항로의 옆쪽으로 출입하는 경우에는 그 통항로에 대하여 정하여진 선박의 진행방향에 대하여 될 수 있는 대로 작은 각도로 출입하여야 한다.

다. 선박은 통항로를 횡단하여서는 아니된다. 다만, 부득이한 사유로 그 통항로를 횡단하여야 하는 경우에는 직각에 가까운 각도로 횡단하여야 한다.

라. 선박은 연안통항대에 인접한 통항분리수역의 통항로를 안전하게 통과할 수 있을 경우에는 연안통항대를 따라 항행하여서는 아니된다. 다만, 범선과 길이 20m미만의 선박의 경우는 그러하지 아니하다.

마. 통항로를 횡단하거나 통항로에 출입하는 선박 외의 선박은 급박한 위험을 피하거나 분리대 안에서 어로에 종사하는 경우를 제외하고는 분리대에 들어가거나 분리선을 횡단하여서는 안된다.

바. 분리대 안에서 어로에 종사하는 선박은 통항로를 따라 항행하는 다른 선박의 항행을 방해하여서는 안된다.

사. 모든 선박은 통항분리수역의 출입구 부근에서는 특히 주의하여 항행해야 한다.

아. 선박은 통항분리수역 및 그 출입구 부근에 정박을 하여서는 아니된다. 다만, 해난을 피하거나 인명이나 선박을 고조하기 위하여 부득이하다고 인정되는 사유가 있는 경우에는 설정하여 지난 1996년 8월 1일부터 시행하고 있다. 특히 남해의 보길도 부근과 홍도 부근에는 통항분리항로를 설정하여 선박통항의 안전을 기하고 있다.

9. 유조선 통항금지해역 설정

우리나라의 남해안은 섬이 많고 수심이 깊어서 많은 선박들이 여러 가지의 항로를 선택하여 항행하고 있다. 특히 해상기상이 악천후의 상태일 경우에는 대부분의 연안선들이 좁은 섬 사이의 항로로 항행하고 있다. 이로 인하여 그 동안 많은 연안 유조선들이 크고 작은 충돌 및 좌초 사고를 일으켜서 유류 유출로 인한 해양오염과 해양 자연환경의 파괴를 가져왔다. 그리하여 우리나라에서도 연안해역에서의 유류 오염사고를 방지하기 위하여 동해안에서부터 서해안에 이르는 주요 연안해역에 대하여 유조선 통항금지해역을 설정하여 1996년 8월부터 시행하게 되었다.

최근에 해양수산부에서 발표한 해양사고에 대한 통계자료를 보면, 이러한 유조선 통항금지해역을 설정하여 운영한 이후로 연안유조선들에 의한 유류오염 해양사고는 크게 감소한 것으로 조사되었다.

가. 통항금지 대상의 유조선 범위

다음은 유조선 통항금지 항로의 적용을 받는 통항 대상 유조선을 나타낸다.

- 석유사업법에서 규정하고 있는 중유를 1,500kl 이상 적재 운송하는 선박
- 석유사업법에서 규정하고 있는 경유를 1,500kl 이상 적재 운송하는 선박
- 73/78 해양오염방지협약(MARPOL 73/78) 부속서의 Ⅱ의 부록2에서 규정하고 있는 유해액체 물질을 1,500M/T 이상 적재 운송하는 선박

나. 유조선 등의 준수 사항

해상교통안전법 및 그 시행령 규정에 의하여 유조선 통항금지 항로의 적용을 받는 선박들의 준수사항은 다음과 같다.

(1) 항법

① 유조선통항금지해역의 외측해역으로 항행할 것
② 통항분리방식이 적용되는 해역을 항행하는 경우에는 통항로 안에서 정하여진 진행방향으로 항행할 것
③ 통항분리방식이 적용되지 아니하는 유조선안전항로상에서 다른 선박과 마주치는 경우에는 안전한 거리를 유지하고, 좌현 대 좌현의 방법으로 항행할 것

(2) 정박 금지

유조선통항금지해역 및 통항분리방식이 적용되는 해역에서 정박하지 아니할 것

(3) 항만의 출입

항만을 입·출항시 추입해역의 주변 상황, 기상 및 해상 상황, 수심, 위험물 등 항행여건을 충분히 고려하면서 유조선통한금지해역의 외측해역으로부터 최단거리로 입·출항할 것

(4) 운항사항 보고 및 기록 유지

① 유조선통항금지해역의 외측해역으로 항행하는 경우에는 무선전화를 항상 작동시켜 지방해양수산청과 교신하고, 그에 다른 적절한 조치를 할 것
② 유조선통항금지해역으로 들어가는 경우에는 진입시간, 위치 및 침로 등을 지방해양수산청장에게 보고하고, 이를 항해일지에 기재하는 등 적절한 방법으로 기록을 유지할 것
③ 선박의 항적을 자동으로 기록, 보존할 수 있는 장치를 설치하고, 그 항적기록을 6월의 기간 동안 유지하여야 하며, 관련 소속공무원의 기록제시요구가 있는 때에는 이에 응해야 하고 다만, 국내항과 외국항 간을 항행하는 외항 유조선의 경우에는 그러하지 아니하다.

(5) 준수사항 적용의 제외

① 기상상황의 악화로 인하여 선박의 안전에 현저한 위험이 발생할 가능성이 있는 경우
② 인명 또는 선박을 구조하는 경우
③ 응급환자가 발생한 경우

제3절 수상레저안전법

1. 수상레저안전법의 제정 배경

국민소득수준의 향상과 수상레저 활동의 다양화로 수상레저 인구가 급속히 증대됨에 따라 수상레저 기구 조종자에 대한 면허제도, 수상레저 활동자의 안전 준수 의무, 수상레저 사업자의 등록제도 등을 도입함으로써 수상레저 활동의 안전과 질서를 확보하고 수상레저 사업의 건전한 발전을 도모하기 위하여 1999년 2월에 법률 제5910호로 제정 · 공포하였으며, 공포 후 1년이 경과한 날부터 시행하도록 하였다.

2. 수상레저안전법의 구성

이 법은 본문 7장 45조와 부칙으로 구성되어 있으며, 그 주요골자를 요약하면 다음과 같다.

① 모터보트, 수상오토바이, 요트 등을 조종하고자 하는 자는 해양경찰청장으로부터 조종면허를 받도록 하였다.

② 수상레저 활동자의 안전 준수 의무로서 구명동의 등 안전장비 착용, 무면허 조종금지, 주취조종금지 등을 규정하였다.

③ 수상레저 활동의 안전을 위하여 수상레저 활동 금지구역을 지정할 수 있도록 하였다.

④ 수상레저기구를 대여하는 등 수상레저사업을 하고자 하는 자는 영업구역이 해수면인 경우에는 해양경찰서장에게, 영업구역이 내수면인 경우에는 시장 · 군수 · 구청장에게 각각 등록하도록 하였다.

⑤ 수상레저사업자는 수상레저기구에 대하여 1년마다 해양경찰청장이 실시하는 안전검사를 받도록 하였다.

[그림 8-5] 수상레저 선박(요트 계류장)

3. 수상레저안전법의 주요 내용

다음은 수상레저안전법 원문 중에서 주요한 부분을 발췌하면 아래와 같다.

가. 목적

이 법은 수상레저 활동의 안전과 질서를 확보하고, 수상레저사업의 건전한 발전을 도모함을 목적으로 한다.

나. 용어의 정의

① 수상레저 활동이라 함은 수상에서 수상레저기구를 이용하여 취미 · 오락 · 체육 · 교육 등의 목적으로 이루어지는 모든 활동을 말한다.

② 수상레저기구라 함은 수상레저 활동에 이용되는 선박 및 기구로서 대통령령이 정하는 것을 말한다.

③ 동력수상레저기구라 함은 추진기관이 부착되어 있거나 추진기관의 부착 또는 분리가 수시로 가능한 수상레저기구로서 대통령령이 정하는 것을 말한다.
④ 수상이라 함은 해수면 및 내수면을 말한다.
⑤ 해수면이라 함은 바다의 수류 또는 수면을 말한다.
⑥ 내수면이라 함은 하천, 댐, 호수, 저수지 기타 인공으로 조성된 담수나 기수의 수류 또는 수면을 말한다.

다. 적용의 배제

이 법은 다음 각 호의 경우에는 이를 적용하지 아니한다.
① 유선 및 도선사업법에 의한 유·도선사업 및 당해 사업과 관련된 수상에서의 행위를 하는 경우
② 체육시설의 설치·이용에 관한 법률에 의한 체육시설업 및 당해 사업과 관련된 수상에서의 행위를 하는 경우
③ 낚시어선업법에 의한 낚시어선업 및 당해 사업과 관련된 수상에서의 행위를 하는 경우

라. 조종 면허

동력 수상레저 기구 중 대통령령이 정하는 동력수상 레저기를 조종하고자 하는 자는 제6의 규정에 의한 면허시험에 합격한 후 다음 각호의 구분에 의한 해양경찰청장의 동력수상 레저기구 조종 면허(이하 “조종 면허”라 한다.)를 받아야 한다.
① 일반조종면허 : 제 1급 조종 면허, 제 2급 조종 면허
② 요트조종면허

마. 조종 면허의 결격사유

다음 각호의 1에 해당하는 자는 조종면허를 받을 수 없다.
① 14세미만인 자. 다만, 대통령령이 정하는 자는 그러하지 아니하다.

② 정신질환자 · 정신미약자 또는 알콜 중독자
③ 마약 · 대마 또는 향정신성의약품 중독자
④ 법에 의하여 조종면허가 취소된 날부터 1년이 경과되지 아니한 자
⑤ 본문에 규정에 위반하여 조종면허를 받지 아니하고 동력수상 레저기구를 조종한 자로서 그 위반한 날부터 1년(사람을 사상한 후 구호조치 등 필요한 조치를 하지 아니하고 도주한 자는 그 위반한 날부터 4년)이 경과되지 아니한 자

바. 면허시험

① 조종면허를 받고자 하는 者는 해양경찰청장이 실시하는 시험(이하"면허시험"이라 한다)에 합격하여야 한다.
② 면허시험은 필기시험 · 실기시험으로 구분하여 실시하되, 시험의 과목 및 방법 등에 관하여 필요한 사항은 대통령령으로 정한다.

사. 면허시험의 면제

해양경찰청장은 다음 각 호의 1에 해당하는 자에 대하여 면허시험 과목의 전부 또는 일부를 면제할 수 있다.

① 대통령령이 정하는 체육관련 단체에 동력 수상레저 기구의 선수로 등록된 자
② 고등교육법 제2조의 규정에 의한 학교에 설치된 대통령령이 정하는 동력수상레저기구 관련 학과 졸업자로서 당해 면허와 관련된 동력수상레저기구에 관한 과목을 이수한 자
③ 선박직원법 제4조 제2항 각호의 규정에 의한 해기사면허증 대통령령이 정하는 면허를 가진 자
④ 대통령령이 정하는 기관에서 교부한 동력수상 레저기구 면허 또는 자격을 가진 자
⑤ 군 또는 경찰관서에서 동력수상 레저기구에 대한 활동경력이 있는 자로서 대통령령이 정하는 자
⑥ 한국해양소년단연맹 육성에 관한 법률에 의한 한국해양소년단연맹 또는 국

민체육진흥법 제2조 제10호의 규정에 의한 경기단체에서 동력수상레저기구의 이용 등에 관한 교육·훈련업무에 대통령령이 정하는 기간이상 종사한 자로서 해당 단체의 장의 추천을 받은 자

아. 안전 준수 의무

① 안전장비의 착용

수상레저 활동을 하는 자는 해양수산부령이 정하는 바에 따라 구명동의 등 인명안전에 필요한 장비를 착용하여야 한다.

② 운항 규칙 준수

수상레저 활동자는 수상레저기구를 조종하여 운항하는 때에는 대통령령이 정하는 바에 따라 운항속도·운항방법 등에 관한 운항규칙을 준수하여야 한다.

제9장

함정에서의 해사 실무

제9장 함정에서의 해사 실무

제1절 함정근무

1. 당직 조직의 중요성

함정에서 승조원을 당직에 배치하는 것은 함정의 안전하고도 적절한 운용을 그들에게 위임하는 것이다. 그런데 당직자가 자기에게 부여된 책임과 권한에 대하여 잘 모르거나 오인하고 있을 때 야기되는 함정 사고는 막대한 국가의 재산과 전투력의 손실을 가져오고 수많은 전우를 잃게 된다.

과거에 당직 근무를 소홀하게 하여 일어난 충돌, 좌초 등의 함정 사고는 허다하게 많았는데 이는 당직자가 자기에게 부여된 임무와 책임을 망각하고 자기에게 부여된 권한을 이용하여 적의 조치를 취하지 않았기 때문이다. 그러므로 당직자는 자기가 맡은 임무를 충실히 수행하고 서로 협조하여 함정 운용을 원활히 하는데 있어 당직 조직이 얼마나 중요한 것인가를 알게 될 것이다.

2. 당직 조직의 편성

함정에서 효과적인 당직을 편성하는 데는 승조원의 기능, 임무, 책임, 결정권, 상호 관계 등을 충분히 이해할 수 있도록 배려해야 한다.

효과적인 당직 조직이란 단순히 승조원을 어떤 위치에 배치하여 그들이 규정된 "교육 간행물"을 읽게하는 것으로 되는 것이 아니다. 타당한 조직 편성 원칙을 해당하는 요구에 잘 적용시켜서 승조원이 할당 부서에 대한 조직 관계를 충분히 파악하고 임무를 수행할 수 있도록 되어야 한다.

당직 조직의 기본적인 지침은 함정 조직서에 의하면 임무가 다른 부서가 서로 협조하여 원활하게 함정의 임무 수행이 가능하도록 편성되어야 한다. 함정의 조직을 임무 수행에 따라서 대별하면 행정 조직 계통(표 9-1)과 항해 당직 계통(표 9-2), 정박 당직 계통(표 9-3)으로 나누어진다.

[표 9-1] 행정조직 계통

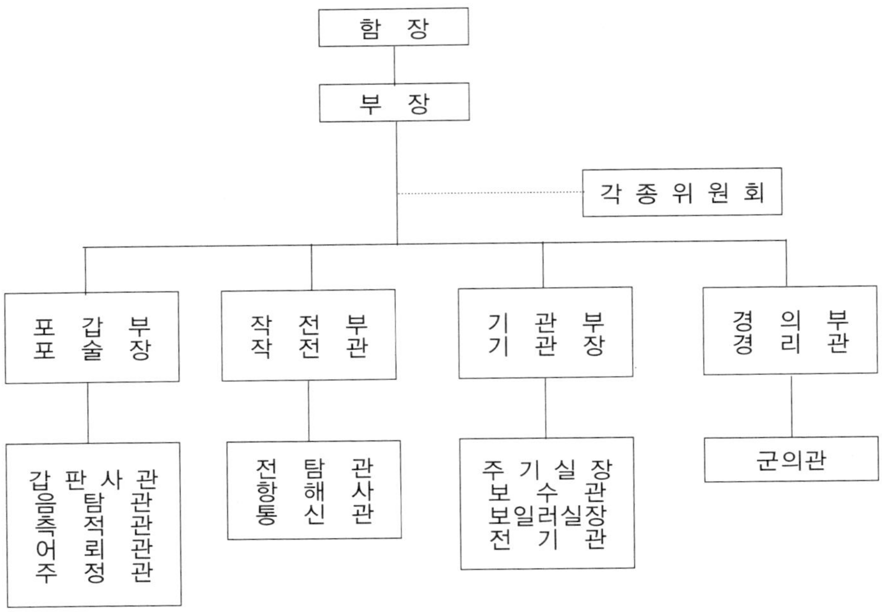

[표 9-2] 항해당직 계통

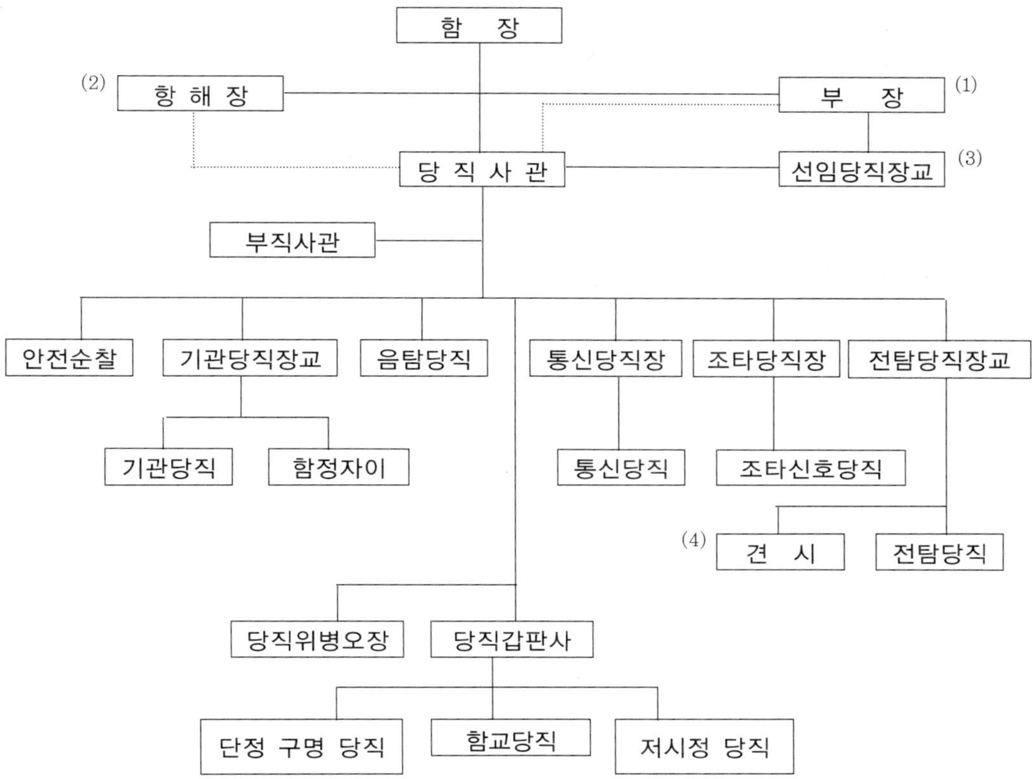

註 (1) 긴급 사태에 당직 사관을 교대할 수 있다.

(2) 함장의 지시에 의거 당직 사관을 교대할 수 있다.

(3) 훈련 관계 사항을 당직 사관에게 지시할 수 있다.

(4) 견시는 당직 사관과 전탐 당직 장교에게 보고한다.

[표 9-3] 정박당직 계통

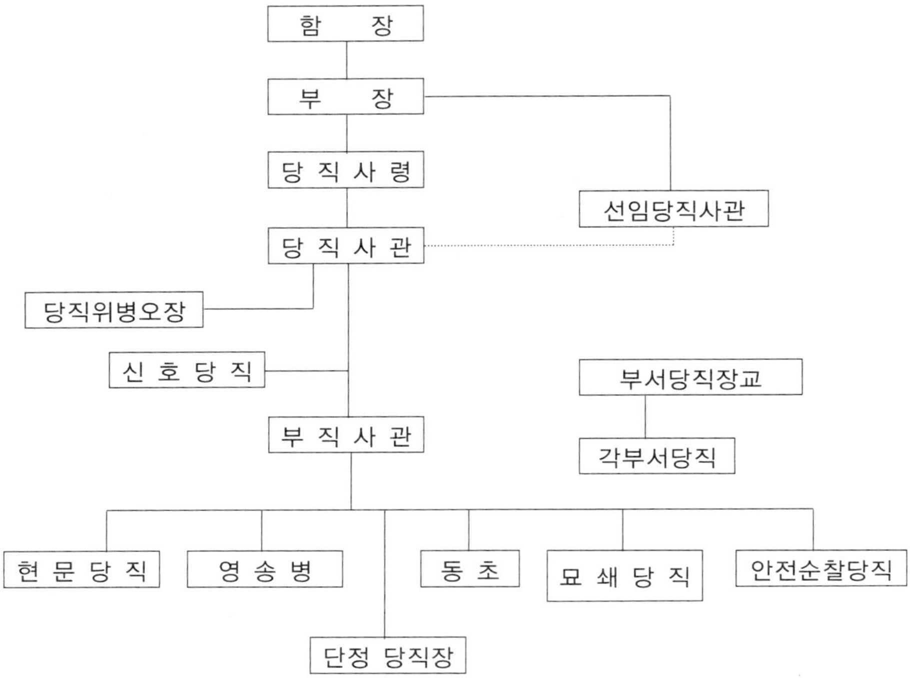

3. 임 무

가. 함 장

해군 규정, 일반 명령, 해군의 관습과 전통에 의하여 명백히 설정되어 있으며, 정당한 권한자에 의하여 함장의 직책이 해임될 때까지 함정과 승조원의 안전, 복지 및 전투 능력에 대하여 절대적인 책임을 지며 이와 동등한 권한을 갖는다.

나. 부장

(1) 함장을 보좌하며 함정 조직에 대한 전반적인 업무 집행과 감독을 한다.

(2) 함장 부재시 지휘권을 갖는다.

(3) 당직 근무에 관한 일반적인 업무와 함정의 안전에 대해서 지휘 감독한다.

다. 당직사령

(1) 당직사령은 당직 근무 기간 중 부장의 대리자로서 함장이 인사 명령으로 임명하며 항해 당직 사관의 자격을 갖추고 해상 지휘를 할 수 있는 장교이다(단, 필요시는 기관 장교 중에서 함장이 임명할 수 있다.). 함정의 안전과 일일과업을 진행하고 당직 관의 업무 수행에 대하여 지휘 감독한다.
(2) 긴급한 사항이나 위급한 경우에 지휘상의 선임자와 교대할 때까지 적절한 지휘 기능을 수행한다.
(3) 함정의 안전을 위해서 필요할 때는 당직사관을 교대시키고 함장과 부장에게 결과를 보고 한다.

라. 선임 당직 장교

(1) 함장이 필요시 지정하며 당직사관과의 관계는 부장과 유사하다.
(2) 부장 부재시 부장의 임무를 대행하며 당직 사관 근무를 감독하고 권고하며 필요시는 당직 사관을 지휘한다.
(3) 긴급시는 함장과 부장이 도착할 때까지 함정을 지휘하며 함정의 안전을 위해서 필요하다면 당직사관과 임무 교대 후 함장에게 보고한다.

4. 당직사관(officer of duty)

가. 당직사관의 임명

(1) 함장은 당직 근무에 자격이 있다고 인정하는 장교 혹은 준사관을 당직 사관으로 임명하고 예하 당직반을 임명하여 임무를 수행토록 한다.
(2) 당직반의 책임자는 부서별 장교를 임명하는 것이 원칙이나 장교(준사관)의 수가 부족할 때는 부사관이나 견습사관을 임명할 수 있다.

나. 당직사관의 자세

당직사관은 함장이 임명한 장교 중에서 당직 근무 수행을 위하여 정기적으로 배치된 장교 및 준사관을 말하며, 함정에서 그 지위는 함장과 부장의 다음이 된다.

항해 중에는 지시된 기본 임무 수행을 위하여 함정 전체를 지휘하는 위치에 있으므로 여기서 설명하는 모든 지식은 당직 근무에 직접 적용된다는 사실을 알아야 한다. 그리고 해군에서는 당직근무를 잘하는 장교가 훌륭한 장교임을 명심해야 한다.

당직사관은 누구나 제반 법규를 이해하고 숙지해야 하며, 이러한 법규들은 오랫동안의 경험과 지식을 토대로 하여 성문화된 것이라는 것을 알고 최선을 다하여 준수하도록 해야 한다.

당직사관이 발하는 명령은 결정적이고 권위있는 어조를 사용하여야 하고 필요 이상의 높은 음성을 사용치 말아야 한다. 용어는 직무상의 관용어를 그대로 사용하고 필요 없는 명령을 발하여 그 권위를 손상시키는 일이 없어야 한다.

당직사관은 해상 용어에 익숙해야 하고 위급한 경우에도 적절이 그 용어를 사용할 능력이 있어야 하며 자기 자신만이 사용하지 말고 승조원에게도 해상 용어를 배우고 익히게 하여 통일된 용어의 개념을 수립해야 한다.

당직사관의 명령은 정확하고 명료한 어휘로 정확하게 전달되도록 하고 예하 당직반이 명령을 전달 또는 복창함에 있어 어구의 변경이나 추가함을 허용해서는 안된다.

당직사관은 예하 당직반이 부여받은 임무를 조용히 그리고 신속하게 수행하도록 하고, 필요 없는 소음과 혼란을 방지해야 하며, 직무를 수행함에 있어서 공평하고 편벽되지 않아야 한다.

다. 당직사관에 관한 일반적인 규정

(1) 당직사관은 함정의 모든 업무를 주관하는 장교이다.

(2) 당직사관은 함정의 안전에 관하여 모든 책임을 지며 함장의 명령에 절대 복종할 의무가 있다.

(3) 함정에서 당직사관이 함장의 명령을 정당히 수행할 때는 부장을 제외한 모

든 장교와 승조원은 계급 여하를 불문하고 당직 사관의 지휘를 받는다.

(4) 당직사관은 정식으로 근무 교대를 할 때까지 계속 임무를 수행하며 당직 근무에 지장을 초래할 수 있는 업무를 허용치 않는다.

(5) 당직사관은 자기의 임무 수행 방법에 따라 승조원의 당직 군기가 좌우됨을 명심하여 위엄있고 신중하며 열성을 다하여 근무의 모범을 보여야 한다.

(6) 당직사관은 다음의 제반 사항을 숙지하여야 한다.

(가) 전술, 전략 간행물

(나) 안전을 위한 모든 예방책

(다) 수로 규정

(라) 예식 및 의식

(마) 함대 및 병력에 관한 사항

(바) 함장의 기본 지시와 야간 지시

(사) 함정의 조직과 일과 진행

(아) 특별 명령 및 지시

라. 당직 사관이 갖추어야 할 자질

(1) 준비심(forehandedness)

당직사관은 어떠한 상황이 발생해도 이를 능히 처리할 수 있는 준비심이 있어야 하고 앞으로 일어나게 될 상황을 미리 연구 검토해야 한다.

예를 들면 안개가 짙은 기상 조건에서 당직 근무 시간이 되면 사전에 저시정에서 모든 행동 절차와 규칙을 재확인 하여야 하며, 항구에 입항할 때는 수로지와 그 항구 내의 규정을 사전에 알아두어야 한다. 이렇게 앞으로 일어날 상황에 대하여 미리 연구하고 준비하면 중요한 임무를 수행함에 있어 자신을 가질 수 있을 것이다.

(2) 경계심(vigilance)

경계심의 가장 중요한 대가는 안전사고의 예방에 있다. 함정은 정박 중이거나 해상에서 가지각색의 안전사고가 발생할 수 있다. 해상 충돌이나 함상 화재 등은 당직사관의 경계심 부족으로 일어나는 수가 많다. 그러므로 당직 사관은 함정 내외 어느 곳에서든 자기 시야에 들어오는 모든 현상을 주의깊게 관찰하고 그 현상에서 야기될 다른 국면까지도 예측하여 대처해야 할 것이다.

당직사관은 예하 당직반 전원에게도 경계심을 고취하고 배양시켜 누구보다도 먼저 제반 요소를 발견하고 조치를 취하도록 해야 한다.

(3) 상식(common sense)

당직사관은 근무 중 직면하는 모든 상황에 대하여 합리적이고 적절하게 처리할 수 있는 상식을 가져야 한다. 여러 가지 업무 중에는 급박한 경우와 한가한 경우가 있는데 전투와 같이 급박한 경우는 전투에 필요한 기본 요점에만 총원의 능력을 집중시키고, 한가한 경우는 당직 근무자가 게으름을 피우는 일이 없도록 격려하여 함정 과업이 원만히 수행될 수 있도록 하는 등의 폭넓은 상식이 필요하다.

(4) 용모와 태도(appearance and manner)

당직사관은 자신의 명석함과 재치만을 필요로 하는 것이 아니며 지도자적 통솔력을 갖추어야 한다. 강력한 지도력을 발휘하여 승조원에게 자신감과 자부심을 부여하고 다른 사람에게 모범을 보이려는 욕구를 심어주어야 한다.

당직사관은 고상한 인격을 소유하고 위엄있는 행동을 하며 매사에 자신을 가지고 행동하여 예하 당직반에게도 이러한 특질을 전파시켜야 한다.

당직사관의 직위는 함장 다음의 위치임을 깨달아 자기 외모에 특별히 주의하고, 불평불만을 표현하지 말아야 하며 직위에 알맞은 행동을 취해야 한다.

당직 사관은 물론 장교에게 적용되는 원칙이지만 상급자(특히 함장) 앞에서 담배를 피운다거나 껌을 씹는 등 예의에 어긋나는 행동은 자신의 위엄과 권위를 파괴하는 행동임을 자각하여야 한다.

(5) 전문 지식(technical knowledge)

당직사관은 자기 직무에 관한 기술적인 지식이 필요하다. 이 같은 전문지식은 평소에 관계되는 업무와 경험에 의하여 습득되므로 유능한 당직 사관이 되기 위해서는 평소 과업부터 지식을 쌓아야 한다.

당직사관은 승조하고 있는 함정의 장비, 구조, 격실, 방수 장치, 무장, 함정내 통신 계통, 묘박 중에 필요한 응급조치 등 광범위한 지식을 알고 있어야 하며 가장 평범하고 필요한 사항을 몇 가지 열거하면 다음과 같다.

(가) 일반 경보기나 함정 내 통신기구의 위치와 용법

(나) 수밀문 폐쇄와 필요한 도구의 비치 장소 및 사용법

(다) 탐조등의 사용법

(라) 비상시 닻의 투양묘 절차

(마) 출입항 절차와 비상 조타법

(바) 구명 기구의 위치와 그 사용법

(사) 함정내의 통신 조직

(아) 함정의 특수 직무 분담표와 전투 조직

(자) 협수로 항법 등 특수 항해에 대한 지식

(차) 인명 구조 절차

(카) 견시근무법

(타) 함정의 특성

5. 당직 근무 요령

가. 당직 사관의 정위치

(1) 함장이 별도로 지시하지 않으면 임무를 가장 효과적으로 수행할 수 있고 예하 당직반을 능률적으로 감독 및 통솔할 수 있는 장소로 해야 한다. 일반적으로 항해 중에는 함교이며, 정박 중에는 함교나 현문에 위치한다.

(2) 당직사관이 정위치를 떠날 때는 필요에 응할 수 있도록 소재를 명확히 해

야 하며 항해 당직 중에는 당직 근무를 인계하지 않는 한 당직사관은 정위치를 이탈할 수 없다.

나. 당직 교대

당직사관이 규정된 시각에 정확히 당직 근무를 인계받고 인계하는 것은 당직 장교의 기본적인 인격이다.

항해 당직근무를 인수받을 장교는 당직 교대 30분 전에 당직 장소에 가서 근무에 필요한 사항을 인계 받아야 하며 특히 야간에는 어둠에 눈(目)을 익혀야 한다(암적응).

당직 교대는 당직근무에 임할 장교가 제반 사항을 완전히 파악하고 지금부터 본인이 당직 근무를 하겠다는 요지를 확실한 인수가 이루어져야 비로소 교대된다.

당직근무 시간은 원칙적으로 1일 3직제 근무이나 정박 당직은 필요에 따라서 1일 근무(당일 08:00시에서 익일 08:00시까지)3직제를 실시하고, 항해 당직은 당직 근무 시간을 4시간씩 1일 3직제 근무를 하나 필요시는 dog watch제를 실시할 수 있다.

(1) 3직제

1 직 : 00:01~04:00, 12:00~16:00

2 직 : 04:00~08:00, 16:00~20:00

3 직 : 08:00~12:00, 20:00~24:00

(2) dog watch제

가) mid-watch(1직) : 00:01~04:00

나) morning watch(2직) : 04:00~08:00

다) forenoon watch(3직) : 08:00~12:00

라) afternoon watch(4직) : 12:00~16:00

마) first dog watch(1직) : 16:00~18:00

바) second dog watch(2직) : 18:00~20:00

사) first(night) watch(3직) : 20:00~ 24:00

다. 당직반의 감독

당직사관은 당직 근무를 인수 받으면 다음 사항을 확인하고 예하 당직반의 근무 상태를 감독해야한다.

(1) 당직 근무자 총원이 정시에 교대하였는가?
(2) 근무자의 복장 상태는 단정하며 근무에 임하는 정신 자세는 확고한가?
(3) 모든 근무자는 자기의 임무를 알고 있는가?
(4) 정당한 기록물을 유지하고 있는가?
(5) 근무 수행에 필요한 충분한 인원이 배치되었는가?

라. 함정내 구령의 전달

함정내 구령은 당직사관이 승조원에게 필요한 사항, 긴급한 사항, 과업 진행을 위하여 실시하며 다음과 같은 주의 사항을 지켜 정확하게 전달되도록 하여야 한다.

(1) 마이크는 한 사람에게 지정하여 당직 사관의 허락을 받고 사용토록 한다.
(2) 정확하고 명료한 어휘를 사용한다.
(3) 마이크를 사용하기 전에 말할 내용을 연습한다.
(4) 마이크 사용 절차를 명확하고 규정대로 실시하여 전달 내용에 대한 권위가 소멸되지 않도록 한다.

마. 함정의 성능 파악

당직사관은 함정의 일반적인 조함 특성과 보수 조직에서 안정성과 복원력 관계를 파악하여 조함시나 위급시 원만히 대처할 수 있도록 해야 한다.

바. 예하 당직반의 호칭

당직사관은 근무 중 예하 당직반의 특정인을 호칭할 때 상대방의 계급과 성명을 명확히 사용하고 별명이나 애칭을 사용하는 일이 없도록 한다.

사. 훈련의 집행

당직사관은 근무 중 발생 가능한 사항에 예하 당직반에 적응하도록 제반 훈련을 실시한다. 새로 전입한 승조원의 전입자 교육, 충돌이나 좌초시 조치 훈련, 당직반의 소화 훈련과 전투 배치 훈련 등은 꼭 필요한 훈련이고, 필요시는 당직반을 적절히 지휘할 수 있어야 한다. 특히 정박 중에는 당직반 만으로 소화 훈련을 실시해야 한다.

아. 상륙시 조시

상륙이 허가되어 승조원이 상륙을 실시할 때는 상륙자에 대한 인원 점검, 상륙자의 명단 파악, 상륙 중의 주의 사항 시달, 귀대 후 인원 파악, 상륙 시간 시달 등을 실시한다. 그리고 단정을 이용하여 상륙할 때는 단정의 안전 사항을 고려해야 한다.

자. 작업원에 대한 조치

당직사관은 함정에서 진행되는 제반 작업을 파악해야 하며 위험이 수반되는 작업에는 안전 대책을 강구하여야 한다. 고위치(高位置), 현측, 고전압, 밀폐된 장소에서 작업할 때는 안전수칙을 준수하게 하고 순찰을 자주 실시한다.

차. 기관 당직과의 관계

함정에 대한 안전 책임은 당해 당직사관에게 있으므로 비록 기관 당직사관이 상위 계급자라 하더라도 항해 당직 사관의 지시를 준수하고 기관 조절에 대한 명령을 정확히 작동할 의무가 있다.

카. 기타 사항

당직사관은 가능하면 직접 순찰하여 안전 상태를 확인해야 한다. 그런데 실제 불가능한 경우가 있을 때는 부직사관이나 위병 당직자가 수시로 함내를 순찰하고 결과를 보고하게 한다. 함정의 마스터 키(master key)와 포술장 부재시 소병기고 열쇠를 관리하고 모든 창고의 안전을 도모한다.

함장으로부터 지시받은 사항, 교시, 고시 등 하달된 업무를 수행한다.

6. 항해 당직사관

함정이 항해 중에 있을 때 항해 당직 사관과 같은 무거운 직책은 없다고 보아도 무방할 정도로 그 임무는 복잡하고 어려우므로 중요하다.

그러므로 항해 당직사관 근무를 하기 위해서는 항해에 필요한 제반 지식을 겸비하고 경험을 통한 지식을 가져야 하며 항해 당직사관의 자격기준에 적임한 자격이 있어야 한다.

항해 당직사관의 항해 중 임무는 너무 광범위하여 일일이 기록할 수 없으나 그 중 일부를 요약하면 다음과 같다.

가. 조함권과 감독권(the conn and deck)

항해 당직사관은 조함권(conn)과 감독권(deck)을 동시에 수행한다. 일반적으로 조함권과 감독권을 확실히 구분하지 않고 당직 근무를 수행하는 경우가 많은데 조함권은 함정의 이동을 실제로 통제하는 기능이고, 감독권은 해군 규정에 명시된 함정의 운용기능이다. 그러므로 항해 당직사관은 함장의 명령으로 부과된 책임은 물론 해군 규정에 의해서 부여되는 책임도 지게 된다.

조함권의 인수와 인계는 일정한 절차에 따라 행해져야 한다. 그리고 당직사관이 조함에 관한 현황을 파악하고 임무를 수행할 때 예하 당직반에게도 이 사실을 환기시켜야 한다.

당직사관이 함장이나 다른 장교에게 조함권을 인계하였을 때도 함정의 안전에 대하여는 상당한 범위의 책임이 있고 감독권은 인계되지 않는다.

함장은 언제든지 당직사관으로부터 조함권을 인수할 수 있고 인수하지 않았다 할지라도 항행에 관하여 지시할 수 있으나 감독권을 인수하는 일은 거의 없다.

조타수나 기관실의 클러치 작동수에게 기관 조절 명령을 하는 것이 조함권에 대한 인계인수이므로 이때는 응답과 명령에 대한 혼란을 피하기 위해서 예하 당직반에게 “함장(또는 다른 장교)이 조함한다.”는 것을 선언하고 이어서 함장에게 “조함을 양도했음”을 보고하는 것이 정당한 절차이다.

나. 당직 교대 전 준비 사항

당직 근무는 당직 교대와 동시에 이루어진다. 그런데 당직 교대 이전에 제반 사항을 미리 파악하고 당직 근무에 필요한 물품(겨울철에는 방한복과 방한화 등)을 준비한다. 그리고 당직 교대 전에 파악할 사항은 다음과 같다.

(1) 항해에 관한 사항

(가) 주위에 있는 다른 선박
(나) 현재 사용하거나 앞으로 사용하게 될 육상과 해상의 물표
(다) 현재의 수심, 조류, 조석
(라) 기상 상태 및 기상의 예측
(마) 현재 위치와 위치 결정 방법
(바) 현재의 침로와 속력
(사) 예정 침로와 속력
(아) 레이더, 쏘나, 통신기 등 전자 병기의 상태
(자) 함장의 현위치

(2) 기동에 관한 사항

(가) 작전 명령의 확인
(나) 현재의 진형(form)과 자함의 위치
(다) 전술 지휘관(O.T.C.)과 향도(guide)의 위치
(라) 진형 내의 각 함정 상대 위치
(마) 진형의 속력(normal, maneuvering, operational speed 등)과 침로
(바) 진형 내에서 위치 유지(station keeping)에 필요한 함정의 조종 방법
(사) 잠수함 회피 계획과 집행 시간(zigzag plan)

(아) 통신 관계 및 레이더, 통신망의 청취(guard) 지정
(자) 기타 필요한 사항

(3) 함정 자체에 관한 사항

(가) 당직 교대 상태
(나) 현재의 기관 상태 및 가능한 최고 속력
(다) 당직반의 능력
(라) 견시와 필요한 당직 배치(포당직 등)
(마) 현재의 기재 태세(X, Y, Z, Ⓩ)
(바) 구명정 준비 상태
(사) 항해 중 계획된 중요 사항

(아) 기타 필요한 사항

상기한 제반 사항을 파악하고 함교에 가서 하번 당직자의 기록물, 함장의 야간 지시록, 기본 지시록, 사령관 야간 지시 등을 읽어서 확인하고 제반 사항을 인계받은 후 교대해야 한다.

만일 자기 임무를 수행할 예하 당직반이 배치되지 않아 근무에 지장을 초래할 우려가 있거나 함정이 위험에 직면하여 있을 때는 함장에게 보고하고, 지시가 있을 때까지 당직 교대를 하지 않을 수 있다.

다. 당직 교대 후 조치

당직 교대가 끝나면 함정의 조함권과 감독권을 행사하게 되며 막중한 임무를 수행하게 된다.

당직 교대 후에는 먼저 하번 당직사관으로부터 인계받은 사항을 일일이 확인하고 그 진위를 파악하여야 한다.

지금까지 함정의 사고 통계를 보면 대부분이 당직 교대 전후에 발생한 것이 많은데, 이 사실은 당직 교대가 얼마나 중요한 것인가를 말해주고 있다.

하번 당직자는 정확하고 철저하게 근무를 인계하고, 상번 당직자(인수받은 자)

는 사전 준비를 충분히 하여 완벽한 인수 절차를 받아야 하는데 당직 교대 시간이 지난 후 늦게 와서 바쁘게 교대하여 실수를 하거나, 하번 당직자가 빨리 교대하려고 인계에 철저를 기하지 못하는 경우가 있어서는 안된다.

라. 함장에게 보고해야 할 사항

"함장에게 보고하는 것을 주저하지 말라"하는 문구는 항해 당직 사관이 항시 마음에 새겨두어야 할 좌우명이다.

함장은 항해 중에 24시간 근무하고 있다는 사실을 명심하여야 하고 혹시 이러한 사항을 보고하면 당직 사관이 무능력하다고 생각하지 않을까? 하는 의구심을 버려야 한다.

해상 경험이 많은 함장은 "보고를 자주하는 장교가 근무 중일 때는 안심이 된다."는 말을 흔히 하는데 이것은 사실이다.

경험이 부족한 초급 장교가 함교 근무를 할 때 함장은 항상 긴장하여 보고를 기다리고 있음을 명심하여 "함장에게 보고하는 것"을 주저하지 말아야 한다.

(1) 함장이 함교에 있을 때

함장이 함교에 있을 때는 조함권의 요구가 없으면 당직 사관은 조함권을 행사하게 되나 함장에게 아무런 협의나 보고를 하지 않고 임의로 침로를 변경한다거나 속력을 조종해서는 안된다. 조함에 관한 사항은 단독으로 결정하지 말고 함장에게 협의하여 수행해야 한다.

(2) 함장이 함교에 없을 때

항해 당직사관이 함장에게 보고할 사항은 대략 다음과 같다.

(가) 조난 선박이나 시야에 처음 나타나는 선박
(나) 기상 상태의 급격한 변화
(다) 외부로 발신할 신호문과 암호
(라) 등대, 부표 등 항로 표지를 발견했을 때
(마) 물의 색깔이 현저히 변할 때

(바) 집단 어선군을 발견했을 때
(사) 침로나 속력을 변경할 때
(아) 진형(formation)을 변경할 때
(자) 시진의를 조정하거나 태엽을 감을 때
(차) 정오 천측 위치를 관측했을 때
(카) 기압의 현저한 변화가 있을 때
(타) 해안에 폭풍우 신호를 발견했을 때
(파) 군함, 다른 함정의 진형, 대형 상선, 외국 선박 등을 발견했을 때 및 그의 동태
(하) 08:00 및 20:00시 보고
(갸) 돌발적인 위험을 피하기 위하여 긴급히 침로와 속력을 변경했을 때는 조치를 취하고 사후에 보고한다.

마. 당직사관의 건강 상태

당직 근무를 하게 될 장교는 물론이고 전 승조원은 출항하기 전에 자기의 건강 상태를 관리하여 건강한 몸과 건전한 마음으로 출항해야 한다. 출항 전에 과로하거나 과음하지 않는 것이 좋으며, 특히 장교는 항해 중에 수행할 막중한 임무를 위해서 더욱 건강에 주의해야 한다.

항해 중 당직 근무를 임하기 전에 충분한 휴식을 취해야 하며 건강 상태가 좋지 못할 때는 자존심에 구애되지 말고 함장에게 보고하여 다른 장교가 당직 근무에 임하도록 한다.

당직 근무는 계속해서 최대한의 신경을 써야하는 업무이므로 건강한 몸과 건전한 마음으로 임해야 하며 함정의 일반 과업도 당직 근무자의 휴식을 고려하여 진행되어야 한다.

만일 시간이 많이 필요로 하는 병이 생겼을 때는 병가나 병원에 입원하여 충분한 치료를 받고 건강이 회복된 후 당직 근무에 복귀한다.

바. 당직사관이 준비하고 확인할 사항

함교에는 당직 근무 중 필요한 각종 신호서, 항해 출판물, 작명, 초시계(stop watch), 붉은 빛을 발하는 작은 손전지가 준비되어 있나 확인해야 한다.

망원경은 세밀한 관찰을 하기 위해 초점이 정확하고 성능이 우수한 것이 준비되어야 한다. 초시계는 야간에 등대, 부표의 등질과 음향 신호의 간격을 알기 위해서 사용되고 다른 것은 필요시 사용하기 편리하도록 놓아둔다.

겨울철에 함교 당직 근무를 효과적으로 수행하기 위해서는 방한복, 방한모, 방한화 등이 필요한데 함교 근무자 총원이 사용할 수 있는 양을 준비해야 한다.

7. 정박 당직사관

정박 당직사관의 임무는 항해 당직사관의 임무보다 편하거나 쉬운 것은 아니며 업무의 성질이 조금 다를 뿐 동일하다고 보아야 할 것이다.

정박 당직사관도 항해 당직사관과 같이 함장이 임명하며 근무를 수행할 자격이 인정되어야 한다.

정박 당직사관은 당직 근무자의 제반 구비조건 외에 해상 선임 지휘관(SOPA: senior commanding offcer present afloat), 재박선임함장(SCOIP: senior commanding offcer in port), 사령관지시서 등을 속독하고 당직에 임해야 한다.

가. 당직반의 편성

당직반은 특수 직무 분담표에 분류된 3직제 직수별로 일일근무를 원칙으로 운영된다. 그리고 필요시는 양현제(2직제) 또는 전원 당직제를 편성한다.

당직 직수에 해당되는 총원은 각종 상황에 대처하기 위하여 적절한 교육 훈련을 받아야 하며, 정박 당직사관은 예하 당직 반을 지휘하여 부여된 임무를 충실히 수행할 수 있도록 소화 훈련, 방수 훈련, 침해자 격퇴훈련, 당직자만으로 출항, 전투 배치 훈련, 비상소집 훈련 등을 실시하는데 특히 소화 훈련은 중점을 두어 행해야 한다. 그리고 당직반 편성은 다음과 같다.

(1) 현문 당직
(2) 신호 당직(부두 계류시는 필요시)
(3) 기관 당직(기관을 전부 정지했을 때도 당직이 편성되어야 한다.)
(4) 안전 당직
(5) 통신 당직(부두 계류시는 지시있을 때)
(6) 당직 영송병
(7) 부두 동초
(8) 해상 감시 또는 묘쇄 당직

나. 당직 사관이 파악할 사항

(1) 계류 부두와 계류 방법(묘박 중일 때는 투묘 위치와 묘쇄의 신출량)
(2) 수심, 조석, 조류의 변화
(3) 현측에 계류한 함정과 부근에 묘박한 다른 함정
(4) 해상 선임 지휘관, scoip의 현황
(5) 계류 부두의 통신 당직함
(6) 비상소집 계통과 함장, 부장의 소재
(7) 계획된 훈련과 작업
(8) 함정의 과업 진행 상태와 귀빈 및 방문객의 내방 계획
(9) 상륙에 관한 사항 및 기타 필요한 사항

다. 당직 사관의 특수 임무

당직 사관은 일반 업무 외에 다음과 같은 특수 임무에 각별히 유의해야 한다.

(1) 보안 문제(security)

사보타지(sabotage)를 방지하고 외래자의 무단출입을 단속하며 기상의 변화와 묘박 중일 때는 주묘 여부를 관찰해야 한다.

(2) 단정한 함정의 외모 유지

함정의 외모는 한 마디로 승조원의 군기 상태를 나타낸다고도 할 수 있으므로 선체의 외모를 깨끗이 할 것은 물론 승조원의 용모와 단정의 외모도 깨끗이 유지해야 한다.

(3) 신호 관계

다른 함정으로부터 발신되는 시각 신호나 통신기의 청취를 철저히 하고 다른 함정의 계류 요청이 있을 때는 즉각 응하며 사령관과 함장의 대표기 및 부재기를 규정대로 계양해야 한다.

(4) 물품 수집 관계

유류 수급시는 화재 예방과 소화 준비를 하며 주부식이 적재될 때는 검수의 책임이 있다. 그외 다른 물품을 수령할 때 계획적인 작업 준비와 부서별 작업원 차출 및 작업 군기를 유지해야 한다.

(5) 상륙자의 군기 확립

상륙자의 군기 확립을 위해 순라(S.P.: shore patrol)를 차출하며 사전 교육 훈련을 실시한다.

(6) 단정 운항에 관한 책임

묘박 중 단정을 운항할 때는 단정 운항계획표를 작성하여 승조원에게 시달하고 단정 승조원의 지휘 감독을 한다.

제 2 절 함정의 기록물

1. 공식 기록물(official record)의 유지

가. 기록물의 종류

(1) 항박 일지(航泊日誌 : log deck)
(2) 기관부 일지(機關部日誌 : log engineering)
(3) 조타사 일지(操舵士日誌 : quarter master note book)
(4) 기관 반전 기록부(機關盤轉記錄簿 : engine bell book)

나. 기록물 내용의 정정, 변경 및 추가

(1) 공식 기록물은 말소하지 못한다.
(2) 정정할 필요가 있을 때는 기록한 사항을 읽을 수 있도록 원문위에 단선을 그어 그 옆에 따로 기록한다.
(3) 정정 기입은 명확히 그리고 읽을 수 있는 상태로 삽입하여야 한다.
(4) 추가, 정정 또는 변경은 당직 기록에 서명을 하는 자만이 할 수 있고 이에 대한 서명이나 날인을 하여 책임 한계를 명확히 한다.
(5) 함장이 기록물의 변경이나 추가를 명하는 경우는 변경하고 그 근거를 명확히 한다.
(6) 함장이 일단 서명하면 그의 허가나 지시 없이 일지 내용을 변경하지 못한다.
(7) 삽입할 기사가 너무 많으면 다른 용지를 해당 페이지에 첨부하여 관계 기사를 전부 기록한다.

다. 일지의 보존

(1) 취역한 함정과 정당한 해당 권한자에 의하여 지시받은 함정에는 항박 일지

와 기관부 일지를 비치해야 한다.

(2) 조타사 일지와 기관 반전 기록부는 항박 일지와 기관부 일지에 각각 부수되어 비치되어야 한다.

(3) 항박 일지 부본과 조타사 일지는 함정에서 3년 보관 후 파기하며 원본은 상급부대에서 규정된 기간 동안 보관한다.

2. 항박 일지(log deck)

가. 기록법과 제출 시기

(1) 당직사관에 의하여 작성되며 완전한 일일 기록물이다.

(2) 항해 제원과 기사를 잉크로 기록하고 부본은 연필로 기록할 수 있다.

(3) 기록시 띄어쓰기를 실시하지 않는다.

(4) 기사는 당직사관이 해당 근무 시간에 대하여 기입하고 서명한다.

(5) 매일 00:01시에 시작하여 24:00시에 끝난다.

(6) 매 월말에 정리된 항박 일지는 다음달 5일 이내에 함대에 제출한다.

나. 기록 사항

항박 일지 기록 사항은 항박 일지 첫장에 기록해야 할 사항이 자세하게 설명되어 있으며 기록시 주의 사항도 기재되어 있는데 중요한 사항을 간추리면 다음과 같다.

(1) 함정 승조원의 운용 및 안전에 관한 사항

(2) 역사적 가치가 있는 사항, 이에 관계가 있는 모든 사건과 사정

(3) 함정의 행동 명령과 임무의 성질 그리고 해상 및 천후 상태

(4) 함정의 위치 및 나침의 오차

(5) 편대 행동시의 대형, 홀수, 측심 지대, 투묘, 계류에 관한 중요한 사항

(6) 함정의 침로와 속력 그리고 항해 중 나타나는 물체의 방향과 거리

(7) 함정의 승조원, 탑승자, 편승자의 변동 사항

(8) 기관 설비의 배치와 이에 과한 변경, 연료와 청수, 탄약과 기타 위험물에 대한 검사와 시험
(9) 선체, 장비, 적재물의 파손, 재난, 인명의 사망 또는 부상
(10) 군법 회의나 기타 위원회의 소집, 연기, 휴회
(11) 처벌, 체포, 집행 정지, 복직 죄수의 감금, 석방 또는 당해 권한자의 특정한 기타 사항

3. 조타사 일지(quarter master note book)

가. 기록법

(1) 조타사 일지는 당직 중 발생한 사건이 순차적으로 지록되어야 한다.
(2) 모든 사건은 발생 즉시, 시간의 지체가 없도록 기입하여야 한다.
(3) 조타 당직장이 교대시 서명한다.
(4) 항박 일지 부본과 같이 3년간 함정에 보관한다.

나. 항박 일지와 조타사 일지의 관계

항박 일지는 완전한 일일의 기록이며, 조타사 일지는 매 사건의 순차적 기록이므로 당직사관은 항박 일지 기입시에 조타사 일지를 참고할 수는 있으나 조타사 일지와 동일하게 기록할 필요는 없다. 흔히 초급 장교는 항박 일지 기입을 조타사 일지 그대로 복사하는 경향이 있는데 이것은 항박 일지 기입법을 모르는 소치이다.

항박 일지를 기록하기 전에 항박 일지 기록법을 잘 읽어보고 기사를 작성해야 하고 조타사가 기록하는 제반 사항도 확인하여야 한다. 예를 들면 실제 해상의 시정이 0.5마일이어서 항해가 심히 곤란함에도 조타사가 3마일 정도로 적당히 기입한다면 항박 일지의 가치가 없어지는 것이다.

4. 기관부 일지(log engineering)

기관부 일지 기록 방법은 다음과 같다.

가. 기관 당직장이 기록한다.

나. 기관부와 추진 설비의 운용에 관한 중요한 사항과 자료를 완전히 기입한 일지이어야 한다.

다. 매시 평균 회전수와 속력, 일일간 기관 회전에 의한 마일수

라. 중요 속력 변경, 흘수, 배수량

마. 연료, 청수, 윤활유의 보유량, 소비량, 수급량

바. 기관, 보일러, 주요 기기의 처리와 이에 관한 변경 사항

사. 기관부 인원과 물자의 손상 그리고 당해 권한자의 특정한 기타 사항

아. 기관부 일지의 기록 방법과 양식은 함정감이 별도로 정하는 바에 의한다.

5. 기관 반전 기록부(engine bell book)

기관 반전 기록부의 기록법은 다음과 같다.

가. 기관 반전 기록부는 기관의 속도에 관한 명령의 시간적 순차 기록이다.

나. 각 추진기 속도의 변경에 관한 명령을 접수한 시간과 내용 그리고 명령에 의한 R.P.M(revolution per minute)을 기입하여야 한다.

다. 기관 반전 기록부에 기재된 사항은 명령을 받을 때마다 즉시 기록되어야 한다.

이상의 공식 기록물은 함정 운항의 완전한 역사이며 실제 기록으로서 이것을 이용하여 함정의 운항 분석과 통계 자료에 사용된다. 그리고 사고가 생겼을 때는 이 기록물에 의하여 원인 파악, 책임 소재의 파악, 교훈의 추출 등을 하게 됨으로 기록자는 정당하고 똑바르게 완전히 기록하여야 한다.

제 3 절 견시(look out)

넓은 의미의 견시는 함정의 전 승조원이 항해와 전투에 필요한 모든 정보를"눈으로 보고" "코로서 냄새를 맡고" "귀로 소리를 듣고" "피부로 느끼고" "육감으로 예견하는" 전체의 관찰을 의미하는 것이며 이러한 모든 것은 즉시 당직 사관에게 보고되어 참고가 되도록 하는 것이 뜻하지만 통상 견시라 함은 함정의 특정 위치에서 눈, 코, 귀, 피부, 육감 등을 이용하여 당직 사관의 조함 기능을 보좌하는 임무를 가진 근무자를 말한다.

1. 견시의 임무

견시의 임무는 다른 선박, 항공기, 육지, 암초, 잠망경, 변색한 바다, 부표, 신호소, 등대, 부유물, 특별한 냄새, 특별한 느낌, 소리 등 당직 사관의 관심이 되는 모든 것을 발견하는 것이다. 그러므로 "견시는 함정의 눈이다."라고 말한다.

함정과 승조원의 안전은 당직 사관과 마찬가지로 견시에 크기 의존된다. 견시가 항상 경계하여 관찰함으로써 적을 조기에 발견하고, 실수로 인하여 바다에 빠진 전우를 발견하여 구조할 수도 있으며, 항해 위험물을 조기에 발견하여 함정의 안전을 도모하는 것이다.

최근 레이더의 발달로 견시의 임무를 가볍게 생각하는 경향이 있으나 이는 잘못된 생각이며, 1977년부터 시행되는 국제 해상 충돌 예방 규칙에도 견시의 조항이 새로 추가된 것을 보면 그 중요성을 충분히 이해하게 될 것이다. 전시에 레이더로 접촉된 표적(target)의 최종적인 식별은 눈으로 하게 됨을 잊어서는 안 되며 적을 먼저 발견하는 함정이 결정적으로 유리한 위치를 차지하게 된다는 사실을 명심하여 근무하여야 한다. 견시는 자기가 맡은 구역을 계속하여 조심히 관찰하고 보이는 것과 보이는 것처럼 생각 되는 모든 것을 즉시 보고해야 한다.

보고는 발견과 동시에 지체없이 보고해야 하며 보고하는 행동이 잠시라도 지연되면 함정과 승조원의 안전에 크게 영향을 미친다는 사실을 알아야 한다.

통상 함정에서 견시 교육은 전탐실 장교가 담당하지만 당직 사관도 예하 견시 근무자의 근무 요령을 파악하여 부족한 것을 교육시키고 계속해서 감시하며 격려하여 견시의 능률을 최대로 발휘시킬 수 있어야 한다.

2. 견시 근무의 일반 수칙

견시 근무는 계속적으로 긴장되어 있으며 쉽게 눈이 피로해지는 근무이므로 당직 사관은 예하 당직반 중에서 균등하게 견시를 차출하여 근무 시간을 조종하고 2시간 이상 견시 근무를 시키지 않도록 한다.

견시는 시야에 들어오는 것은 무엇이든지 보고하여야 한다. 예를 들면 수면에 기름이 떠 있다거나, 빛깔이 변했거나, 해초가 떠오는 경우 견시가 보고하면 당직사관은 난파선이 부근에 있거나, 하천의 하구 부근을 향해 중에 있다거나, 수심이 낮은 수역이라는 판단을 하게 된다. 그러므로 모든 판단은 당직사관이 내릴 수 있도록 하고 견시는 사소한 사항일지라도 열심히 보고하도록 해야 한다. 간혹 보면 한쪽 견시는 계속해서 상황을 보고하는데 다른 견시는 같은 상황에서 한 번도 견시 보고를 하지 않는데 이는 견시 근무 요령이 미숙한 탓이므로 교육을 다시 시켜야 한다. 견시 근무의 일반적 수칙은 다음과 같다.

가. 항상 주위를 경계하고 주의할 것
나. 견시 근무 이외의 다른 일에 관심을 갖지 말 것
다. 정기적 교대나 지시가 있을 때를 제외하고, 근무 장소를 떠나지 말 것
라. 근무 위치를 지키고 돌아다니지 말 것
마. 임무 외에 잡담을 금할 것
바. 견시 보고시 명확하고 큰 소리를 사용할 것
사. 당직 사관이 확인할 때까지 계속 보고할 것
아. 견시가 맡은 업무의 중요성을 확실히 인지할 것
자. 무엇이든지 보고할 것

3. 쌍안경 사용법

견시 근무자는 항상 쌍안경을 지참해야 하며 육안(肉眼)과 쌍안경을 교호로 사용하여 일정한 범위를 탐색하고 물표를 탐색해야 한다.

함정에서 사용되는 7×50의 쌍안경은 관찰 가능한 각도가 7도로 제한되며 7배가 확대하여 보인다(50이란 숫자는 전면 렌즈의 직경) 쌍안경은 탐색 구역이 제한되며 심한 안개, 우박, 비, 눈 등이 내릴 때 사용이 불가하다.

가. 쌍안경 취급법

(1) 쌍안경은 기술자 외에 수리하지 말 것
(2) 일기가 불량할 때 습기가 차지 않도록 잘 보관한다.
(3) 과열시키면 내부에 기포가 생기며 접합 물질이 녹기 쉽다.
(4) 쌍안경은 흠이 생기지 않게 먼지를 닦고, 렌즈는 반드시 렌즈용 종이 또는 부드러운 헝겊을 사용해서 닦는다.

나. 초점 맞추는 법

(1) 양쪽 접안렌즈의 눈금을 + 4에 맞춘다.
(2) 쌍안경을 들고 눈썹가까이에 댄다.
(3) 한 손 손바닥에 렌즈가 닿지 않도록 한쪽 렌즈를 가린다.
(4) 약 0.5마일 거리에 있는 작고 뚜렷한 물체로 쌍안경을 돌린다.
(5) 눈으로 영상이 잘 조정되지 않는 렌즈는 영상이 뚜렷해 질 때까지 접안렌즈 눈금을 +4에서 서서히 돌린다.
(6) 영상의 명확함이 없어지지 않는 범위에서 눈금을 반대로 돌린다.
(7) 쌍안경을 내려서 눈금을 읽는다.
(8) 같은 눈을 사용하여 2~3회 거듭하여 눈금을 읽는다.
(9) 야간 초점 조정은 주간 조정치에서 1눈금을 빼낸 위치에 맞춘다.

다. 눈사이의 거리 조정

두 눈동자간의 거리를 mm로 측정한 거리를 I.P.D(inter pupillary distance)라 하고, 쌍안경의 초점은 변해도 I.P.D.는 변하지 않는다. I.P.D.는 쌍안경의 몸통을 돌려서 조절원으로 나타나는데 I.P.D.를 잘못 조종하면 주간에도 과도한 피로를 주게 되고, 야간에는 광선을 집합 시키는 능력이 작아져서 쌍안경을 통해서 들어오는 빛의 일부를 눈의 용체에서 소모하여 쌍안경의 가치를 크게 감소시킨다.

4. 수평 견시(표면견시)

수평 견시는 함정의 전면으로부터 수평선까지 시야에 들어오는 해면을 감시하여 탐색하며 수평면상의 모든 물체에 대하여 책임을 진다. 수평 견시는 통상 함교의 좌우현에 배치하고, 적정의 판단, 적의 발견이 예상되는 때, 저시정 항해시 등은 함수 견시, 함미 견시, 청음 견시를 보강한다.

가. 표면 탐색

표면 탐색 방법은 함수 방향으로부터 함미 방향으로 5도씩 중복 탐색하며 다음과 같은 절차를 실시한다.

(1) 수평선이 쌍안경의 ⅓위쪽에 오게 하고, 시선은 수평선 바로 밑에 둔다. 그리고 5초동안 쌍안경을 통하여 보이는 해면을 가능한 한 많은 소구역으로 나누어 탐색한다.

(2) 쌍안경을 5도씩 돌려서 5초동안 탐색한다.

(3) 이러한 절차를 계속하여 책임 구역을 전부 탐색하고 쌍안경 탐색이 끝나면 육안으로 탐색한다.

(4) 접촉물을 발견하면 즉시 당직 사관에게 보고하고 접촉물의 상대 방위를 결정하기 위해서 눈을 돌리는 이외는 쌍안경으로 접촉물을 유지해 나가야 한다.

나. 거리 측정

수평선의 거리는 관측자의 눈높이에 따라 변하므로, 수평선 거리를 기준하여 측정하는 견시의 수평 거리는 선박의 안고에 따라 수평선 거리를 미리 알아두어야 한다.

거리 측정은 수평선보다 멀리 측정해도 안 되며 수평선과 선박사이에 있는 물표가 실제로 더 멀리 있는 것 같이 보이는 예가 허다하다. 그러므로 추정 거리는 평소에 거리를 알고 있는 물표나 레이더로 거리를 측정하여 경험을 얻어두는 것이 필요하다.

[표 9-4] 안고에 따른 수평 거리

안 고(ft)	10	20	30	40	60	80	100
수평거리 (10야드)	7,200	10,200	12,600	14,400	17,800	20,600	23,000

다. 견시 보고 요령

(1) 견시의 근무 위치(좌현 또는 우현)

(2) 물표명

(3) 물표의 상대 방위와 거리(거리는 100야드를 1로 보고한다.)

(4) 물표의 동태 또는 이동 방향

* 예 : 우현(좌현) 견시 보고, 어선 한 척(쾌속정), 우현(좌현) 40도, 거리 100(실제로는 10,000야드), 우현에서 좌현으로 (함수에서 함미로)이동 중

5. 대공 견시

대공 견시는 부여된 구역(sector)의 대공 감시를 하여 항공기, 유도탄, 비행 물체에 대한 보고를 한다.

고공에 흰 연기가 구름처럼 직선으로 뻗어있거나, 오렌지색의 불꽃이 고속으로

이동하거나, 철새들이 떼 지어 이동 중에는 있는 것을 보고하면 당직 사관은 견시 보고 내용을 토대로 하여 고공 폭격기의 이동, 유도탄의 발사, 레이더에 접촉한 물체의 식별 등을 판단한다.

대공 견시는 수평선에서 수직 고도까지 계속적인 감시를 하고 자기 구역(sector)에서 다른 견시의 구역으로 이동하는 물체는 인계해야 한다.

현재와 같이 항공기의 속도가 빠르고 유도탄 공격의 위험이 따르는 시점에서 대공 견시 임무와 신속한 보고는 함정의 안전에 가장 중요한 역할을 하게 된다.

가. 대공 탐색

대공 견시는 수평선으로부터 수직 상공까지 탐색하므로, 눈부신 것을 방지하기 위하여 색안경을 사용하는 것이 좋다.

육안으로 빠르게 탐색하고 쌍안경은 접촉물을 확인할 때만 사용하는데 대공 탐색은 다음 단계로 실시한다.

(1) 5도 단계로 신속하게 수평선 바로 위를 수직으로 탐색해 나간다.

(2) 탐색 구역 끝에서 10도 이상 중복하여 위쪽으로 시선을 옮기며 다시 반대 방향으로 빠르게 탐색해 나간다.

(3) 상기와 같은 방법으로 수직 상공(90도)까지 탐색을 계속하여 탐색 구역이 100도 이하일 때 전구역 탐색 시간은 20초 동안에 실시해야 한다.

(4) 수직 상공 천정까지 탐색을 마치면 몇 초 동안 눈을 깜박여 시력을 회복한 다음 탐색을 실시한다.

(5) 물체를 발견하면 확인될 때까지 쌍안경을 사용하고 물체의 접촉을 계속 유지한다.

나. 고각 측정

고각은 비행체를 보는 시선과 수평선을 보는 시선사이의 각도를 측정한 숫자이며 비행체가 수평면상에서 얼마나 떨어져 있는가를 나타낸다(90도를 초과하지 않음).

(1) 7도의 쌍안경 시야를 이용하여 수평선과 비행체의 상대 고각을 추정한다.

(2) 팔을 폈을 때 엄지손가락을 수평으로 눕힌 넓이는 2도로 본다.

(3) 수직으로 주먹을 쥐었을 때 높이는 8도로 본다.

(4) 손가락을 쭉 편 손의 넓이는 15도 정도로 본다.

다. 견시 보고 요령

(1) 견시의 위치(좌현, 우현)

(2) 물표

(3) 물표의 상대 방위, 고각, 거리

(4) 물표의 동태 또는 이동 방향

* 예 : 우현 대공 견시 보고, 항공기 한 대, 우현 30도, 고각 40, 거리 10, 우현에서 좌현으로 이동 중, 여객기 같음

6. 야간 견시 근무 요령

야간 견시는 특별히 시야를 넓히고 눈을 어둠에 익혀서(dark adaptation) 눈을 보호하고 기능을 최대로 발휘할 수 잇도록 함이 중요하다.

일반적으로 시정이 양호한 주간에는 먼 곳에서 가까운 곳으로 물표를 탐색하지만 야간과 저시정에서는 가까운 곳에서부터 먼 곳으로 물표를 찾는다.

다음에 설명하는 요령을 익숙시키고 경험을 얻어서 야간에 빨리 물표를 찾는 것도 하나의 기술이라고 할 수 있다.

가. 야간에 눈이 잘 보이게 하려면 시신경이 어둠에 익숙하도록 15~30분간 적응시켜야 한다.

나. 야간에는 물표에 색상이나 모습 구별이 어려우므로 윤곽을 판단해야 한다.

다. 야간에 물표를 똑바로 보면 잘 보이지 않으므로, 영상의 중심에서 뒤쪽이나 좌우 10도 가량 떨어지는 것이 제일 잘 보인다.

라. 야간에 시신경을 한 곳에 고정시킨채 쳐다보면 기능이 감소되므로 계속적으로 시선을 움직이며 보는 것이 좋다.

마. 주간에 과도한 광선에 노출되면 야간의 어둠에 익숙해지는 시신경의 능력

이 저하되므로 가능하면 주간에 색안경을 끼는 것이 좋다.

바. 견시 근무 전에 어둠에 적응하기 위해서 붉은색 빛이 있는 곳에서 30분 가량 대기하는 것이 좋으며, 눈에 작용하게 될 광량에 적응시키기 위해서 5분 가량 눈을 어둠에 익숙토록 해야 한다.

사. 밝은 불빛을 부득이 보게 될 때는 색안경(goggle)을 낀다.

아. 야간에 물표 발견 요령

(1) 같이 행동하는 선박을 이용하여 식별 능력을 연구한다.
(2) 어두울 때라도 출렁이는 물의 반사로서 물체의 존재를 찾아낸다.
(3) 암간에 물표에서 오는 물결이나 항적으로부터 파도쳐 오는 인광을 이용하여 식별한다.
(4) 비행체로부터 나오는 화염을 찾아내어 식별한다.
(5) 눈을 계속 움직여서 야간 시각의 효과를 높인다.
(6) N.O.D(night observation device)를 이용하여 식별한다.

자. 야간 쌍안경에 의한 탐색

(1) 쌍안경 시계(視界)의 중앙에 수평선이 오도록 한다.
(2) 쌍안경을 통한 시야의 전 구역을 시선을 움직여서 살핀다.
(3) 매 5초간 탐색 후 5도간씩 옮기면서 탐색한다.
(4) 탐색 구역을 전부 감시한 후에는 몇 초 동안 눈의 피로를 회복시킨다.

제 4 절 출입항 준비

1. 개 요

함정의 출항 준비는 입항과 동시에 시작되며 입항 준비는 출항과 동시에 시작된다. 출항 후 항해 중 각 부서는 입항할 때 제출할 제반 보고서를 작성하고 운항 중 발견한 모든 기기의 사고를 상세히 기록하여 수리 신청서를 작성하며 입항 중 정비할 사항 등을 상세히 조사하여 입항에 대비한다.

함정이 입항하면 다음 출항 예정 일자를 파악하여 제반 수리를 착공하며 차기 임무에 필요한 승조원의 교육 훈련, 함정의 정비, 시운전, 주부식 적재 등 출항에 대비하게 된다.

함정이 출항할 때와 입항할 때 흔히 사고가 발생하여 선체를 손상시키고 인명의 손상을 가져오는 경우가 있는 것은 그만큼 출항과 입항 과정이 어려운 상황이기 때문이다.

해군 함정은 상선과 달리 도선사(poilt)를 이용하지 않고 직접 좁은 항구내에서 조함하여 부두에 계류하거나 이탈하는 경우가 있다. 이러한 경우에 함정은 좁은 수역에서 이동하며, 불의의 기관 고장이나 다른 사고에 대비할 충분한 수역과 시간적 여유가 없다. 그러므로 극히 치밀한 조함과 기관 및 갑판 운용술이 필요한 것이다.

따라서 고도의 조함술, 신빙성 있는 기관의 운전, 갑판 운용술, 조직적인 직무의 분담 등이 필요하다. 각 함정의 특수 직무 분담표에는 조함시에 필요한 각자의 임무부터 계류색의 취급까지 자세하게 명시되어 있어 승조원 전원은 자기 직무 분담표에 할당된 임무를 능숙히 수행할 수 있어야 한다.

이상 설명한 넓은 의미의 출입항 준비 외에 본장에서는 출항이나 입항의 몇 일 또는 몇 시간 전에 준비하는 사항에 대하여 설명한다.

2. 출항 준비

정박 중에 모든 수리와 정비가 완료되어도 함정이 명령에 의하여 출항을 앞두고 준비하는 사항은 대단히 복잡하다. 출항 몇 일전부터 실시하는 시운전부터 특수 직무 분담표의 재검토, 인원의 재편성, 주부식 적재, 연료와 청수의 적재, 승조원의 교육 훈련이 출항 전에 완료되어야 하고 승조원 개개인은 출항에 대비하여 건강 관리, 출항 후 필요한 일용품의 준비를 해야 한다. 출항에 직접 관련된 각종 준비 사항은 다음과 같다.

가. 출항에 직접 관련된 준비

(1) 계류색에 관한 사항

(가) 충분한 시간적 여유를 두고 준비한다.
(나) 쥐마개(rat guard)를 제거하고 계류색을 한 가닥으로 한다.
(다) 거두어들인 계류색은 정돈하여 보관한다.
(라) 부표에 계류시는 묘쇄를 걷어올리고 보조색(silp rope)을 남겨서 출항을 용이하게 한다.

(2) 방현대(fender)에 관한 사항

(가) 현측에 내린 고정 방현대가 출항시 부두가 마찰에 의하여 떨어져 나가지 않도록 요원을 배치한다.
(나) 현측 이동 방현대와 요원을 배치한다.
(다) 방현대 요원은 함정과 부두의 접촉 부분에 신속하고 효과적으로 방현대를 사용하며 개인 안전에 주의한다.

(3) 황천 준비에 관한 사항

(가) 출항 후 황천에 대비하여 최소한 출항 30분 전에 황천 준비를 완료해야 한다.
(나) 각종 데비트는 동요하지 않게 묶어둔다.
(다) 단정은 동요하지 않도록 완전히 묶어둔다.
(라) 각종 태클(tackle)의 줄은 잘 사려서 묶어둔다.
(마) 현문 사다리를 걷어 올리고 흔들리지 않도록 묶거나 조여 놓는다.
(바) 함정 내의 모든 이동물을 고정한다.
(사) 붐장치를 단단히 조이고 묶는다.
(아) 모든 출입구(door and hatch)와 현창(scuttle)은 완전히 덮는다.
(자) 구명대는 자동 수압 분리 장치(hydraulic automatic releasing gear)가 부착

된 조임 밴드(lashing band)로 완전하게 조여둔다. 흔히 경험이 부족한 갑판사들이 로프로 구명대를 결박하는 경우가 있는데 이는 대단히 잘못된 것이다.

(차) 각종 통풍망 덮개는 물이 들어가지 않도록 방향을 돌려놓는다.

(카) 각종 파이프 종류에 뚜껑(cap)이나 덮개(cover)를 씌운다(sounding, air, chain hawse, filling 등의 파이프)

(타) 청수, 유류 탱크는 자유 표면 효과(free surface effect)가 생기지 않도록 한다.

(파) 기타 침수가 될 우려가 있는 곳의 입구를 막는다.

(4) 닻에 관한 사항

(가) 기관실에 연락하여 양묘기의 동력을 연결하고 시운전을 한다.

(나) 비상시 투묘할 수 있도록 투묘 요원을 배치한다.

(다) 묘쇄 멈치(chain stopper)의 고정 상태를 확인한다.

(라) 양묘기와 캡스턴(capstan)을 분리하여 계류색의 취급 준비를 한다.

(마) 투묘시 사용할 보조 용구를 준비한다.

(바) 묘박 중 출항시는 양묘 준비를 하고, 묘쇄와 닻을 씻을 해수의 압력을 높이도록 기관실에 연락한다.

(사) 닻 부표(anchor buoy)를 걸어 올릴 사조묘(grapnel)를 준비한다.

(아) 수심이 낮은 수역에서 출항시는 측심연(lead line)을 준비하고 측심 준비를 한다.

(자) 쌍묘박이나 이묘박을 했을 때는 묘쇄가 엉켰는가 확인하고 만일 엉킨 상태이면 미리 묘쇄의 해색작업을 하며 단묘박 상태로 하고 묘쇄의 신출량을 수심의 1.5~2배 정도(short stay)로 감아둔다.

(5) 시운전에 관한 사항

(가) 항해 시운전을 했어도 출항 전 정박 시운전을 한다.

(나) 조타기 장치의 시운전을 한다.

(다) 기관 전령기(telegraph)가 잘 작동되며 전령기의 지침이 기관실과 일치하는지를 확인한다.
(라) 양묘기, 권양기의 시운전을 한다.

(6) 항해 부서에 관한 사항

(가) 자이로(gyro)를 취소 출항 4시간 전에 기동한다.
(나) 자이로 컴퍼스와 마그네틱 컴퍼스의 오차를 검사한다.
(다) 각종 항해 계기, 항해등을 시험하여 확인한다.
(라) 신호 기류를 준비한다.
(마) 항해 기구, 해도, 항해 도서 등을 준비한다.
(바) 조석과 조류 등을 확인하여 함장의 조함에 참고가 되도록 한다.
(사) 각종 음향 신호를 확인한다.

(7) 군수에 관한 사항

(가) 주부식은 예정 일수보다 일주일분 정도를 더 적재한다.
(나) 출항 후 임무 수행 중 식단표를 작성한다.
(다) 승조원의 급식 계획표를 작성한다.

(8) 각종 태세에 관한 사항

(가) 기재 태새(X.Y.Z.)를 설정한다.
(나) 선체를 직립(up right) 상태로 조종한다. (ballancing)
(다) 함수미 경사(trim)를 조정한다.
(라) 흘수를 측정하여 기록한다.
(마) 빌지(bilge) 및 각 탱크의 측정치를 기록한다.
(바) 함정의 모든 시계를 통일하여 시간을 맞춘다.
(사) 현측 계류 함정이 있을 때는 출항 시간을 통보한다.
(아) 출항 위치 부근에 계류한 함정의 현측 작업원 유무를 확인한다.

(9) 인원에 관한 사항

(가) 현문 당직자는 상륙자의 귀대 여부를 확인하여 당직 사관에게 보고 한다.
(나) 투양묘 요원, 각 계류색 요원, 고정 및 이동 방현대 요원, 함수 함미 기수, 각 전화수, 시각 신호(기류, 발광) 요원 등의 배치를 확인한다.

나. 출항시 작업과 지휘

(1) 각 계류색 요원의 작업 요령

(가) 현문을 철거하고 구명 지주와 구명색(life line)을 설치한다.
(나) 지휘자의 명령에 의하여 계류색을 걷어 올린다.
(다) 거둬들인 계류색은 잘 정돈하여 둔다.
(라) 함미 계류색을 걷어 들일 때 추진기에 감기지 않도록 주의한다.
(마) 선체가 부두를 완전히 이탈하면 고정 방현대를 걷어 들인다.

(2) 현장 지휘자(갑판사관)의 지휘 요령

(가) 각 계류색 요원과 출항 요원이 배치되고 출항 준비가 끝나면 함교에 보고한다.
(나) 명령의 전달은 호각, 손신호, 육성 등으로 한다.
(다) 명령의 하달은 간단하고 명확하게 한다.
(라) 출항 준비 요원의 복장 상태를 확인한다.
(마) 작업 진행 상태를 자세하게 함교에 보고한다.
(바) 이동 방현대를 적절히 사용할 수 있도록 지시한다.

(3) 전화수의 통화 요령

(가) 전화기 플러그(plug)를 해당 회로에 정확히 끼운다.
(나) 사전에 전화기의 감도 시험을 한다.
(다) 명령이나 지시의 중계 및 보고를 한다.

(라) 통화 요령은 간단하고 명확하게 해야 한다.
(마) 지휘자의 명령과 지시 사항을 추가하거나 변경하지 말아야 한다.

(4) 출항 후 작업 요령

(가) 출항 요원 해산 후 뒤처리를 한다.
(나) 걷어 올린 제반 정박 기구의 정돈과 고정 작업을 한다.
(다) 묘쇄 멈치의 고정 상태를 확인한다.
(라) 모든 기구의 정돈을 확인한다.
(마) 갑판사관은 황천 준비 및 뒤처리 사항을 최종확인하고 함교에 그 결과를 보고한다.

(5) 기타 사항

(가) 부장은 출항시 복장 지시를 한다.
(나) 승조원의 출항 준비에 임하는 동작은 신속하여야 한다.
(다) 출항 후 대함 경례에 결례되는 일이 없도록 한다.
(라) 항해장(소형 함정은 부장)은 함장의 조함 보좌를 한다.
(마) 함교와 작업 현장간의 적절한 신호와 명령 계통을 확립한다.
(바) 제반 법규와 규칙을 준수한다.
(사) 규정된 기류와 등화는 마지막 계류색이 부두에서 또는 닻이 해저를 이탈하는 순간에 게양하거나 점등한다.
(아) 보수관은 실정된 기제 태세를 확인하여 함교에 보고 한다.

[표 9-5] 출항 절차

시 간	행 동 개 요	책 임 자
6시간 전	1. 자이로 기동	항 해 장
3시간 전	1. 보일러 점화 계획 확인	기 관 장
2시간 전	1. 부장에게 다음 사항을 확인한다. 가. 출항 요원 배치 시간 변경 여부 나. 계류색 조정 시간 다. 단정의 사용 여부 라. 공문서 및 서신 처리에 관한 지시 마. 편승자 및 승함 예정 시간 2. 부장의 허가를 득하여 단정 인양 3. 부장의 허가를 득하여 각종 붐 및 현문 사다리를 걷어 들임 4. 출항 예정 시간을 함내에 방송 5. 전탐 기기 작동	당직사관 당직사관 당직사관 당직사관 전 탐 관
1시간 전	1. 기재 태새 "Y"급 설정(저시정시는 " Z"급) 2. 면회자 및 방문객 하함 조치(각 창고 순찰)	분 대 장 선임위병 오 장
45 분 전	1. 지시된 복장 착용 지시 2. 인원 파악 및 출항 준비 확인 3. 조타실, 후부 타기실 요원 배치하여 타기 시험, 함내통신기 시험, 비상 조타 경보기 시험 4. 기관 전령기 및 회전 지시기 시험 5. 양묘기 시험 6. 항해등 시험 7. 출항전 보고서 현문에 제출 지시 방송	당직사관 분 대 장 항 해 장 기 관 장 기 관 장 기 관 장 당직사관
30 분 전	1. 출입항 요원 배치붙어 지시 방송 2. 측심의 시험, 함교 항해 기기 검사, 자이로 비교 검사 3. 함교 레이더 리피타(repeater) 조정 4. 음력 점화 회로 검사 5. 출항 준비 완료 보고 접수 6. 선임 위병 오장 창고 순찰 결과 보고 7. 함수 함미 흘수 측정 기록 8. 함장으로부터 허가를 득하여 주기 시동 지시 9. 계류색을 제외한 부두외의 연결선 철거	당직사관 항 해 장 전 탐 관 당직사관 당직사관 선임위병 오 장 보 수 관 단직사관 기 관 장
15 분 전	1. 부장에게 출항 준비 완료 보고(부장은 함장에게 보고) 2. 부표 계류시는 묘쇄를 해색하고 보조색만 남김 3. 기적 시험 4. 현측 사다리를 걷어들임 5. 단정 인양 후 붐 및 대비트 정리 6. 함정 외모 검사 7. 출항 허가 득함(해상 선임 지휘관)	당직사관 당직사관
10 분 전	1. 현측 정열 요원(man rail)배치붙어 지시 방송	
5 분 전	1. 출항전 보고서 작성 결재 완료(항해장, 부장, 함장) 2. 정박 당직을 항해 당직으로 전환 방송 3. 함내 마이크 함교로 이동 방송 4. 현문 사다리 철거	당직사관

[표 9-6] 출항 준비 보고서

1. 출항 준비 확인 절차

출항 전	사 항	확인	출항 후	사 항	확인
6 시간	자이로 기동		15분	출항경보,출입항요원배치	
30분	각부서 출항 준비		15분	단정 인양	
30분	기재 태세 설정		15분	각부서 출항전 보고서	
30분	육상 연결선 철거		15분	기관 시운전	
30분	양묘기 시운전		15분	기적 및 경보기 시험	
30분	기관 전령기 시험		15분	기재 태세 설치 보고 접수	
30분	조타기 시험		5분	현문 철거	
30분	기관 시동		15분	편승자 인원 파악	
30분	레이더 기동		15분	출항 준비 완료 보고	

2. 이상 기기

기기명	이 상 내 용	기기명	이 상 내 용

3. 인원 보고

구분	총원	사고	현재원	사 고 내 용
장교				
포갑				
작전				
기관				
경의				
계				

4. 군 수

주 식	부 식	연료유	윤활유	청 수	비 고

3. 입항 준비

입항 준비는 일상 업무에 관련된 제반 사항 외에 입항시 필요한 사항도 대단히 중요하다.

흔히 해군 함정은 모항에 입항하는 절차만 익숙해서 외국이나 다른 항구에 입항할 때 당황하는 경우가 있다. 그러므로 본장에서는 일반 항구에 입항하는 절차와 함정이 모항에 입항할 때 필요한 절차를 포함해서 설명한다.

함정이 입항지에 도착할 시간이 확정되고 항구에 가까이 도착하면 지정된 통신 주파수로서 육상 신호대 또는 항구 출입항 통제소(H.E.C.P.: harbor entrance control post 또는 scoip)를 접촉하여 입항 지시를 받는다. 묘박지 또는 계류 부두가 확정되며 통상 다음과 같은 입항 준비를 하게 된다.

가. 입항 준비 사항

(1) 일반적인 사항

(가) 입항 후 빌지(bilge)를 배출하여 항구를 오염시키지 않도록 200마일 외해에서 빌지(bilge)를 배출하고, 현측 밖으로 기름 유출이 되는지 확인한다.

(나) 보일러를 사용하는 함정은 입항 전 검댕 청소(soot blowing)를 외해에서 실시한다.

(다) 입항 시 필요한 국기, 함수기, 검역기, 도선사 표시기류, 호출 부호 기류 외에 개항 질서법이나 제반 규칙이 요구하는 특정 신호를 게양할 준비를 한다.

(라) 수압식 측정의(pitometer log)를 수납하고 음탐기 돔(sonar dom)을 인양한다.

(마) 입항 시 투묘하게 될 때는 해도에 묘지를 기점하여 정밀 투묘 준비를 한다.

(바) 검역을 받아야 할 경우에는 검역 묘지에 투묘하고 검역기(Q자 기류)또는 검역 등화(홍등과 백등을 점등하며 홍등이 상부에 백등이 하부에 위치한다.)를 표시한다.

(사) 필요한 제반 서류를 준비한다.

(아) 처음 입항하는 항구에 대하여는 입항 지시(sailing direction), 항로 고시(notice to mariner), 해도, 항만 규정, 기타 제반 법규 등을 면밀히 검토하여 안전을 도모해야 한다.
(자) 관계 부서에 도착 예정 시간(ETA)을 통보한다.
(차) 함정의 외모를 깨끗이 한다.
(카) 출입 항로, 정박 금지 구역, 항로 부근의 정치 어망, 해저 전선 구역, 출입항 선박의 현황을 연구한다.
(타) 항구의 지형, 조석과 조류, 풍향과 풍속, 조타 목표 등을 검토한다.
(파) 정박하면 즉시 도착한 시각의 흘수를 측정 기록한다.

(2) 인원에 관한 사항

(가) 계류색 요원 배치
(나) 고정 및 이동 방현대 요원 배치
(다) 필요시 단정 강하 요원과 승조원 배치
(라) 함수 함미 기수 배치
(마) 능숙한 던짐줄(heaving line) 요원 배치
(바) 부서별 입항 요원과 특히 기관실의 클러치(clutch) 요원은 능숙한 요원 배치
(사) 작업 현장과 함교에 전화수 배치
(아) 잔여 승조원은 단정한 복장을 착용하고 현측 정열(man rail)하도록 배치
(자) 갑판부 작업 인원 부족시 타부서에서 인원을 증원하여 배치

(3) 부두 계류시 준비

(가) 충분한 시간 여유를 고려하여 입항 준비
(나) 쥐마개(rat guard)와 계류색의 마찰 방지포를 준비
(다) 계류 현측에 계류색 준비
(라) 한 개의 계류색에 최소 두 개 이상의 던짐줄 준비
(마) 계류 현측(함수, 함미, 중앙 등)에 고정 방현대 준비

(바) 계류 현측의 외현쪽에 이동 방현대 준비
(사) 양묘기의 시운전과 비상 투묘 준비 및 요원의 배치
(아) 측심 준비
(자) 계류 지원용 예인선(tug boat) 지원 요청(단, 대형 상륙함은 계류 반대 현측 단정을 강하 준비)
(차) 통신 및 시각 신호를 이용하여 육상에 계류색 보조 요원 배치
(카) 다른 선박의 현측 계류시는 사전에 통보하고 계류색 보조 요원 지원 요청

(4) 투묘시 준비

항내에 투묘시는 개항 질서법의 규정에 따라 지정된 묘지에 투묘하여야하고 묘지 선정에는 다음과 같은 사항에 유의하여야 한다.

(가) 묘지는 외력의 영향이 변경되어도 안전한 지점을 택하고, 저질이 양호하며, 출입항의 편의도, 하역, 상륙, 보급, 통신, 교통편 등의 편의를 고려하여 선정한다.
(나) 묘지의 수심은 저질이 좋은 곳이면 최대 흘수의 1.5배 이상이 되어야 한다.
(다) 묘박 종류에 따라 선체의 진회 면적에 충분한 여유를 두어야 한다. 주묘현상이 생겨도 충분히 대책을 세울 수 있는 여유가 있어야 한다.
(라) 묘박 시 인접한 선박, 위험물, 육지 등에 대한 안전거리의 기준은 다음과 같이 결정한다.

1) 고정 위험물까지 거리 : 묘지에서 고정 위험물까지 거리는, 신출한 묘쇄의 길이에다 선체 전장의 두 배를 더한 길이보다 멀어야 한다.

   즉, $R_0 > L_c + 2 \times L.O.A.$

(단. R0 : 안전 거리, Lc : 묘쇄의 길이, L.O.A. : 전장)

2) 선박 등 해상 부동 장애물까지 거리 : 묘지에서 해상 부동 장애물까지 안전거리는 신출한 묘쇄의 길이에다 선체 전장을 더한 길이보다 멀아야 한다.

   즉, $R_0 > L_c + L.O.A.$

(마) 묘지 진입 침로를 결정한다. 항내에 들어가면 선박이 밀집되어 있고 협소한 것이 보통이므로 해도를 들여다 볼 시간이 없게 된다. 따라서 효

과적인 조함을 하기 위한 시간적 여유가 없는 상황에 대비하여 계획을 세우고, 진입 침로의 현저한 정횡 물표의 방위, 두 물표의 정중선, 변침 위치 등을 미리 예정하여, 해도나 자이로 등을 항해의 참고 보조로서 활용해야 한다.

(바) 속력의 감소 계획을 세운다. 자함의 기관 성능과 타력을 고려하여 물표에 의한 침로의 예정과 병행하여서 속력도 물표의 정횡 위치에 따라 감속되어 가도록 사전에 계획한다.

(사) 투묘 지점까지의 예정 침로상에 정횡 물표를 선정하여 정확한 위치에 투묘할 수 있도록 준비한다.

(아) 예정한 묘지에 다른 선박이 정박하고 있을 경우에 대비하여 제2, 제3의 예비 묘지를 선정하여 대비한다.

나. 입항시 작업과 지휘

(1) 현장 지휘자의 지휘 요령

(가) 투묘 및 입항 요원이 배치되고 투묘 및 입항 준비가 끝나면 함교에 보고한다.

(나) 각 계류색 요원의 적절한 배치 여부를 확인한다.

(다) 명령과 지시는 간단 명료하게 해야 한다.

(라) 각 요원의 복장이 지시대로 착용했으면 단정 한가 확인한다.

(마) 함수와 부두간의 거리 및 선체의 타력을 수시로 함교에 보고한다.

(바) 현장의 작업 진행 상태를 수시로 함교에 보고한다.

(2) 계류 요원의 작업 요령

(가) 던짐줄 요원은 현장 지휘자의 명령에 따라서 선체가 부두에 계류하는 가장 좋은 기회를 놓치지 않고 던질 수 있도록 준비한다.

(나) 각 계류색은 신속히 던짐줄에 묶어 부두로 보내고 해당 단계주(bollard)에 걸게하며, 현장에서는 쌍계주(bitts)에 계류색을 걸어서 선체의 타력을

조종한다.

(다) 계류색 취급의 미숙으로 인하여, 함정이 부두에 계류하는 가장 적당한 시기를 놓치는 경우가 없도록 해야 한다.

(라) 각 계류색은 선체의 동요를 최대한으로 방지할 수 있도록 해야 한다.

(마) 지시에 의하여 계류색을 2중으로(double up)으로 연결한다.

(바) 조석 간만의 차이를 고려하여 장력을 유지한다.

(사) 비가 올 때 마닐라 계류색은 응축에 대비하여 장력을 유지한다.

(아) 이동 방현대 요원은 부두와 선체 현측이 접촉되기 전에 신속히 방현대를 사용하여 선체와 부두가 접촉될 때 충격을 감소시키게 하여 선체의 손상을 방지한다.

(자) 고정 방현대가 계류 도중 마찰에 의하여 손상되지 않도록 조종한다.

(차) 계류 완료시는 고정 방현대의 위치를 다시 확인한다.

(카) 계류색의 작업이 완료되면 캔버스로 계류색을 싸고 그 위에 쥐마개를 장치하며, 부두와 계류색이 마찰되는 곳에 마찰 방지용 매트(matt)를 설치한다.

(타) 계류가 완료되면 계류시 사용 장구를 정리하여 보관하고, 계류 작업 완료를 보고한 후 지시에 따라 해산한다.

다. 도선사(pilot)에게 알려줄 사항

도선사가 항구의 사정과 특성에는 익숙하다 하여도 여러 종류의 선박을 조함하게 되어 도선할 선박의 특성은 익숙하지 못한 경우가 있으므로 다음과 같은 사항을 도선사가 도착하면 알려주어야 한다.

(1) 선박의 톤수, 주요 치수, 흘수, 함수미 경사도(trim)등을 알려준다.

(2) 조타기의 종류, 타효의 느림과 빠름, 키의 종류와 특성 등을 알려준다.

(3) 기관의 종류, 추진기의 숫자, 속력의 범위

(4) 기관의 시동, 정지, 증속, 후진 등의 특성과 타력에 대하여 알려준다.

(5) 양묘기의 상태, 닻의 파지력 등을 알려준다.

(6) 선회경과 기타 선박의 조함에 필요한 자료를 알려준다.

[표 9-7] 입항 절차

시 간	행 동 개 요	책 임 자
상황 의거	제한된 해역에 도착 전(통상 200마일 외해에서) 1. 필요시에 밸러스트 조정 2. 상황을 고려하여 빌지 배출 3. 쓰레기 처리	 기 관 장 기 관 장 갑판사관
1 시간 전	1. 항해장으로부터 계류(투묘) 시간을 확인하여 기관장, 포술장, 갑판사관, 기관 당직사관에 통보 2. 입항 준비 지시 함내 방송(입항 시간, 계류 현측 또는 투묘할 닻의 지정) 3. 입항에 대비하여 함정 청결 상태와 외모 점검 4. 단정의 사용 여부를 부장에게 확인하여 포술장에게 통보 5. 계류색 또는 투묘 준비	당직사관 당직사관 당직사관
30 분 전	1. 보일러의 검댕 제거, "Y" 기재 태세 설정(저시정시 "Z" 태세) 2. 승조원의 지정된 복장 착용 지시 3. 항해장에게 묘지의 수심, 묘쇄의 길이를 확인하여 갑판사관에게 통보, 부두 계류시는 조석과 조시를 통보 4. 폭뢰, 어뢰, 전방 투척 무기(hedge hog)	당직사관 당직사관 포 술 장
20 분 전	1. 입항 요원 배치(계류, 투묘, 부표) 방송 2. 선임 위병 오장에게 입항 복장 점검 지시 3. 필요 시 단정의 사용 준비 또는 인양 완료 상태 유지 4. 해당 권자에게 입항 허가를 득함 5. 부장 지시에 의거 현측 정열 요원 배치 지시	당직사관 당직사관 갑판사관 당직사관 당직사관
15 분 전	1. 현문 당직 배치 2. 공용 용무자 후갑판 집합 3. 부표, 계류 또는 투묘시는 지시에 의거 단정 강하 4. 필요시 예인선 계류 준비	선임당직 장 교 당직사관 갑판사관
투 묘	1. 단정 대비트를 내리고 현문 사다리 설치 2. 함수, 함미 흘수 기록 3. 함장의 지시에 의거 기관의 완전 정지(secured) 4. 정박 당직 배치 5. 함장의 지시에 의거 자이로 정지 6. 항해 당직을 정박 당직으로 전환 방송 7. 함내 마이크 현문으로 이동	감판사관 보 수 관 기 관 장 당직사관 항 해 장 당직사관 당직사관

제5절 단 정 취 급

1. 단정의 개념

가. 단 정

유람 단정 선체재료는 주로 합판, 플라스틱, 석면 등을 사용하나, 오늘날 군용 단정의 선체재료로 거의 GRP(glass rainforce plastic)가 사용되고 있다. 상업용 단정은 합판으로 형을 떠서 만들고, 합판은 얇은 판자를 서로 대각선으로 붙여서 구부려 가지고 계획한 선체 모양으로 만든다. 이러한 과정은 기계적으로 처리되며 가볍고 튼튼할 뿐 아니라 흠이 없이 매끄럽고 선체 전부를 합판으로 만들면 부력도 좋다.

철재로 만든 단정은 늑골과 외판이 주조한 강철판이나 알루미늄판으로 되어 있다. 50ft이하인 단정은 플라스틱과 석면제를 많이 사용하여 건조하고 외판은 미리 만든 틀에 polyester수지 등으로 만들어 냄으로 표면이 아주 매끄럽다. 길이가 26ft보다 작은 단정은 늑골보다 종강력을 보강하기 위한 격실을 만들고 플라스틱으로 만든 내부 골격이 종강력을 보강한다.

플라스틱 단정은 많이 만들면 목재나 철재 단정과 가격이 비슷하고, 수리비가 적게들 뿐 아니라 선체 수리는 거의 할 필요가 없게 된다. 그러나 파공이 생겼을 때 접착제를 이용하여 수리하는 것은 힘들고 어려운 일이다.

플라스틱 단정은 해충에 의해서 부식되지는 않으나 조개류와 해조류에 의해서 오손되는 것은 대단히 예민하다. 특히 플라스틱 선체는 sandblasting하면 선체가 손상되기 때문에 오손된 조개와 해조류를 제거하는 것이 어려운 일이다. 방오(A/F)페인트를 주기적으로 도장하면 해조류의 오손은 방지할 수 있으나 페인트를 계속 도장하기만 하면 단정 무게가 증가하는데 페인트를 제거하는 페인트 remover는 수지를 파괴하므로 페인트를 청락시 세심한 주의를 해야 한다.

나. 단정의 부력

구명정과 인원 수송 단정은 구조재료에 관계없이 만재했을 때 충분한 복원력을 얻기 위한 공기탱크나 플라스틱 foam이 있어야 한다.

GRP 소재의 단정 선체는 높은 강도에 비해 대단히 양호한 부력을 가지게 되며, 목재나 철재 소재 단정의 부력을 향상시키는 재료로 가장 많이 사용되는 것은 styrofoam과 cellular cellulose aceate(CCA)이다.

이 CCA는 정수(正首), 정미(正尾)의 현호(sheer)부근에 밀착시켜서 부력을 좋게 한다. 그리고 수면하 격실은 수밀 격실로 되어 있고 현단으로 넘어오는 물은 단정의 bilge에 모이게 되는데 단정 안에 들어온 물은 bilge pump를 이용하여 외부로 배출하게 되어 있다.

만일 부력 중심이 수선보다 위로 올라오면 단정을 전복되기 쉽게 되므로 공기탱크는 정수와 정미 윗부분에 만들고 용골은 무거운 것으로 만들어야 한다.

다. 단정의 호칭

단정을 부를 때 식별을 용이하게 하기 위해서 단정의 길이와 종류를 포함시켜서 부른다. 예를 들면 26′ motor whale boat 등과 같이 부르며 상륙 주정은 LCM, LCVP와 같이 약자로 부르고 특별히 단정을 지정할 때는 단정에 부여된 번호를 붙여서 부른다.

함정에 여러 척의 단정이 있을 때는 단정을 인양하는 대비트의 위치에 따라서 함수 우현부터 기수 번호를 부여하고, 좌현은 우수 번호를 부여한다. 예를들면 우현 함수에서 두 번째 데비트에 인양하는 대형 상륙함(L. S. T.)의 LCVP는 “No.3 LCVP”라고 부른다. 여러 척의 단정이 있는 함정에서 단정을 전부 도장할 때는 단정 번호가 틀리지 않도록 주의하여야 한다.

라. 단정 승조원

단정 승조원은 단정의 크기, 임무 등에 따라 다르지만 승조원은 다음과 같다.

(1) 단정장(coxwain)

단정장은 단정의 조종을 하며 키(rudder)를 사용하고 기관 명령을 하지만 단정장이 직접 기관을 조종하는 단정도 있다. 단정장은 계속적인 훈련과 경험을 쌓아 훌륭한 단정 조함과 안전에 관한 지식을 습득해야 하기 때문에 함정에서 단정장을 임명할 때는 단정 조종 교육을 받은 부사관 중에서 선발해야 한다.

단정에서의 기관 명령 신호는 다음과 같다.

(가) 종소리 1회 · · · · · 기관 앞으로(ahead)

(나) 종소리 2회 · · · · · 기관 정지(stop)

(다) 종소리 3회 · · · · · 기관 뒤로(back)

(라) 종소리 4회 · · · · · 현재 사용 중인 추진기 회전 방향으로 최대 속력

(2) 단정 기관장(enginer)

단정 기관장은 어떠한 경우에도 단정 기관실에 위치하며 기관에 대한 전반적인 사항에 대하여 책임을 지고, 단정장의 기관 명령에 따라 기관을 운전시켜야 한다.

(3) 단정 조수(hook man)

단정에는 정수, 정미 조수가 있으며 정수 단정 조수(bow hook man)는 boat hook, sea painter, bow line을 취급하며 부두에 단정이 접근시 방현대(fender)를 취급한다. 바람이 강할 때 정수 단정 조수는 단정이 밀려가는 쪽에 위치하고 일반 운항 중에는 견시(見視) 임무를 수행한다. 정미 단정 조수(stern hook man)는 정미에서 필요한 임무를 수행하고 정수 단정 조수와 임무가 비슷하다.

2. 단정 인양 및 강하

가. 단정 인양기(davit)

단정 인양기는 단정을 인양하고 강하하는 선박 의장품이다. 단정 인양기는 gravity, crescent, quadrantal, radial 및 round bar의 종류가 있다.

gravity type davit 는 roller 에 장치된 두 개의 받침대에 의해 단정이 운반되고 roller는 현측에 직각으로 평행하게 세워진 궤도를 따라서 움직인다. 인양색과 브레이크가 늦추어지면 단정과 받침대는 중력에 의해서 궤도를 따라 내려가다가 단정이 현외로 충분히 나가서 강하할 수 있는 위치가 되면 정지한다. 이 때 당김줄은 단정이 흔들리는 것을 방지하도록 고정하고 frapping line을 인양색에 돌려서 설치한다. 인원이나 화물을 단정에 탑재하기 전에 pelican hook을 인양색에 돌려서 설치한다. 인원이나 화물을 단정에 탑재하기 전에 pelican hook를 끌러서 당김줄을 해색하고 브레이크를 늦추어 주면 단정이 수면에 강하된다.

crescent davit는 초승달 모양으로 생겼으며 인양기의 하단은 갑판상에 고정되고 중앙 부분의 높이에 sheath screw를 장치하여 현측에서 외부로 단정을 이동시키게 한다. 그리고 sheath screw는 인력이나 동력으로 움직인다.

quadrantal davit는 갑판 현측에 똑바로 서있는 인양기로 하부는 worm gear 가 되어 있고 중앙 부분에 sheath screw를 장치하여 sheath screw를 회전하여 단정을 현측에서 현측 외부로 이동시키는 인양기이다.

radial davit 는 현측에 고정된 인양기 기둥이 180도 회전하여 단정을 현측에서 외부로 이동시키는 인양기이다.

나. 단정 강하

해상에서 인명구조나 다른 목적으로 단정을 강하할 때는 함정의 타력이 완전히 정지되기 전이나 또는 파도가 심한 해상에서 작업해야 하는 경우가 있다.

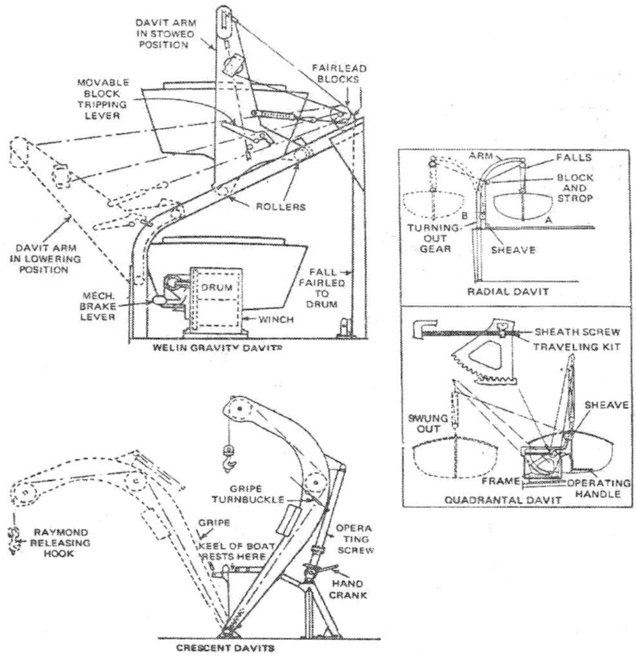

[그림 9-1] davit 종류

이러한 때에 단정 승조원과 단정 강하 요원은 위험을 무릅쓰고 신속하고 안전하게 단정을 강하하는 고도의 기술이 요구된다. 단정을 강하하는 동안 특별히 유의해야 할 사항은 인명과 단정의 안전에 관한 사항이다. 단정 강하 중에 심한 횡동요가 있어서 선체와 단정이 부딪치면 단정이 파손되고 작업하는 승조원이 단정과 부딪치면 인명 피해를 초래하므로 현장 지휘자는 변화되는 상황에 대처할 수 있도록 기술과 기지를 발휘해야 한다.

단정 강하 요원이 배치 완료되면 단정을 인양기로 강하할 위치까지 swing out 시킨다. 이 때 단정 승조원은 불의에 단정이 절단되는 사고에 대비하여 구명색을 붙잡아야 한다.

횡동요(rolling)가 심한 해상 상태에서는 작업이 곤란하므로 단정의 앞뒤로 흔들림을 방지하는 steady line 옆으로 흔들림을 방지하는 frapping line 과 traveling lizard line 을 효과적으로 사용해야 하고 이 동요 방지색을 조종하는 작업원은 갑판상 쌍계주(bitt)나 cleat에 고정시켜 장력을 유지해서는 안되고, 한두 번 감아서 손으로 장력을 유지해야 한다.

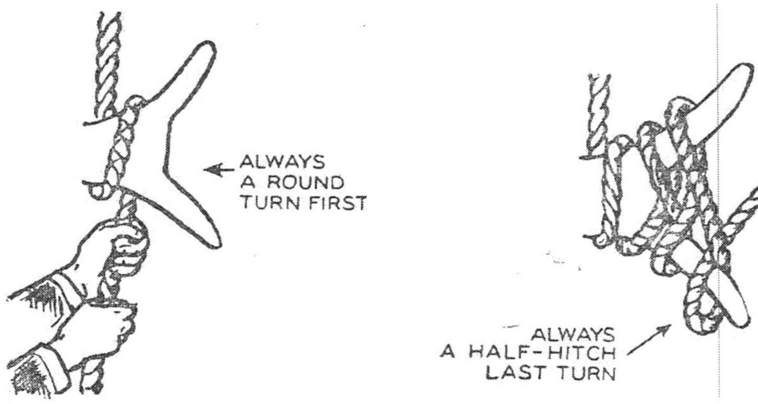

[그림 9-2] 단정의 동요 방지색

단정이 swing out된 상태에서 강하될 때 방현대 요원과 단정 요원은 단정이 현측과 부딪치지 않도록 방현대를 조종하고 hook로 밀어서 선체 손상을 방지한다. 그리고 강하 중 단정을 지지하는 sling 과 tackle fall이 엉키지 않도록 단정 승조원은 주의를 기울여야 한다.

단정이 수면에 닿기 전 약 3′~6′ 높이에서 단정 기관을 시동하며 단정이 수면과 접촉되는 순간 뒤편 block line을 벗기고 차례로 앞 block line을 벗기면 단정이 수면에 부상한다. 이때 frapping line, traveling lizard line, steady line이 풀어지고 sea painter에 의하여 단정은 현측에 계류된다. 단정은 함교의 지시에 의거 현측에서 이탈할 때 단정 선수를 현측의 반대쪽으로 돌려서 속력을 증속하고 sea painter에 장력이 없어지면 이를 풀고서 부여된 임무를 수행한다.

다. 단정 인양

단정 인양 절차는 강하시의 역순이 된다. 인양시 주의해야 할 사항은 단정이 현측에서 기다리는 시간이 없도록 인양 준비를 하고 작업을 신속히 하는 것이다.

인양 준비가 완료된 상태에서 단정이 현측에 접근하면 sea painter를 던져서 단정에 걸고 인양 위치를 유지하게 한다. 계속해서 frapping line, traveling lizard line, steady line을 단정에 보내고, block line이 단정에 도착되면 앞 block line부터 걸고 뒷 block line을 걸도록 하며, block hook에 단정 승조원이 다치지 않도록 safety runner rigged hook를 잘 취급해야 한다.

[그림 9-3] 단정 인양 및 강하

모든 색구 연결이 완료되면 권양기(winch)로 인양색을 감아서 단정을 인양하며 단정 승조원은 이때도 구명색을 붙잡아야 한다. 단정이 갑판 위까지 인양되면 gravity davit를 제외하고는 인양기를 swing in 시키고 단정 받침대에 안전하게 내려서 인양을 완료한다. 이때 주의할 사항은 단정이 단정 받침대에 앉게 될 순간 단정 용골이 평행하게 중력이 작용하도록 하고 키, 추진기, 추진기축이 손상을 받지 않도록 해야 한다. 단정 인양 및 강하시 단정의 동요 방지색(그림 9-4)은 규정대로 실시하고 단정 sling을 이용한 인양 및 강하는 (그림 9-5)와 같이 실시한다.

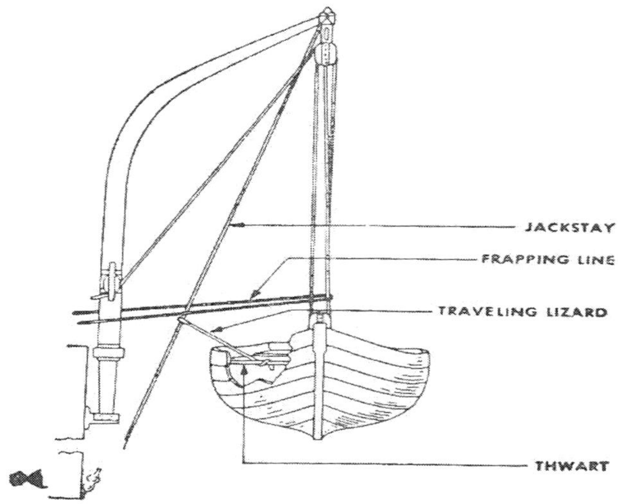

[그림 9-4] 단정 동요 방지색 취급과 고정 요령

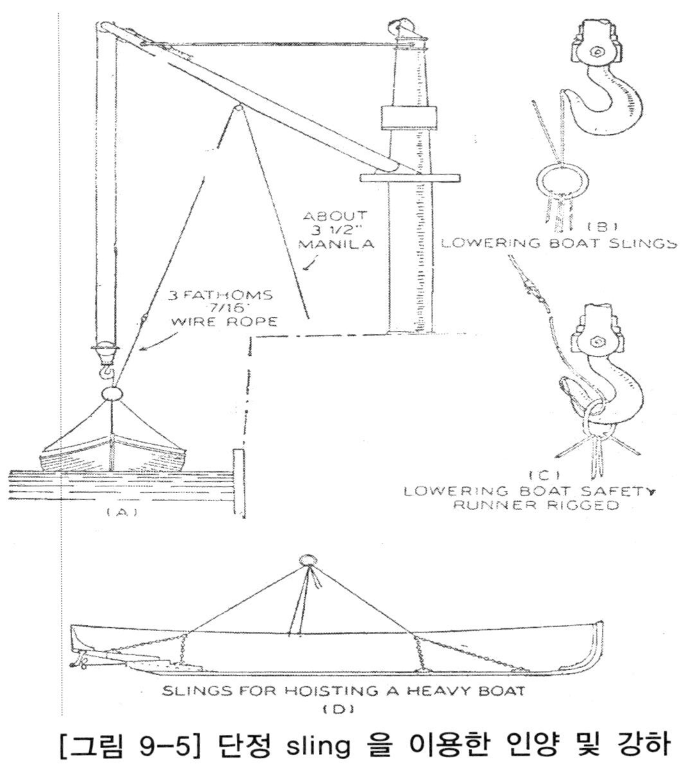

[그림 9-5] 단정 sling 을 이용한 인양 및 강하

3. 단정 조종

가. 단정 운항시 주의 사항

동력 단정을 조종하는 것은 단추진기 선박을 조함하는 것과 아주 흡사하며 기관과 키에 의한 단정의 조종성은 매우 예민하다.

거친 해상을 항해시는 속력을 저속으로 유지해야 하고 외해 항해를 피해야 할 뿐 아니라 선체에 대한 응력도 줄일 수 있도록 하고 후진시 공전으로 인하여 발생하는 기관의 충격도 감소시켜야 한다. 고속으로 외해를 항해하면 단정은 물에 흠뻑 젖게 되고 순조롭게 속력을 내어 항해하는 것이 불가능하다. 그리고 심한 파도가 단정을 전복시키려는 상황에서 단정장은 이를 저지하거나 관찰할 수도 없게 된다.

정수가 높은 상륙 주정은 바람과 파도를 향해서 회두하기가 어렵고 이런 상황에서는 선회경이 크게 될 것이 예상되므로 제한된 수역이 마땅히 고려되어야 한다.

특히 파도가 거친 해상에서는 균일한 하중 적재가 요망되고, 단정의 앞부분이 너무 무거우면 선수가 앞으로 처박으려 하면서 침수가 많이 되고 뒷부분이 너무 무거우면 선미가 가라앉게 된다. 그리고 거친 해상에서 항해시 선미가 무거우면 yawing은 감소시키지만 선수가 너무 높아지게 된다.

단정이 부두와 모함을 떠날 때는 저시정에서도 항해할 수 있도록 침로와 시간을 결정하는 것과 같이 조류와 바람에 대하여 고려되어야 하고 관찰되어야 한다. 단정장은 항내에서 운항시 소주정이 있는 부근이나 부유물에서 작업하는 사람 및 잠수자나 수영자 옆을 통과할 때는 단정의 수류가 미치지 않도록 저속으로 항해해야 하고 주의를 하지 않으면 인명 피해를 가져 온다는 사실을 명심해야 한다. 그리고 부두나 투묘한 선박의 함수 함미를 너무 가까이 통과하지 말아야 한다. 제반 규정(항내 법규, 해상 충돌 예방 규칙)을 준수해야 할 것은 물론이고 인원이나 화물을 많이 실었을 때는 저시정시와 마찬가지로 저속 항해를 하고, 단정 운항 일지, 경유지, 기항지 코스, 운항 목적 등을 자세히 기록해야 한다.

나. 단정의 계류

부두나 선박의 현문 사다리에 단정이 계류할 때는 화물을 적재한 상태에서 신속하게 단정을 계류시키려다 실수하는 것이 언제나 있게 된다. 단정을 계류시는 적당한 각도와 속력으로 접근하여 기관 후진이 되지 않아도 단정을 조종할 타력이 유지되고 키를 이용하여 선체 손상을 입히지 않고 계류할 수 있도록 해야 한다. 단정 기관은 때에 따라 정확하게 기관 명령이 수행되지 않으며 후진시는 선미가 왼쪽으로 편기되는 것을 고려하여 접근 각도를 결정해야 한다.

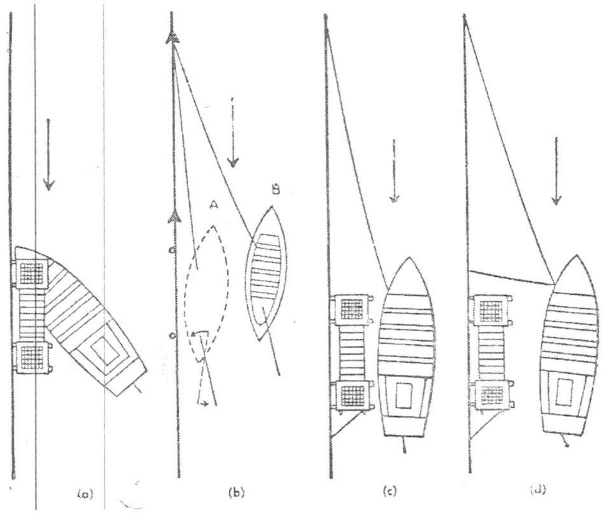

[그림 9-6] 계류시 sea painter의 역할

해상 상태가 나쁘고 조류가 있는 해상에서 선박의 현문 사다리에 계류시는 계류 현측의 외현에 조류와 바람을 받지 않도록 주의해야 만이 단정의 선수가 사다리 밑으로 들어가지 않고 손상되거나 찌그러지지 않는다. 이러한 사고를 방지하기 위해서 단정줄을 적절히 이용하여야 하고 단정줄이 고정될 때까지 단정과 현측사이의 거리를 유지하고 있어야 하며 단정줄이 고정되면 단정은 키를 조종하여 쉽게 계류 할 수 있게 된다. 특히 강한 조류와 거친 파도가 있는 상황에서 단정이 현측에 계류할 때 단정줄을 잘 이용하는 것이 필요하다.

때대로 단정의 요원은 boat hook만을 이용해서 현문 사다리에 계류하게 되고 이때는 boat hook가 닿을만한 거리에 붙잡을 것이 있어야 한다. 그런데 이러한 방법은 위험이 따르고 현측과 단정사이에 익수자가 생기게 된다. 조류가 있을 때, 현문 사다리에 계류하여 단정의 내현측 cleat에 단정줄이 단단히 매어져 있으면 단정은 키를 조종하여 쉽게 선미 방향을 선회시킬 수 있고 조류를 좌우현으로 받을 수 있게 된다.

선박이 횡동요를 하며 함수에서 너울(swell)을 받아 흔들릴 때 현문 사다리에 계류한 단정은 심하게 흔들려서 손상되거나 전복될 위험이 따르게 된다. 그러므로 단정줄이 sea painter역할을 할 수 있도록 길게 하고 breast line 을 병용하며 키와 기관을 사용하면 단정은 현문 사다리와 일정한 간격을 유지하고 안전하게 된다. 그리고 방현대는 자유로이 사용될 수 있도록 필히 설치하여야 한다.

다. 단정의 인원 전재와 탑재

해상 조건이 나빠서 현문 사다리에 계류가 불가능한 때가 가끔 발생되며 이러한 경우 단정 boom을 이용하여 전재하게 된다. 이때 모함이 키를 전타하면 선박은 앞뒤로 yawing하게 되며 함미 방향에 바람을 받지 않고 조용한 수면이 생기게 된다. 그러면 현측에 준비한 boom이나 하선망을 이용하여 인원을 전재하고 선박이 동요하면 단정을 이탈시켜 기다리게 한다.

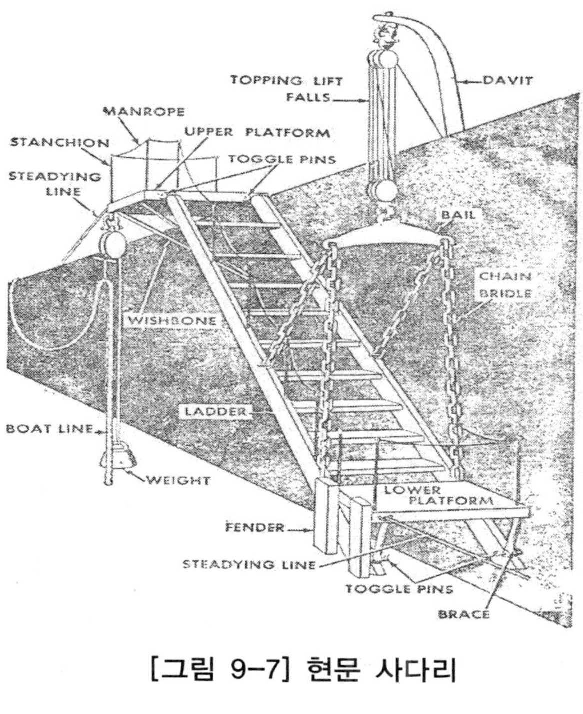

[그림 9-7] 현문 사다리

다른 방법은 boom이나 기중기에 매어단 화물망을 이용하는 방법이 있고, 항공기 인양용 기중기가 있으면 이것을 이용하는 방법도 있으나 고도의 기술이 요구되며 위험하다. 많은 인원과 상륙군을 전재하거나 탑재할 때는 하선망을 이용하는데 한쪽 끝은 현측에 고정되게 하고 다른 끝을 충분히 단정까지 내려갈 수 있는 길이가 되어야 한다. 하선망 끝이 현측에 계류한 단정에 내려가면 하선망에 장력이 생기도록 잡아당기고 인원과 상륙군이 하선망을 타고 내려가거나 올라온다. 이때도 해상이 불량하면 현측과 단정사이에 사람이 익수할 위험이 있으므로 주의해야 하고 위급시는 하선망을 빨리 회수해야 한다.

라. Securing boat

단정을 사용하지 않을 때 인양기에 인양하지 않고 boat boom에 안전하게 매어두게 된다. 이때 선수는 gueso warp에 선미는 단정 고정줄에 대어둔다. 이 장치는 단정이 선체와 떨어진 상태로 고정하고 모선과 평행하게 유지시키며 횡동요와 종동요(pitching)가 있어도 단정이 안전하게 한다. 강풍이나 황천시 모함이 심하게 흔들리면 단정을 안전하게 고정시키지 못하게 되지만 이때는 단정을 함미에 매달리게 하기도 하고 인양기에 인양하게 된다. 이때 주의해야 할 사항은 항시 방현대를 준비하고 단정을 매어두는 줄이 절단되지 않도록 사전 조치를 취하여야 한다.

4. 기파(surf; 磯波)가 있는 해상에서 단정 조종

기파가 있는 해면에서 단정을 조종하는 것은 실제 경험에 의해서만이 얻을 수 있는 특출한 판단과 숙련된 기술이다. 상륙 작전시는 해상에 어느 정도 기파가 있어도 접안을 하게 되며 상륙 주정은 이러한 목적으로 특별히 설계되었고 상륙 주정 요원은 별도로 훈련을 받아야 한다. 그리고 함정 근무자는 해상 상태가 나쁜 경우에 단정과 구명대를 기파가 있는 상황에서 조종한다는 것을 알아야 한다. 승조원은 기회가 있으면 언제든지 단정 조종법을 습득해 둠으로써 위급한 경우에 생명을 구하게 된다.

단정을 타고 외해에서 관찰하면 실제 기파의 현상보다 덜 위험한 것 같이 보인다. 그러므로 기파가 있을 때는 조심하여 접안을 실시하고 완전한 준비가 되기 전까지 breaker 외측에서 기다려야 하며 육상에서 지원이 필요할 경우는 지원 준비가 될 때까지 기다려야 한다. 기파가 있는 해안에서 상륙 주정 단독으로 접안시 지켜야 할 두가지 원칙은 단정이 broaching 이나 전복되지 않기 위해서는 기파에 똑바로 정수미선을 유지하고, 기파가 가장 작은 것이 밀려올 때 정미가 파곡에 위치한 상태로 운항해야 한다.

기파가 있을 때 운항하는 방법은 여러 가지 방법이 있게 되며, 기파의 크기, 해안의 형태, 조류의 흐름, 기상, 단정의 trim 등에 따라 다르고 주정요원의 경험 유무와 기분에 따라 틀려진다. 그러므로 단정 조정 원칙보다 외적인 조건을 충분히 고려하여 단정을 운항할 방법을 결정해야 한다.

※ breaker : 파도가 칠 때 해안가에 주위의 해면보다 특히 파도가 높고 위험한 곳

가. 기파가 있을 때 상륙 주정 접안

상륙 주정을 접안시키기 전에 기파가 발생하는 breaker line의 밖에서 파도의 진행을 파악하면 큰 파도가 몇 개 지난 후 작은 파도가 몇 개 밀려오는 것을 알 수 있다. 이때 정장은 큰 파도가 지나고 작은 파도가 오는 순산을 포착하여 파정(crest)의 바로 뒤에 주정이 위치하여 항진하며 기관을 전속으로 사용하여 breaker line 을 통과한다. 그 후 접안 위치에 가까워지면 상륙 주정은 속력을 증감하여 파정의 바로 뒤에 따라가도록 파도와 상대 위치를 유지해야 한다. 그렇지 않고 파정에 얹혀 접안하면 선체가 육지에 부딪쳐 손상되고 파곡에 놓여 접안하면 broaching 되기가 쉽다. 상륙 주정의 접안은 용골 전체가 해안에 얹히도록 전속으로 접안하며 기파에 대하여 직각을 유지해야 broaching 되지 않는다. 만일 접안 전에 기타 구역에서 기관 고장이 생기면 즉시 선미묘(anchor)를 투하하여 정미가 기파에 직각되게 유지하며 해안으로 밀려가야만 broaching 되는 것을 방지할 수 있다.

상륙 주정(LCVP)은 숙달된 조종을 할 경우 12ft의 기파에도 무사히 접안과 이안이 가능하며 조종 능력이 부족하면 불과 6~8ft 정도의 기파에서도 전복되거나

broaching 된다. 만일 해안에 항진 중 예기치 않는 모래언덕(sandbar)에 얹히게 되면 다음 큰 기파가 주정을 들어서 밀 때까지 기관을 저속 전진하고 있다가 모래언덕을 넘어서면 즉시 전속으로 전진해야 한다.

일반적으로 기파는 해안선과 평행하게 밀려오므로 접안은 해안선에 직각되게 하며 기파가 해안선과 평행하지 않으면 기파와 직각되게 접안해야 한다. 해안에 접안했으나 dry ramping 이 되지 않으면 해안대(beach party)의 지시가 없는 한 상륙군을 하선시켜서는 안되고 기파를 타고 더 전진해야 할 것인지 아니면 이안(retracting)하여 재접안 시도를 할 것인지를 신중히 검토하여야 한다.

상륙군이나 화물을 적재하고 접안시는 전속으로 접안하고 저속으로 접안하는 일이 없도록 해야 한다. 저속으로 접안하면 broaching 될 위험이 있고 사고가 나게 된다. broaching되는 것을 방지하기 위해서는 첫째, 상륙주정을 기파에 직각되게 할 것, 둘째, 상륙 주정의 용골 전체가 해안에 얹히도록 접안할 것, 셋째, 뒤따라오는 기파가 상륙 주정을 밀지 않도록 속력을 조종하여 항진할 것, 넷째, 필요시는 broaching 방지색(anti broaching line)을 낼 것 등이다. 주정이 접안하여 상륙군을 하선하고 있는 동안에 상륙 주정은 계속하여 기파에 직각되게 유지하고 있어야 하며 육상의 고정 물표를 선정하고 상대 방위를 일정하게 유지하면 기파에 직각으로 하기가 쉽다. 그리고 tjs수가 돌아가기 시작하면 키를 정미가 회두하는 방향으로 전타하여 바로 잡는다 .상륙 주정이 이안(retracting)하는 것은 접안보다 더 고도의 기술이 요구되며 추진기, 키, 선체 등이 파손되기 쉬울 뿐 아니라 이안 직후에 기파에 밀려 broaching 되는 경우가 많으므로 다음과 같은 절차를 지키면 안전하다.

가. 이안을 시도하기 전에 키는 중앙 위치에 있어야 한다. 타기에 힘을 가하지 않고 기관을 약간 전진으로 사용하면 상륙 주정의 경우 추진기의 배출류에 의하여 키가 중앙 위치에 놓이게 된다.

나. 선수는 육상에 선적한 물표에 일치되는 방향에 있어야 하고 이안 후 후진시에도 선미가 조금이라도 회두하면 바로 알 수 있게 된다.

다. 기관을 후진시켜 선체가 해안에서 이안되면 기관을 후진으로 증속한다.

라. 기파가 심한 경우는 추진기의 공전(racing)을 방지하기 위하여 적절한 조종

과 기관을 사용해야 한다.

마. 이안시 선수가 회두하면 회두하는 방향으로 키를 전타하고 과도히 전타해서 반대 방향으로 선수가 회두하는 현상이 생기지 않도록 주의해야 한다.

바. 이안 후 후진하여 모래언덕(sand bar)에 얹히면 이때도 기파에 직각되게 유지하며, 계속 후진하여 breaker line 밖으로 나가야 한다.

사. breaker line 을 후진으로 통과하면 파정(crest)에서 키를 전타하고 기관을 전속 전진시켜 항진할 침로 쪽으로 신속히 회두한다.

※ dry ramping : 상륙 주정이 접안하여 ramp를 내리면 해안에 ramp gate가 놓이는 상태의 접안

제 6 절 정박 용구

선박을 묘박시키고 계류 부표(buoy)에 계류시키며, 육안에 계류하는데 사용되는 용구를 말하며, 닻(anchor), 묘쇄, 양묘기 등이 대표적인 정박 용구이며 묘쇄에 관련된 부속 장구가 포함된다. 화물인양용 권양기(winch)가 정박하는데 사용될 경우는 정박 용구의 역할을 한다고 볼 수 있다.

1. 정박용구의 종류

가. 양묘기(windlass)

양묘기는 묘쇄를 인양 및 강하하기 위하여 설치된 것으로 닻의 투묘나 인양시 사용되며, 보통 함수 갑판에 위치한다.

양묘기를 동력 장치에 따라서 분류하면 인력으로 움직이는 수동식 양묘기, 스팀(steam)으로 작동되는 증기식 양묘기, 전동기로 구동되는 전동식 양묘기, 수력과 전동기로 구동되는 전동 수력식 양묘기의 4가지 종류가 있다.

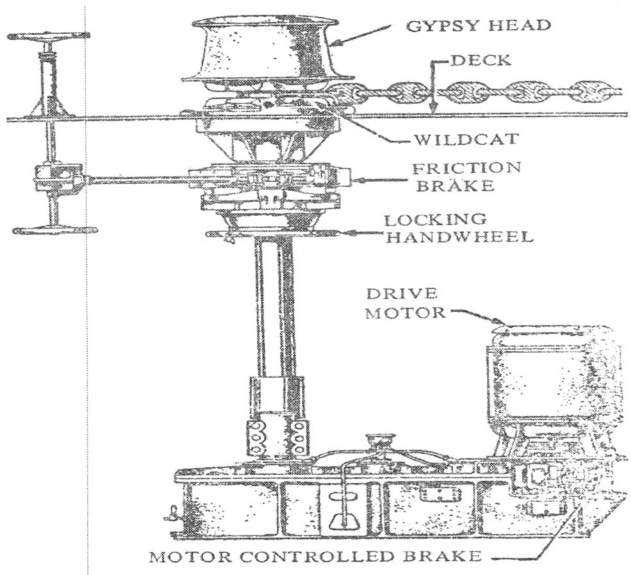

[그림 9-8] 전동식 양묘기

우리 해군에서는 주로 전동식이 많이 사용되고 있다. 양묘기는 묘쇄 창고에서 fairlead를 통해서 나온 묘쇄가 wildcat에 감겨서 닻(anchor)으로 연결되게 한다. 묘쇄가 wildcat 에 감길 때는 톱니모양의 홈에 묘쇄환(link)이 끼어서 미끄러지지 않게 되며 닻을 인양시 wildcat를 회전시킨다. 그런데 wildcat는 닻을 인양시는 capstan축과 같이 회전하고, 투묘시는 capstan과 결합되는 핀을 뽑아 wildcat만이 자유로이 회전한다. capstan축이 갑판과 평행한 양묘는 수평형 양묘기라하고, 갑판과 수직으로 되어 있으면 수직형 양묘기라 한다.

나. 닻(anchor)

닻은 선박을 임의의 수면에 정박시키는 용구로서, 협수로에서 선박을 회두 시키는데, 선박이 위험한 상황에서 타력을 급격히 감소시키는데, 좌초된 선박을 고정시키는데 사용된다. 그리고 닻의 각부 명칭은 그림 9-9와 같으며, 닻장(stock), 닻체(shank), 닻손(palm or fluke), 닻가지(arm), 닻날(bill or pea), 닻머리(crown)라 부른다.

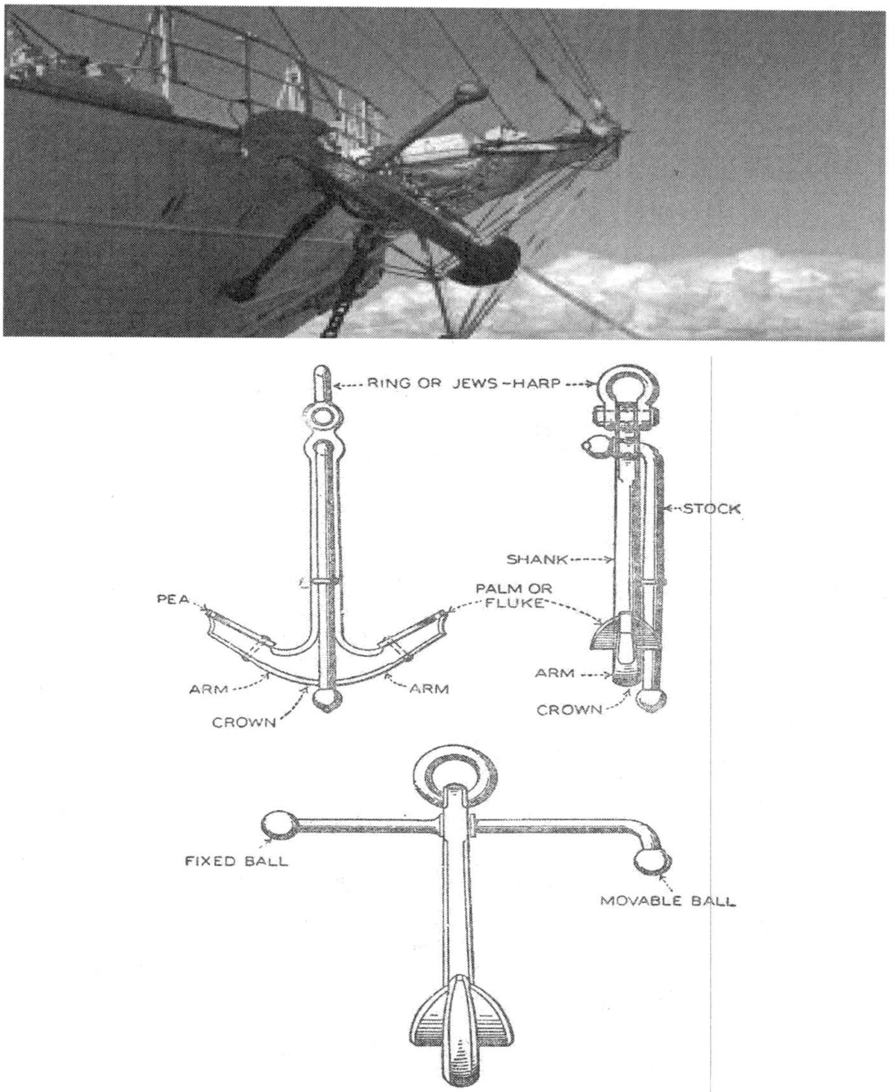

[그림 9-9] 닻의 각부 명칭(stock anchor)

(1) 구조에 의한 닻의 종류

해군에서 많이 사용하는 닻의 종류는 다음과 같다.

(가) Stock anchor : stock anchor 는 old fashioned anchor 를 말하며 옛날부

터 많이 사용되어 왔으나, 현재는 소형선과 범선에 사용될 뿐 군함에서는 거의 사용되지 않는다. stock anchor 는 동일한 무게의 stockless anchor 보다 파지력(holding power)은 좋으나 닻장(stock)에 묘쇄가 꼬이기 쉽고 닻의 수납시 취급이 불편하여 해군에서는 계류 부표의 mooring anchor로 사용한다.

(나) Stockless anchor : 닻장이 없는 닻을 말하며 dunn anchor와 baldt anchor가 있다. 닻가지(arm)는 닻체(shank)에 대하여 양쪽으로 30°~45°까지 회전할 수 있고, 닻손(palm)은 닻가지와 평행하게 되어 있어 닻손은 어느 방향이던지 땅에 박히게 되어 있다. stockless anchor는 취급이 용이한 반면 파지력이 약하여 닻의 무게가 무거워져야 한다.

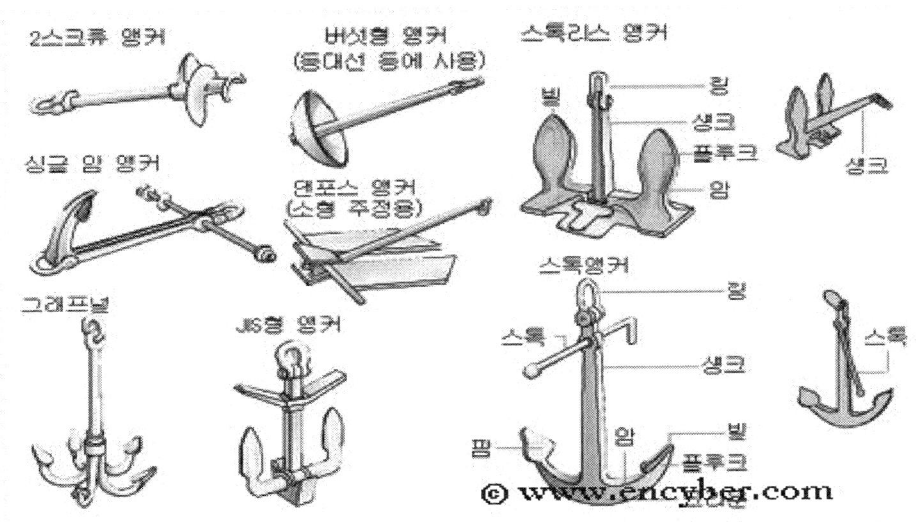

[그림 9-10] anchor의 종류

(다) Lightweigt type(L.W.T.) anchor : stockless anchor의 단점을 개선하여 만든 닻이다. danforth anchor 와 northill anchor가 있으며 northill anchor는 단정용이나 수상항공기용으로 주고 사용된다. danforth anchor는 닻머리(crown)에 회전 방지용 닻장이 있고 길고 날카로운 닻손이 있다. 닻이 땅에 박힐 때 묘쇄에 일정한 장력을 주면 stock anchor와 같이 쉽게 깊

숙이 박히며 닻장에 의해서 닻이 회전되지 않는다. 이 닻은 파지력(holding power)이 매우 커서 동일한 무게의 stock anchor 보다 3배가 되고 stockless anchor보다 10배가 강한 것으로 알려져 있다. 닻머리에 있는 닻장은 닻의 취급이나 보관에 불편이 없고 사용하기가 편리하여 함정에서 많이 이용되고 있다. 특히 상륙 전함의 함미 닻으로 많이 사용하고 소형으로 제작하여 단정에 이용된다.

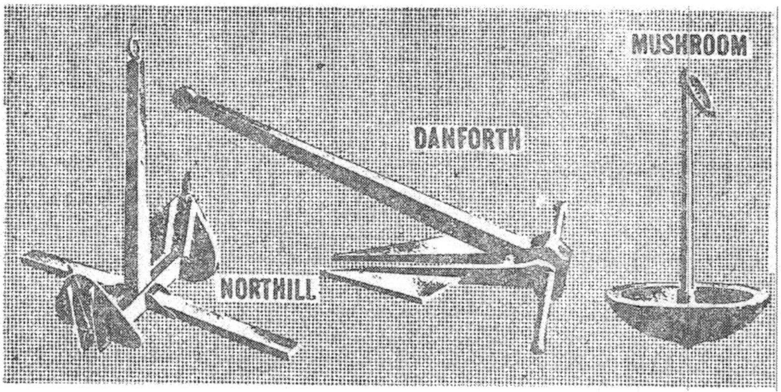

[그림 9-11] L.W.T. anchor 와 mushroom anchor

(라) Mushroom anchor : 버섯모양으로 생긴 닻이며 수납하면 선체에 밀착하여 유선형을 이루어 저항이 적으므로 장수함에 많이 이용된다. 파지력이 크고, 묘쇄가 닻에 꼬이지 않으며 수납이 용이하다.

(2) 용도에 의한 닻의 종류

선박에서 닻이 어떻게 사용되는가에 따라 다음과 같이 분류한다.

(가) 함수묘(bower or bow anchor) : 함수 양현에 있는 닻이며, 좌현묘가 우현묘 보다7.5%가량 가벼운 것도 있었으나 현재는 모두 중량이 같다.

(나) 함미묘(stern anchor) : 상륙 함정의 함미에 있는 닻이며 상륙 함정이 육안에 함수 접안시 함미의 동요를 방지하고 이안시 함 행동을 용이하도록 해준다.

(다) 중묘(stream anchor) : 함수묘의 약 ⅓의 무게인 닻으로서 함수나 함

미에 비치하여 작은 범위의 묘지 이동이나 함미 선회 방지용으로 사용한다.

(라) 소묘(kedge anchor) : 상륙 함정이 아닌 선박이 함미묘 위치에 설치하여 중묘와 같은 목적으로 사용하는 닻이며 무게는 함수묘의 1/6~1/10이다. 대형 상륙함(LST)에서 실시하여 kedge anchor훈련은 함미묘가 박히지 않았을 때 다시 상륙주정을 이용하여 투묘지에 재투묘하는 훈련이다.

(마) 예비묘(sheat anchor or spare anchor) : 함수묘와 크기나 무게가 같은 닻이고 함수묘 분실시 대용으로 사용하기 위해서 함수 부근에 비치한다.

(바) 단정묘(boat anchor) : 단정에서 사용하는 닻이며 통상 danforth anchor로 되어 있고 닻의 중량(W)은 다음 식으로 산출한다.

W=단정의 최대폭(ft)×1.2Ibs

(사) 사조묘(grapnel) : 4개의 낚시형 닻손으로 되어 있어 해저에 떨어진 물건을 건지거나 탐묘(sweeping anchor)시에 사용된다.

다. 닻의 부속장구(anchor gear)

(1) 묘쇄(anchor chain)

강재로 된 장방형 고리 모양의 쇄환(link)이 연결되어 닻과 연결된 것을 묘쇄라 한다. 묘쇄를 구성하는 보통쇄환(common link)의 중앙에 stud가 있으면 stud link라 하고 없으면 studless link라 한다. stud link는 강한 장력을 요하는 묘쇄에 사용하고, studless link는 약한 장력이 미치는 소형 선박에 사용하는데 이 묘쇄가 stud link로 된 묘쇄보다 잘 꼬이는 단점이 있다. 묘쇄의 크기는 쇄환의 연결 부분 직경으로 표시하고, 쇄환의 길이는 직경의 6배가 되며, 폭은 직경의3.6배이다. 묘쇄의 길이는 15패덤(fathom: 1패덤=1.83m)을 1매듭(shot)이라 부르고 각 매듭은 연결환(detachable link)으로 결합된다. 묘쇄는 제작 방법에 의해서 다음과 같이 분류된다.

(가) 단접 묘쇄 : 압연 환강을 빨갛게 달구어서 중간에 stud를 끼어서 연결한

묘쇄이며, 쇄환(link) 표면이 고르지 못하고, 제작에 힘이들어 소형 묘쇄 제작에 사용된다. 그리고 접합부가 다소 약한 단점이 있다.

(나) **전기 용접 묘쇄** : 압연 환강이나 단강을 전기 용접으로 제조한 묘쇄이며 접합부가 강하여 동일 직경의 단접 묘쇄보다 30%가 강하다.

(다) **주조 묘쇄** : 주강을 녹여 주형에 부어서 만든 묘쇄이다. 재질이 고르고 이음매가 없으며 대단히 강하여 대형 묘쇄에 적합하나 충격에 약한 것이 단점이다.

(라) **Dio-lock chain** : 단강재(forged steel)로 두 개의 U형의 male section(이어지는 부분은 나사못과 같이됨)과 female section(이어지는 부분은 nut형과 같이됨)을 만들어 female section을 가열하여 팽창시킨 뒤 male section을 결합하여 만든 묘쇄이다.

묘쇄대신 강색(wire rope)을 사용하는 닻이 있는데 이러한 경우는 묘색이라 부르고 소형 닻에는 manila rope나 nylon rope를 묘쇄 대신으로 사용한다.

(2) 연결환(detachable link)일명

connecting shackle이라고 한다. 보통 쇄환과 같은 크기 및 강도를 유지하며 쇄환을 연결하는데 사용되는 것을 말한다. 연결환의 결합순서는 그림 9-12에 표시되어 있고, 연결환을 결합 완료하고 forelock pin이 빠지지 않도록 lead pellet를 망치로 두들겨서 밀착시켜야 한다. 그리고 연결환 결합시 내부에 녹이 슬지 않도록 접합제(putty)와 그리스를 혼합하여 채우는 것을 잊지 말아야 한다.

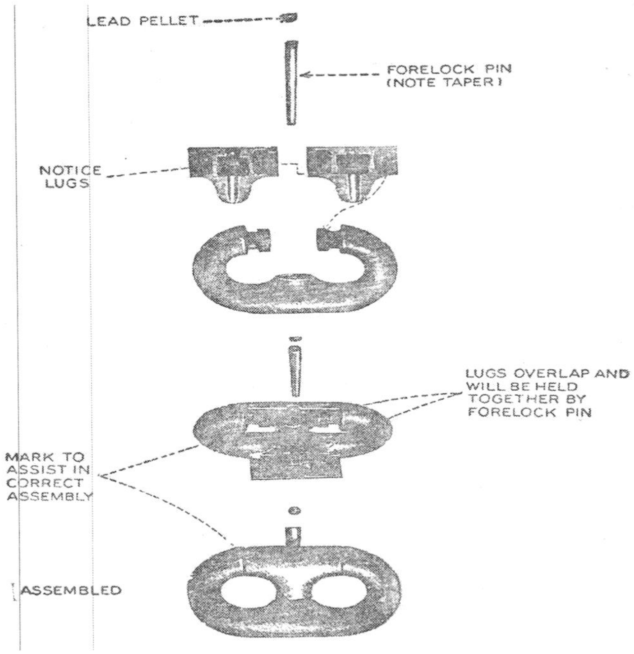

[그림 9-12] 연결환(detachable link)

(3) Bending shackle

닻과 묘쇄를 연결하는 shackle을 말한다. 이 샤클은 묘쇄의 out board swivel shot의 단말 쇄환(端末鎖環 : end link)과 닻을 결합시킨다.

(4) Out board swivel shot

묘쇄의 첫 번째 shot, 보통 쇄환과 bending shackle 사이에 연결되는 묘쇄를 말하며 기본적인 형과 변형된 형의 2가지가 있고, 그림 4-7에서 보는 바와 같다. out board swivel shot에는 선박이 묘박(錨泊)하여 조류나 바람 등으로 회두하여도 묘쇄가 꼬이지 않게 작용하는 swivel이 포함되어 있다. out board swivel shot의 길이 (닻을 포함)는 5패덤이 되므로 첫 번째 매듭은 총길이가 20패덤이다.

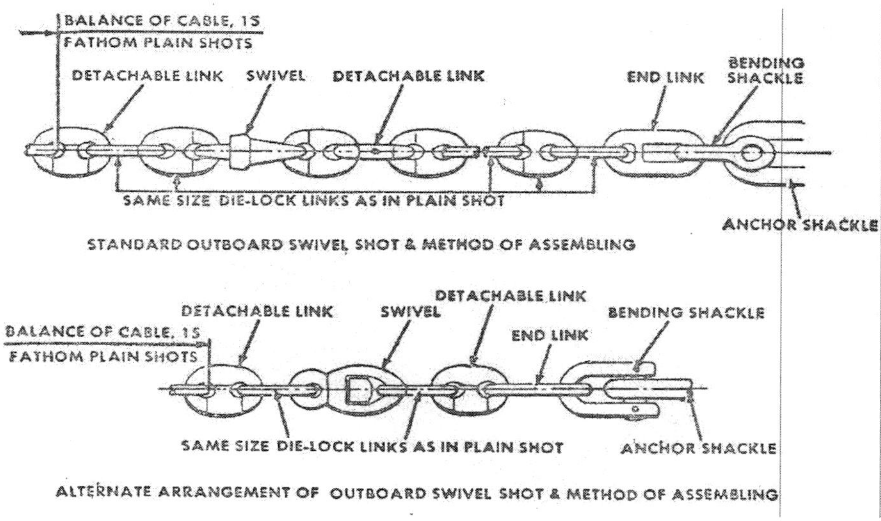

[그림 9-13] out board swivel shot

(5) Chain stopper

닻을 투하했을 때나 양묘했을 때 닻을 고정하기 위해서 묘쇄의 장력을 흡수할 목적으로 사용되는 것을 말한다.

chain stopper는 신속한 투묘를 하기 위해서 닻을 cock bill상태로 유지할 때 사용하며 이때는 양묘기의 brake band를 풀어 주고 wildcat는 자유로이 회전할 수 있으므로 함교의 지시만 있으면 chain stopper의 끝에 달린 pelican hoak의 bale shackle pin을 뽑고 bale shackle을 해머로 살짝 옆으로 때려주면 닻과 묘쇄가 신출된다.

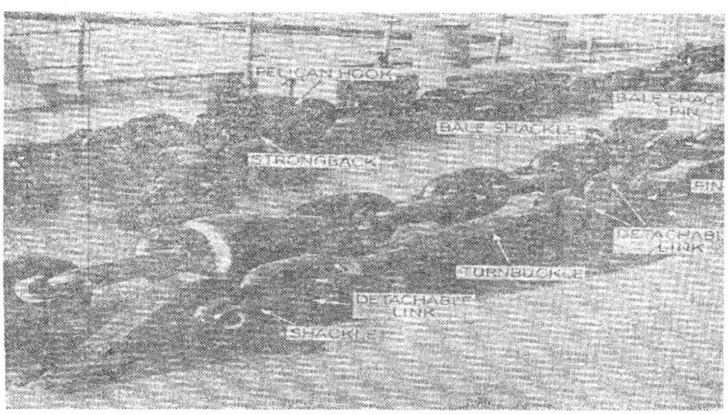

[그림 9-14] chain stopper

(6) Mooring swivel

부표(buoy)에 계류시 사용하는 것으로 swivel과 같은 작용을 한다.

쌍묘박시는 두 개의 묘쇄를 연결할 수 있도록 되어 있고 mooring swivel을 설치하는 방법은 o'neil method와 eldridge method의 두가지가 있다.

[그림 9-15] swivel

(7) Mooring shackle

부표에 계류시 묘쇄와 부표에 달려 있는 ring을 결합시키는 샤클을 말한다. 샤클의 크기는 구축한 이하 전부 6″ 규격으로 되어 있고 순양함이상은 7″규격의 샤클을 사용한다.

(8) Mooring hook

구축함 이하의 함정에서 부표에 계류할 때 함정이 부표에 안전하고 신속하게 접근하여 부표환(buoy ring)과 부표 계류 묘쇄를 결합할 수 있도록 사용하는 hook이다. mooring hook에는 3″이상의 manila rope가 연결되어 있다.

(9) Clear hawse pendant

쌍묘박시 묘쇄가 꼬였을 때 묘쇄를 풀기 위해 사용하는 5~15패돔길이의 강색을 말한다. 한쪽 끝에는 thimble이 달려있고, 다른 끝단에는 pelican hook가 달려 있다.

(10) Dip rope

clear hawse pendant와 같은 목적으로 사용되는 14~36패돔 길이의 manila rope이며 pelican hook대신 샤클이 달려 있다.

(11) Shackle tool kit

투묘, 양묘, 예선, 부표 계류 등 정박 용구를 사용할 때 정박 용구의 분해 및 결합 등에 사용되는 공구함을 말한다.

(12) Senhouse slip(or pelican slip)

묘쇄의 최종단을 묘쇄 격실의 측벽이나 바닥에 고착된 padeye에 연결시키는 장치로서 몇 개의 studless link와 pelican hook로 구성된다.

제7절 정박 용구 검사 및 표지

1. 정박 용구 정기 검사

모든 $1\frac{1}{2}$″이하 묘쇄는 묘색을 포함해서 매 3개월마다 또는 필요한 때 갑판상에 올려 전체 묘쇄에 대한 검사를 해야 한다. 그리고 필요에 따라서 묘쇄에 묻은 뻘, 녹, 기타 부착물을 제거하고 깨끗이 하여 검사해야 하며 정비해야 한다. 연결환은 모두 분해하여 부식 상태를 검사하고 불량할 때는 새것으로 교환해야 한다. 연결환을 교환할 때나 재조립할 때는 내부에 접착제(putty)와 그리스를 혼합하여 채워서 조립하고 방청 페인트를 칠해야 한다. outboard swivel shot 에 연결된 연결환에는 forelock pin을 제자리에 고정하는 steel locking wire가 있는데 연결환 분해시 steel locking wire가 손상되기 쉬우므로 교환품을 준비한 후 분해해야 한다. 묘쇄의 부속장구를 분해하여 정비한 후는 묘쇄용 흑색 페인트를 도장하는데, 추운 날씨에 응고된 페인트는 turpetine유를 첨가하여 사용하면 도장하기도 편리하고 페인트가 빨리 건조한다.

묘쇄는 크기에 관계없이 매 18개월 마다 수리창 또는 정비창으로부터 정기 마모 검사를 받아야 하고 선거에 입거시는 가급적 sand blasting을 하여 정비해야 한다. 하정에서도 일부 또는 전부 도장을 해야 하며 도장 전에는 반드시 묘쇄 검사를 해야 한다.

묘쇄는 오래 사용하면 40~60 패덤 사이의 보통 쇄환이 많이 마모되므로 함장의 지시를 받아 마모가 많이 된 보통 쇄환 부분을 사용되지 않는 위치로 갈 수 있도록 연결환을 분해하여 위치 교환을 하고, 정기 수리 전에 이상이 있는 보통 쇄환이 발견되면 보통 때 사용되지 않는 맨 안쪽 매듭으로 보낸다. 묘쇄의 보통 쇄환에 이상이 있는 것을 발견하는 것은 갑판사관이 가장 관심을 가져야 할 중요 사항이므로 양묘시는 목재 햄머로 보통 쇄환을 두들겨서 묘쇄의 이상 유무를 확인해야 한다.

2. 묘쇄 길이의 표지

투묘시는 선박의 크기, 수심, 외력의 영향을 고려하여 묘쇄 신출량을 조종하므로 묘쇄의 길이를 신속히 파악하는 것은 투묘 작업시 꼭 필요한 사항이다. 이러한 목적으로 사용하기 위해서 묘쇄에는 각 매듭 마다 페인트나 철사로 묘쇄 길이를 표시한다.

가. 페인트 표지

흑색 페인트를 도장한 묘쇄는 매 15패덤마다 연결환으로 결합되어 있으며 함수묘의 묘쇄는 7~11 매듭으로 되어 있고 우현 함수 묘쇄가 좌현 함수 묘쇄보다 길게 되어 있는 것이 보통이다. 첫 번째 묘쇄 연결환부터 적색, 백색, 청색 페인트를 반복해 가면서 도장하고, 연결환의 바로 옆에 있는 보통 쇄환을 백색 페인트를 도장하는데 그 방법은 아래와 같다.

〈표 9-8〉 묘쇄의 페인트 표지

shot	연결환 색깔	백색 페인트를 도장한 보통 쇄환
제 1(15FM)	적색	연결환 앞뒤 각각 백색 1개
제 2(30FM)	백색	연결환 앞뒤 각각 백색 2개
제 3(45FM)	청색	연결환 앞뒤 각각 백색 3개
제 4(60FM)	적색	연결환 앞뒤 각각 백색 4개

그러나 묘쇄의 마지막 shot(15패덤)은 전부 적색을 도장하고 두 번째 shot는 전부 황색을 도장하여 과도한 장력으로 묘쇄가 신출되면 묘쇄 보유량을 신속히 파악해서 장력을 저지함으로써 묘쇄 절단을 방지할 수 있도록 한다.

나. 철사 표지

묘쇄 길이를 페인트로 도장하여 표시하면 투양묘시 페인트가 벗겨져서 표지를 확인하기가 불편하고 또한 묘쇄를 sand blasting했을 경우 shot 확인이 어렵게 된다. 그러므로 각 매듭(shot)마다 연결환 전후의 보통 쇄환(common link) stud에, 매듭수에 해당하는 숫자와 같게 철사를 감아 놓는다. 해군 함정은 페인트 표지와 철사 표지를 병행하여 사용한다.

제8절 로 프

로프는 선박 계류, 예인, 하역, 항해 용구, 구명 용구, 화물 이송시 선박에서 가장 많이 사용되는 선박 용품이다. 로프는 섬유색(fiber rope)과 강색(wire rope)으로 나누어지고, 섬유색은 다시 자연 섬유색(natural fiber rope)과 합성 섬유색(synthetic fiber rope)으로 분류된다.

1. 섬유색(fiber rope)

섬유색은 자연 식물과 인공으로 만든 섬유로서 제작된 로프이며 섬유색을 만드는 재료는 아바카(abaca : 파초의 일종), 대마(hemp), 사이잘(sisal), 목면(cotton) 등의 자연 식물과 nylon, polyester, polyethylene, polypropylene, flends 등의 섬유이다.

가. 섬유색의 제법(construction of fiber rope)

(1) plain laid rope

깨끗하게 손질된 섬유(fiber)를 여러개 모아서 right hand lay(Z twist)로 꼬아서 yarn을 만들고, 다시 여러 가닥의 yarn을 left hand lay(S twist)로 꼬아서 strand를 만든다. 3~4개의 strand를 right hand lay로 꼬아서 rope를 만든다. 이와 같이 하여 3개의 strand로 만든 rope를 plain laid rope(hawser laid rope)라 하고 보통 로프라 하면 이것을 말한다.

이 rope는 강도가 크고 동색(running rigging)으로 많이 사용한다.

(2) Shroud laid rope

rope의 중심(中心)에 hemp heart를 넣은 4개의 strand로 만든 right hand laid rope를 말하며 강색이 없었을 때 정색(靜索 : standing rigging)으로 사용되었으나 지금은 거의 볼 수 없다.

(3) Cable laid rope

3개의 plain laid rope 를 left hand lay(S twist)로 꼬아서 만든 rope이며 동일한 크기의 plain laid rope보다 장력은 약하지만 탄력이 있으므로 예색(曳索)과 구조 작업 등에 사용된다.

(4) Cross rope(eight rope)

Z twist 2개, S twist 2개, Z twist 2개, S twist 2개 등 4개조 8가닥의 strand를 가

지고 교호로 엮어서 만든 로프이며 주로 합성 섬유 로프 제작에 사용된다. 이것은 유연하고 kink(꼬여서 구부러진 상태)가 일어나지 않고, slip이 생기지 않으며 신장율이 커서 상선에서 많이 사용한다.

(5) Braided rope

만드는 방법은 cross rope와 비슷하나 cross rope 보다 많은 strand를 사용하며, 심지(core)가 없는 hollow braid rope, yarn core를 넣은 stuffer braid rope, hollow braid rope를 yarn으로 하여 만든 solid braid rope, hollow braid rope 위에 다시 hollow braid rope를 덮은 이중 hollow braid rope 인 double braid rope가 있다. crose rope보다 더 유연하고 kink가 일어나지 않으며, 신장율이 크다. 그러므로 섬유색이 회전하면 작업이 위험한 경우나 화물 인양시 주로 사용한다.

나. 섬유색의 종류(纖維索의 種類)

섬유색의 크기는 둘레의 길이로 표시하며 5/8″부터 16″까지 있고 함정에서는 12″이상의 rope는 사용하지 않는다. 그리고 $1\frac{1}{2}$″ 이하는 yarn의 수를 표시하여 합사(合糸)라 부른다.

(1) Manila rope

필리핀 군도에 야생하는 abaca의 섬유로 만든 백색의 로프로서 유연하고 탄력이 있으며, 가볍고 내수성이 크며 비교적 가격이 싸기 때문에 계류색 등으로 가장 많이 사용된다.

(2) 대마 로프

표백한 대마(hemp, cannabis sative)의 섬유로 만든 백색의 로프이다. 건조된 상태에서는 모든 마색(痲索)중 가장 강인하지만, 무겁고 가격이 비싸며 내수성이 약하여 많이 사용되지 않는다.

(3) Coir rope

야자 열매(coconut)의 껍질 섬유로 만든 적갈색 내지 흑갈색 로프이다. 강도는 manila rope의 50%정도이나 내수성과 탄력성이 크고 가벼우므로 소형선의 예색(曳索)이나 색구(索具) 등에 사용된다.

(4) Sisal rope

sisal 마(麻)의 잎의 섬유로 만든 rope이다. 강도는 manila rope보다 약하나 가볍다.

(5) Cotton rope

목면으로 만든 rope이며 값이 비싼 고급품으로 측심줄(lead line), 기류신호색(signal halyard) 등에 사용 된다.

(6) 합성 섬유색(合成纖維索 : synthetic fiber rope)

nylon, polyester, polypropylene섬유로 만든 rope이며 강도는 동일한 크기의 manlia rope보다 약 3배이다. 합성 섬유색은 습기나 벌레에 의하여 부식되지 않고, 수분 흡수율이 매우 낮으며 신축성이 크기 때문에 급격한 충격을 받아도 이를 방지할 수 있고 장력이 없어지면 원상태로 수축된다. 또한 자연 섬유보다 가볍고 보관하기 쉽지만 한 가지 단점은 산류(酸類)에 약한 점이다. 합성 섬유색의 yarn을 구성하는 섬유의 형태에는 세 종류가 있다.

(1) spun yarn : 짧은 섬유를 평행 사태로 꼬아서 yarn을 만든 것으로 자연 섬유의 yarn을 만드는 것과 같다.

(2) mono filament yarn : 단일한 긴 섬유를 그대로 yarn으로 한 것(polyethlene fiber rope에 많이 사용된다.)

(3) multi filament yarn : 다수의 긴 섬유를 모아 yarn을 만든 것으로 nylon rope 등에 많이 사용 된다.

다. 섬유색의 취급(纖維索의 取扱)

(1) 자연 섬유색의 취급상 주의 사항

자연 섬유색은 금속과 달리 장기간 사용할 수도 없으며 부식되지 않는 것도 아니다. 따라서 보통 장력에 사용 로프에 과도한 장력을 가하거나 파단 장력(breaking strength)에 가까운 장력을 가한 로프는 재질이 파괴되어 최대 장력을 갖지 못하게 된다. 로프의 안전도는 로프를 사용함에 따라 감소되고 로프에 가해지는 장력의 크기에 따라 수명이 달라진다. 이러한 현상은 장력이 로프에 작용될 때 섬유가 꼬이면서 일부가 파괴되기 때문이다.

[그림 9-16] 섬유색(마닐라 로프)

로프는 물에 젖으면 수축하고, 장력이 가해진 상태에서 수축 현상이 생기면 로프가 절단될 위험이 있으므로 여름철에 소낙비가 오면 로프의 장력을 늦춰 주어야 한다. 이러한 성질을 이용하여 화물을 묶을 때 건조된 로프를 사용하고 물을 뿌리면 튼튼하게 매어진다. 로프를 릴(reel)에 보관 할 때는 우선회 로프이면 시계방향으로 감아두고 코일(coil)에서 풀어낼 때는 코일의 내측 끝단에서 반시계방향으로 풀어내어야 한다.

1) 물에 젖었거나 습기 찬 로프를 통풍이 되지 않는 격실에 보관하지 말 것

2) 과도한 열이나 필요 없는 더운 햇볕에 로프를 절대로 방치하지 말 것
3) 안전 하중을 넘는 장력을 절대로 가하지 말 것
4) 모가 난 기둥이나 거친 표면에 절대로 감아두지 말 것
5) 로프에 기름이 절대로 묻지 않게 하고 기름이 묻었을 때는 즉시 닦아내야 한다.
6) kink(꼬여서 구부러진 상태)된 로프에 절대로 장력을 가하지 말 것
7) 기름을 칠해서 로프를 절대로 보관하지 말 것
8) 일부분만 마모되는 일이 절대로 없도록 할 것
9) 권양기에 한 방향으로만 계속 사용하여 로프가 불규칙하게 되지 않게 할 것
10) 로프를 보관할 때는 건조시킬 것
11) 가능하면 노천에 보관하지 말 것
12) 로프를 거친 표면이나 모가 난 곳에 감아서 사용할 때는 chafing gear(캔바스 등으로 감아두는 것)을 사용할 것
13) 장력이 미치고 있는 로프는 비가 오면 늦춰줄 것
14) 로프를 사용하기 전에 검사하여, 곰팡이가 생겼거나 과도한 중량이 작동했던 로프인지 확인할 것
15) 인명의 안전에 관계되는 것을 생각하여 로프에 대한 주의를 기울일 것
16) 로프의 약해진 부분이나 손상된 부분은 잘라내어 다시 연결하여 사용할 것
17) kink되는 것을 방지하기 위해서 권양기에 사용할 때는 주기적으로 방향을 바꾸어 사용할 것
18) 우선회 로프는 reel이나 capstan에 시계방향으로 감아서 사용할 것
19) 신제품 로프를 풀을 때는 코일 내부 끝단이 밑으로 가게 바닥에 놓고 반시계방향으로 풀어지게 할 것

(2) Nylon rope의 취급시의 주의 사항

nylon rope를 사용시 주의 사항은 자연 섬유색과 대동소이하고 기름이나 그리스가 묻으면 닦아내야 한다. nylon rope를 코일(coil)에서 풀어 쓸때는 자연 섬유색과 달리 강색과 같은 방법을 사용하여야 한다. nylon rope를 capstan에 감을 때

우선회 로프는 시계방향으로, 좌선회 로프는 반시계방향으로 감아서 사용해야 한다. nylon rope 취급에 주의할 사항은 다음과 같다.

1) 절단된 nylon rope의 연결 방법은 strand 끝을 테프(tape)로 감아주고 자연 섬유색보다 strand를 한 번 더 고아야 한다. 예색과 같이 과중한 장력이 미칠 때는 연결 부분의 strand를 반대 방향으로 한 번 더 꼬아야 한다.
2) nylon rope에 얼음이 얼었을 경우는 적당한 온도로 녹여서 보관 전에는 건조 시켜야 한다.
3) 신제품 cable laid rope는 단단하고 취급이 힘들기 때문에 예를 들면 100ft의 로프인 경우 약 20분동안 130ft까지 늘어나도록 장력을 주었다 사용하는 것이 좋다.
4) nylon rope에 과도한 장력이 미칠 때 두 가닥으로 돌려서 사용하면 장력도 반으로 줄일 수 있고 쌍계주(bitts) 부근에서 단절되기 때문에 위험도 적어진다.
5) nylon rope가 40% 늘어난 경우는 위험 상태이고, 50% 늘어나면 절단된다. double braided nylon은 27%이면 위험하고, 30%에서 절단된다.
6) 젖은 nylon rope에 장력을 가하면 스팀과 같은 기체가 발생한다.
7) 신장율이 다른 강색이나 자연 섬유색과 같이 사용하면 안된다.
8) 장력이 작용되고 있는 nylon rope를 고정시킬 때는 반드시 nylon rope stopper 만을 사용해야한다.
9) nylon rope 고정용 쌍계주나 chock는 매끄러워야 하고, thimble이나 연결환을 사용하여 작업할 때는 로프가 절단되지 않도록 주의해야 한다.
10) nylon rope를 capstan의 gypsy에 감아서 장력을 유지할 때는 6번 감아야 하고 마지막 두 번은 겹쳐지게 하면 미끌어지지 않는다.
11) 건현(freeboard)이 낮은 선박의 경우 간만의 차가 중간일 때 계류색을 조종하면 고조나 저조시에 계류색을 다시 조종할 필요가 없다.
12) 화물이 자유롭게 회전할 때의 인양색은 cable laid rope를 사용해야 한다.
13) nylon rope에 강한 장력이 미치고 있을 때 쌍계주에 8자 모양으로 2~3회 감아서 늦추어 주면 쌍계주 부근에 사람이 서있지 않도록 하고 로프가 갑자

기 미끄러지는 것을 방지해 주어야 한다.

14) 위에서 말한 취급상 주의 사항은 다른 합성 섬유색도 거의 비슷하다.

2. 강색(鋼索 : wire rope)

강색은 가느다란 긴 철사를 여러 개 모아서 꼬아가지고 만든 로프를 말한다. 강색은 직경의 크기를 mm로 표시하고, 둘레는 인치(inch)로 표시하는데 mm와 inch의 관계식은,

$$\text{둘레(inch)} \times 8 = \text{직경(mm)}$$

이다. 그리고 강색의 둘레는 $\frac{1}{4}''$부터 3″까지 있다.

가. 강색 제법(鋼索製法 : construction of wire rope)

강색의 제작 과정은 4″×4″×36″의 강철봉으로부터 시작된다. 이 강철봉을 고온으로 가열하여 용광로(furnace)에서 압축용 roller를 통과시키면 $\frac{3}{4}$inch^{2}의 철봉으로 가늘어지고 다시 더 작은 roller 를 통과하면 둥글고 질이 좋은 강철사가 된다. 이것이 필요한 크기로 만들어지면 냉각되어 가색을 만드는 철사가 된다. 이 철사에 아연도(galvanizing)를 하면 galvanized wire rope가 되고 그렇지 않으면 비도금 강색(uncoated wire rope)이 된다.

이 철사를 심(core)을 중심으로 여러개 나선형으로 꼬아 strand를 만들고 이 strand를 6~8개 합해서 가운데에 심(core)을 넣고 강색 제작 기계를 꼬면 강색이 되는데 strand와 core의 크기가 같으면 가장 편리하고 빈틈이 없는 강색이 된다. 그러므로 강색은 wire, core, strand로 구성된다고 할 수 있다.

강색 제작 과정에 들어가는 core는 섬유색이나 strand 또는 다른 강색을 사용하고, 섬유색을 core로 사용하면 강색이 유연하고 신축성이 있을뿐 아니라 강색에 장력이 미칠 때 strand간에 마찰을 줄이는 완충제 역할을 하고 돌연한 장력의 영향을 감소시키는 탄력성을 준다. 그 외에도 섬유색 core는 윤활제 역할을 하여 내부 마모를 감소시킨다. 그리고 강색은 구성 방법에 따라 다음과 같은 성질을 가지고 있다.

가) 동일한 직경의 강색이면 철사수가 많을수록 유연하다.
나) strand 의 내부에 섬유색 core가 있으면 없는 것보다 유연하다.
다) 일반적으로 core가 없고 철사가 굵으면 강도가 크다.

나. 강색의 종류(鋼索의 種類)

강색은 대부분 강철로 만드나 어떤 것은 인청동(phosphor bronze)으로 만들기도 한다. 그리고 강색은 strand의 수와 strand를 구성하는 철사수로 표시한다.

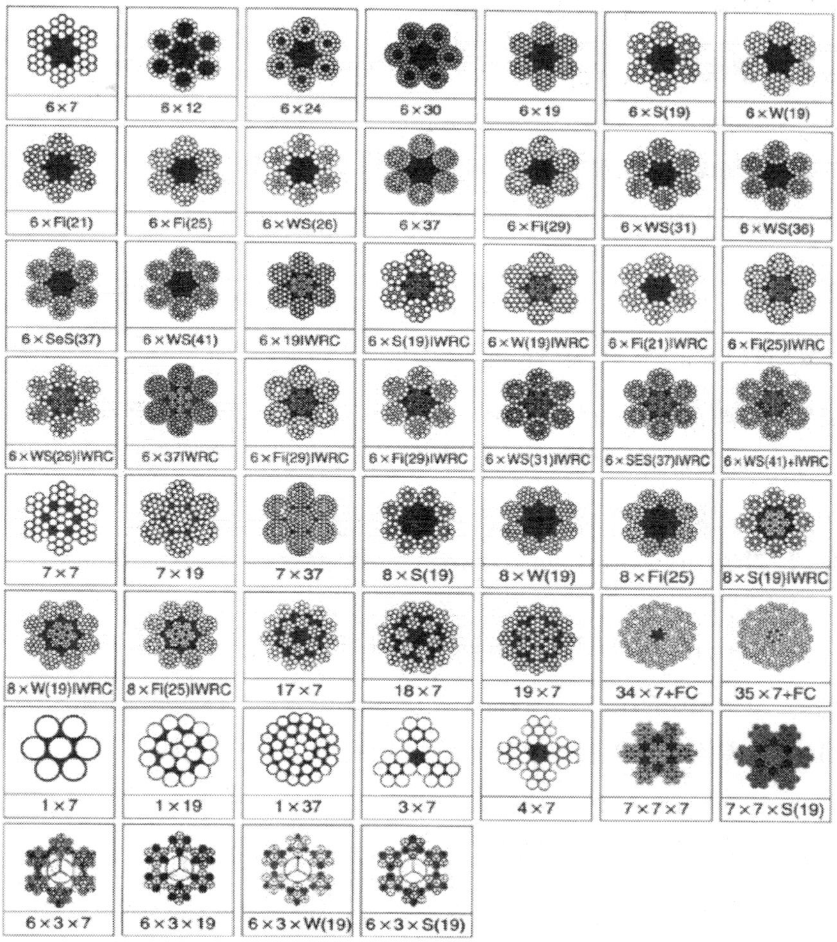

[그림 9-17] 강색의 종류

(1) Strand의 꼬임에 의한 분류

1) Ordinary lay : 강색과 strand의 꼬임 방향이 서로 반대인 것

2) Langs lay : 강색과 strand의 꼬임 방향이 같은 것

3) Alternate lay : 상접(相接)하는 strand의 꼬임 방향이 서로 반대인 것

그러나 함정에서 사용되는 강색은 보통 right hand ordinary lay(Z twist)이고 소해 함정의 좌현 소해색은 left hand ordinary lay (S twisit)이다.

(2) 구성법(構成法)에 의한 분류

1) Flexible steel wire rope : 각 strand에 섬유색 core 를 넣어 만든 로프로서 유연하고 가벼우며 동색(動索 : running gear)에 쓰인다.

2) Inflexible steel wire rope : strand 에 core를 넣지 않고 만든 로프로 취급하기가 불편하지만 강도가 크므로 정색(靜索 : standing gear), 예색, 묘색(錨索)용으로 쓰인다.

(3) 재료(材料)에 의한 분류

1) 도금된 강색(galvanized wire rope) : 외부나 내부의 습기가 많은 장소에서 사용하며 아연 도금이 잘 벗겨지기 때문에 고정되어 있는 지지색(shroud), 고정색(guy) 등에 사용한다.

2) 비도금 강색(uncoated wire rope) : 주로 습기가 없는 장소에서 사용하며 계속 작동되는 인양 장치 등에 사용된다. 이 강색은 정기적으로 그리스를 칠하면 기중기 강색으로 사용되고 도금된 강색의 대용으로 쓰인다.

3) 인청동 강색(phosphor bronze wire rope) : 강색보다 강도는 약하나 비자성체이며, 부식이 잘 안되므로 구명 지주색으로 사용된다.

다. 강색의 취급상 주의 사항

강색은 섬유색 보다 더 주의하여 취급해야 한다. 강색을 사용치 않을 때는 반드시 릴(reel)에 감아서 보관해야 하고 강색은 한 번 kink되면 못쓰게 되므로 강

색을 reel에서 풀어낼 때나 감을 때 특별히 주의하여 kink가 생기지 않도록 해야 한다. 강색은 1~2개월마다 강색 표면에 그리스 칠을 해야 하고 그리스 칠을 할 때는 충분히 유막이 형성되도록 한다. 윤활유 용 그리스는 core에 침투할 정도로 칠하고 사용 후 reel에 감아두기 전에도 그리스를 칠해야 한다.

강색이 활차(滑車 : block)에서 작동할 때는 활차의 크기와 회전 속도가 매우 중요하며, 활차가 크고 회전 속도가 느릴수록 강색이 안전하다. 강색을 제작할 때는 반드시 사용될 활차의 최소 직경이 표시된다.

활차 직경이 표시 되지 않았을 경우 강색 직경의 20배되는 활차에 사용하면 안전하다. 강색이 활차를 통과할 때 마모율은 장력의 크기보다 통과하는 속도가 더 작용하므로 속도를 죽이고 장력을 증가시키는 것이 좋은 방법이다. 강색을 capstan의 gypsy와 같은 통에 감아서 사용할 때는 강위에 중복해서 감으면 안된다.

이상과 같은 마찰 문제 외에도 활차, 쌍계주, chock 등의 굴곡 부분을 통과할 때 일어나는 비꼬임은 더 중요한 마모의 요소가 된다. 굴곡 부분에서 장력이 작용하면 강색의 외측은 늘어나고 내측은 수축되며 굴곡 부분을 통과하면 수축과 팽창의 반대 현상이 일어난다.

강색 취급 중 가장 불량한 방법은 장력이 미치는 강색을"S"자 모양으로 조종하는 것이다. 이렇게 되면 강색의 비꼬임은 더 증가하고 강색의 일면은 납작하게 되어 마모 또는 절단되는 철사가 생기고, 강한 장력이 작용하거나 예민한 굴곡 부분을 통과하게 되면 kink가 생긴 결과가 되어 사고가 생기게 된다.

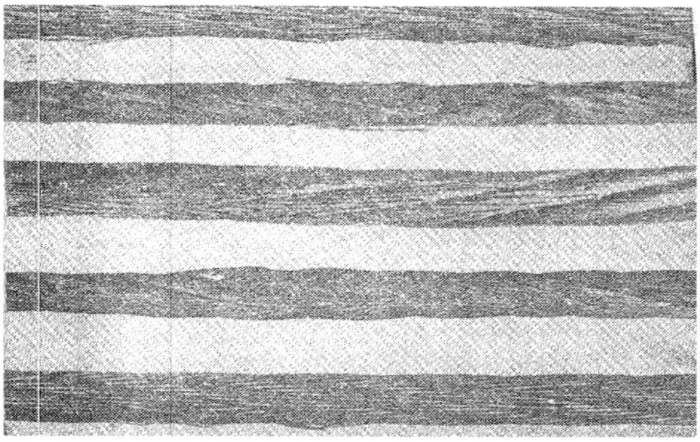

[그림 9-18] 강색의 취급 불량으로 인한 손상

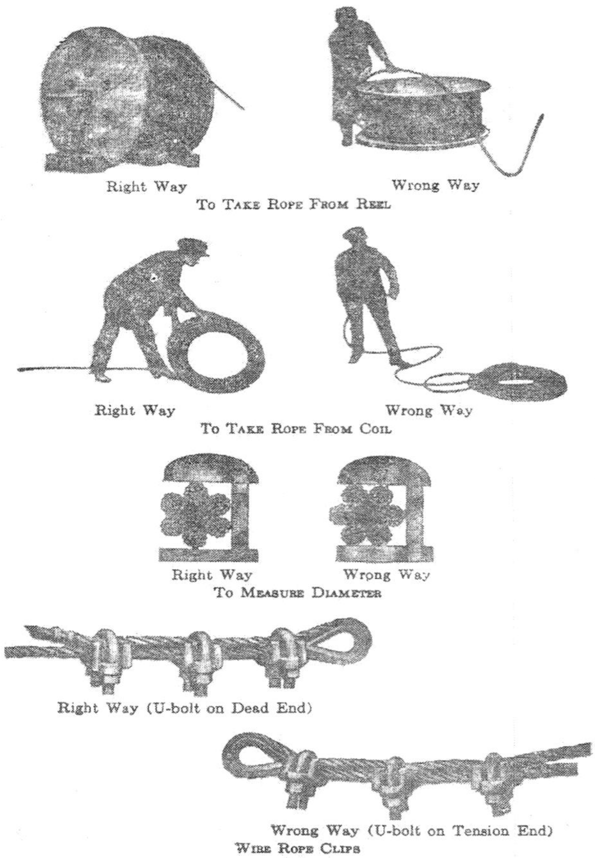

[그림 9-19] 강색의 취급법

3. 로프의 강도(strength of ropes)

선박에서 사용하는 로프의 강도를 정확히 알고 작업을 하는 것은 중요하다. 그러나 강도를 알지 못할 경우 로프의 외관을 보고 강도를 산출해서, 안전 하중 범위 안에서 작업을 진행하는 것은 함정 근무자가 사고를 미연에 방지하기 위한 가장 좋은 수단이 된다. 이러한 방법은 manila rope, hemp rope 등의 섬유색 강도 측정에는 매우 정확하나 강색의 강도 측정에는 개략적인 수치만이 계산 되므로 강색은 사용 전에 반드시 제작 회사에서 명시한 안전 강도를 참고해야 한다.

로프의 강도(strenth)는 장력을 가하여 로프가 절단되는 순간의 힘이나 하중을 표시하는 파단력 또는 파단 하중(beaking load)으로 표시하고, 로프의 탄성한계(彈性限界) 내의 최대 장력, 즉 파단 하중의 $\frac{1}{2}$을 표시하는 시험 하중 그리고 로프에 하중을 걸어서 안전하게 사용할 수 있는 한도의 장력으로, 보통 파단력의 1/6인 안전사용하중(safe working load) 등 세 가지로 나눈다. 로프의 파단력은 재료의 좋고 나쁨, 제작 방법, 제작 연월일, 사용 회수 및 사용 상태에 따라 차이가 있다.

가. 파단력(breaking strenth)

(1) manila 로프의 파단력

$$B = \frac{C^2}{2.5}\text{톤} = C^2 \times (750 \sim 100 lbs)$$

(단, B :파단력, C : 인치로 표시한 둘레)

상기 공식에서 둘레가 큰 로프는 750을, 작은 로프는 1000을 대입하고, 일반적으로 900을 대입하면 비슷하다.

(2) 강색의 파단력

$$B = D^2 \times 27\text{톤} = D^2 \times 54000 lbs$$

(단, B : 파단력, D : 인치로 표시한 직경)

상기 공식은 extra strong cast steel wire rope(6×37)를 기준한 것이다.

나. 안전사용하중(safe working load)

안전 사용 하중은 로프의 상태와 하중이 작용하는 조건에 따라 차이가 있으나 정상적인 조건 하에서는 보통 파단 하중의 1/6로 계산하고 이 비(比)를 안전율(安全率 : safety factor)이라 한다. 작업 조건이 아주 좋을 때는 안전율이 $\frac{1}{4}$까지도 좋으며 이동 하중의 인양, 예색과 같이 작업 조건이 나쁠 때는 안전율을 1/8로 하는 것이 좋다.

(1) manila rope의 안전 사용 하중

$$P=\frac{C^2}{15}=C^2(120\sim160lbs)$$

(단, P : 안전 사용 하중, C : 인치로 표시한 둘레)

상기 공식은 로프의 파단력을 알지 못하고 크기만을 측정하여 구하는 방법이다.

(2) 강색의 안전 사용 하중

$$P=D^2\times4.5\text{톤}=D^2\times9000lbs$$

(단, P : 안전 사용 하중, D : 인치로 표시한 직경)

[표 9-9] Braid rope의 파단력

직경 (inches)	둘레 (inches)	최소 파단력			
		Double-Braid Nylon	Poly-propylene	Plaited polyester	Nylon
1/4	3/4	1,650	—	—	—
1/16	1	2,750	—	—	—
3/8	$1^{1/8}$	3,300	—	—	—
7/16	$1^{1/4}$	5,000	—	—	—
1/2	$1^{1/2}$	6,650	—	—	—
9/16	$1^{3/4}$	8,300	—	—	—
5/8	2	11,000	—	—	—
3/4	$2^{1/4}$	15,000	—	—	—
13/16	$2^{1/2}$	17,500	—	—	—
7/8	$2^{3/4}$	20,800	—	—	—
1	3	25,000	14,000	22,300	27,000
$1^{1/16}$	$3^{1/2}$	35,000	16,800	27,800	33,500
$1^{1/8}$	$3^{3/4}$	40,000	—	—	—
$1^{1/4}$	4	45,000	23,000	37,000	46,500
$1^{5/16}$	$4^{1/2}$	60,000	28,500	47,200	56,500
$1^{1/2}$	5	70,000	34,000	55,000	70,000
$1^{5/8}$	$5^{1/2}$	90,000	40,000	63,000	82,800
$1^{3/4}$	6	100,000	48,000	80,500	98,000
2	$6^{1/2}$	120,000	—	—	—
$2^{1/4}$	7	—	61,000	100,000	131,000
$2^{5/8}$	8	—	81,500	133,000	170,000
3	9	—	105,000	168,000	212,000
$3^{1/4}$	10	—	118,000	195,000	245,000

[표 9-10] 각종 로프의 파단력

<table>
<tr><th rowspan="3">둘 레
(inches)</th><th colspan="5">최 소 파 단 력(lbs)</th></tr>
<tr><th colspan="2">Natural</th><th colspan="3">Synthetic</th></tr>
<tr><th>Sisal</th><th>Manila</th><th>Poly proylene</th><th>Polyester</th><th>Nylon</th></tr>
<tr><td>3/4(6합)</td><td>480</td><td>600</td><td>1,100</td><td>1,500</td><td>1,500</td></tr>
<tr><td>1 (9합)</td><td>800</td><td>1,000</td><td>1,700</td><td>2,500</td><td>2,500</td></tr>
<tr><td>1 1/8(12합)</td><td>1,080</td><td>1,350</td><td>2,150</td><td>—</td><td>3,000</td></tr>
<tr><td>1 1/4(15합)</td><td>1,400</td><td>1,750</td><td>2,500</td><td>—</td><td>4,500</td></tr>
<tr><td>1 1/2(21합)</td><td>2,120</td><td>2,650</td><td>3,700</td><td>5,000</td><td>5,500</td></tr>
<tr><td>1 3/4</td><td>2,760</td><td>3,450</td><td>4,800</td><td>—</td><td>7,000</td></tr>
<tr><td>2</td><td>3,520</td><td>4,400</td><td>6,000</td><td>8,000</td><td>8,400</td></tr>
<tr><td>2 1/4</td><td>4,320</td><td>5,400</td><td>7,000</td><td>—</td><td>11,500</td></tr>
<tr><td>2 1/2</td><td>5,200</td><td>6,500</td><td>9,000</td><td>13,000</td><td>14,000</td></tr>
<tr><td>2 3/4</td><td>6,160</td><td>7,700</td><td>11,000</td><td>—</td><td>16,000</td></tr>
<tr><td>3</td><td>7,200</td><td>9,000</td><td>13,000</td><td>18,500</td><td>22,000</td></tr>
<tr><td>3 1/2</td><td>9,600</td><td>12,000</td><td>16,500</td><td>25,000</td><td>28,500</td></tr>
<tr><td>3 3/4</td><td>10,800</td><td>13,500</td><td>19,500</td><td>—</td><td>33,000</td></tr>
<tr><td>4</td><td>12,000</td><td>15,000</td><td>21,500</td><td>31,000</td><td>37,500</td></tr>
<tr><td>4 1/2</td><td>14,800</td><td>18,500</td><td>26,000</td><td>—</td><td>46,000</td></tr>
<tr><td>5</td><td>18,000</td><td>22,500</td><td>32,000</td><td>48,000</td><td>57,000</td></tr>
<tr><td>5 1/2</td><td>21,200</td><td>26,500</td><td>38,000</td><td>—</td><td>68,000</td></tr>
<tr><td>6</td><td>24,800</td><td>31,000</td><td>44,000</td><td>68,000</td><td>81,000</td></tr>
<tr><td>6 1/2</td><td>—</td><td>—</td><td>50,000</td><td>—</td><td>90,000</td></tr>
<tr><td>7</td><td>32,800</td><td>41,000</td><td>60,000</td><td>88,000</td><td>110,000</td></tr>
<tr><td>8</td><td>41,600</td><td>52,000</td><td>75,000</td><td>110,000</td><td>137,000</td></tr>
<tr><td>9</td><td>51,200</td><td>64,000</td><td>94,000</td><td>140,000</td><td>170,000</td></tr>
<tr><td>10</td><td>61,600</td><td>77,000</td><td>115,000</td><td>165,000</td><td>200,000</td></tr>
<tr><td>11</td><td>72,800</td><td>91,000</td><td>—</td><td>—</td><td>240,000</td></tr>
<tr><td>12</td><td>84,000</td><td>105,000</td><td>—</td><td>—</td><td>280,000</td></tr>
</table>

[표 9-11] 비도금 강색의 파단력 비교

강 색 종 류	로프 크기(inches) 파단력(lbs)						
	$1^{3/4}$	2	$2^{1/4}$	$2^{1/2}$	$2^{3/4}$	3	$3^{1/2}$
6× 7, IPS/FC	—	—	—	—	—	—	—
6×19, IPS/FC	248,000	320,000	400,000	488,000	584,000	—	—
6×19, IPS/WSC or IWRC	266,000	344,000	430,000	524,000	628,000	—	—
6×19, EIPS/WSC or IWRC	306,000	396,000	494,000	604,000	722,000	—	—
6×19, CRS/IWRC	—	—	—	—	—	—	—
6×37, IPS/FC	238,000	308,000	386,000	472,000	568,000	670,000	898,000
6×37 and 6×61, IPS/WSC[b] or IWRC[b]	256,000	330,000	414,000	508,000	610,000	720,000	966,000
6×37, CRS/IWRC	—	—	—	—	—	—	—
8×19, IPS/FC	—	—	—	—	—	—	—
6×37 and 6×61, EIPS/WSC or IWRC	292,000	380,000	478,000	584,000	700,000	828,000	1,110,000
6×91, EIPS/IWRC	—	—	—	554,000	666,000	786,000	1,054,000

* Subtract 10 percent for zinc-coated (galvanized) wire rope

b6×62 rope available only in sizes 2 inches and above and above and only on regular lay

LEGEND : IPS-Improved Plow Steel　　FC-Fiber Core

E-Extra, as EIPS　　WSC-Wire Strand Core

CRS-Corrosion-resistant Steel　　IWRC-Independent Wire Rope Core.

[표 9-12] 선박용 강색의 파단력

강색종류	로프 크기(inches) 파단력(lbs)										
	1/4	3/8	1/2	5/8	3/4	1	$1^{1/4}$	$1^{1/2}$	$1^{3/4}$	2	$2^{1/4}$
6×6, IPS/FC[a]	—	9,960	17,520	27,000	38,600	67,600	—	—	—	—	—
6×12, GIPS/FC	3,020	6,720	11,820	18,320	26,200	46,000	71,200	101,400	136,600	176,400	—
6×12, PhB/FC	1,470	3,220	5,640	8,740	12,240	—	—	—	—	—	—
6×24, GIPS/FC	—	9,540	16,800	26,000	37,200	65,600	101,400	144,600	195,000	252,000	—
6×3×7, G	—	—	8,940	13,900	19,920	—	—	—	—	—	—
6×3×19, G	—	—	—	—	—	35,000	54,400	77,800	105,400	137,000	212,000

* Subtract 10 Percent for zinc-coated (galvanzide) wire rope.

LEGEND : IPS-Improved Plow Steel; PhB-Phosphor Bronze; G- Galvanized; FC-Fiber Core

[표 9-13] 로프의 특성표

구분		자연섬유		nylon	filament polyester	
		manila	sisal		dacron	esteron
로프직경		2˝	2˝	2˝	2˝	2˝
파단하중		31,000lbs	24,000lbs	92,000lbs	80,000lbs	62,000lbs
안전율		5	5	9	9	9
반복 하중 사용 특성		poor	poor	good	excellent	good
100ft당 무게(lbs)		108.0	108.0	95.0	118.0	118.0
부야성		가라앉는다	가라앉는다	가라앉는다	가라앉는다	가라앉는다
마찰효율		excellent	excellent	poor	good	good
습기흡수율		100%	100%	9%	1%	1%
부식에 대한 저항		poor	very poor	부식이 안됨	부식이 안됨	부식이 안됨
마모율(창고에 저장할 때)		1%/year	1%/year	zero	zero	zero
화학물질에 대한 저항	산	very poor	very poor	fair	excellent	excellent
	알칼리	very poor	very poor	excellent	very good	excellent
	솔벤트	good	good	good	excellent	excellent
녹는온도		화씨 180˚이상	화씨 180˚이상	화씨 300˚이상	화씨 300˚이상	화씨 300˚이상
연소상태		잘 탄다.	잘 탄다.	잘 타지 않음	잘 타지 않음	잘 타지 않음
내구연한(manila rope를 1로 기준)		1	0.8	2~5	3~6	3~5
가격비(manila rope 100 기준)		100	72	243	337	279

[표 9-13] 〈계속〉

구 분		palyethylen	polyropyplene		blends	
			monofila	maltifila	poly-plus	polycron
로프직경		2´´	2´´	2´´	2´´	2´´
파단하중		47,700Ibs	5,200Ibs	47,700Ibs	56,500Ibs	60,000Ibs
안전율		6	6	6	6	6
반복 하중 사용 특성		fair	excellent	excellent	very good	good
100ft당 무게(Ibs)		72.5	69.0	74.0	83.0	95.0
부유성		뜬다	뜬다	뜬다	크기에 따라 다름	가라앉는다
마찰효율		good	poor	fair	good	good
습기흡수율		0%	0%	0%	0%	0%
부식에 대한 저항		부식이 안됨	부식이 안됨	부식이 안됨	부식이 안됨	부식이 안됨
마모율(창고에 저장할 때)		zero	zero	zero	zero	zero
화학물질 에 대한 저항	산	excellent	excellent	excellent	excellent	excellent
	알칼리	good	good	good	excellent	excellent
	솔벤트	good	good	good	excellent	excellent
녹는온도		화씨 250°이상	화씨 300°이상	화씨 300°이상	화씨 250°이상	화씨 250°이상
연소상태		잘 타지 않음	잘 타지 않음	잘 타지 않음	잘 타지 않음	잘 타지 않음
내구연한(manila rope를 1로 기준)		2	2~3	2~5	$2\frac{1}{2}$	2~4
가격비(manila rope 100 기준)		171	164	256	216	244

4. 결색법(結索法)

가. 맺음(knots), 이어 맺음(bends), 걸어 맺음(hitches)

옛날 범선 시대에 선원들의 자격과 기능을 평가하는데 결색의 숙련도에 따라 결정하기도 하였으며 그 방법은 수십 종류가 있다. 그러나 현재는 선박에서 몇 가지 방법만 사용하고 있으며 장교들은 직접 결색을 할 필요는 없지만 사용할 줄은 알아야 한다.

결색에는 세 가지 기본적인 절차가 있는데 로프의 끝을 한 가닥으로 매는 맺음(knots), en 개의 로프 끝을 서로 매는 이어 맺음(bends), 로프의 끝을 후크(hook), 고리(ring), 통나무, 다른 로프에 매는 걸어 맺음(hitches)이 있다.

(1) 맺음(knots)

맺음은 그림 5-6과 같은 방법이 가장 많이 사용되고 일반적인 것이다.

1) **교차 맺음(overhand knots)** : 교차 맺음은 단독으로는 별로 사용되지 않으며 바로 맺음을 할 때 보충하여 이용된다.
2) **바른 맺음(square knot or reef knot)** : 이 방법은 가장 많이 사용되는 맺음이고 물건을 포장할 때 편리한 방법이다. 이 방법은 옛날에 돛을 줄일 때 많이 사용되었고, 로프의 크기가 같은 두 개의 끝을 서로 매는데 유용하며, 서로 엉키지 않고, 풀기가 쉬우며, 장력이 미칠 때 풀어지지 않는다.
3) **올가미 맺음(bowline)** : 올가미 맺음은 바른 맺음 이상으로 많이 사용되는 방법이다. 헝클어지는 일이 없고 한 번 잘 매어 놓으면 벗어지지 않는다. 이 방법은 인명 구조시, 계류시, 예인시에 많이 사용된다.
4) **이동식 올가미 맺음(running bowline)** : 이 방법은 올가미 맺음을 응용한 것으로 줄코가 이동할 수 있도록 한다.
5) **겹올가미 맺음(bowline on abight)** : 올가미 맺음보다 장력이 2배가 되도록 하는 맺음이며, 로프의 끝을 찾을 수 없을 때 이용되고, 외현이나, 마스트 작업시 사용된다.

6) **8자 맺음**(figure of eight knot) : 이 방법은 로프가 활차를 통해서 빠져나가는 것을 방지하는데 사용된다.
7) **줄지어 맺음**(sheep shank) : 이 방법은 로프가 길 때 중간에서 길이를 줄이는데 사용되며, 긴 로프의 일부분이 파손되어 위험할 때 이 부분에 장력이 미치지 않도록 하기 위해서 사용된다.
8) **프렌치 올가미 맺음**(french bowline) : 프렌치 올가미 맺음은 두 손으로 로프를 잡을 수 있도록 하여, 현측에서 작업할 때, 사람을 달아 올리거나 이동시킬 때 이용된다. 두 개의 줄코 중 하나는 사람이 앉을 수 있게 하며 다른 하나는 사람이 흔들리지 않도록 하는 역할을 한다.

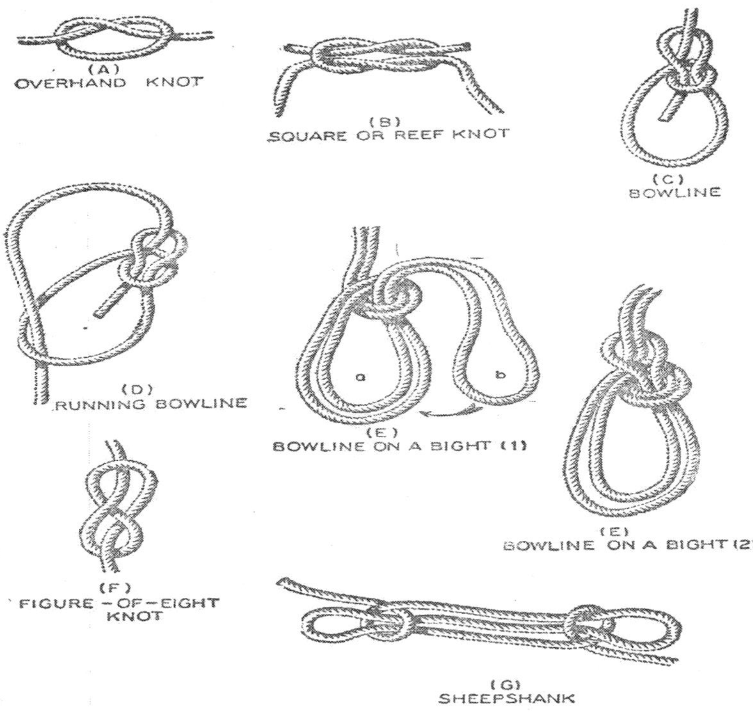

[그림 9-20] 맺음의 종류

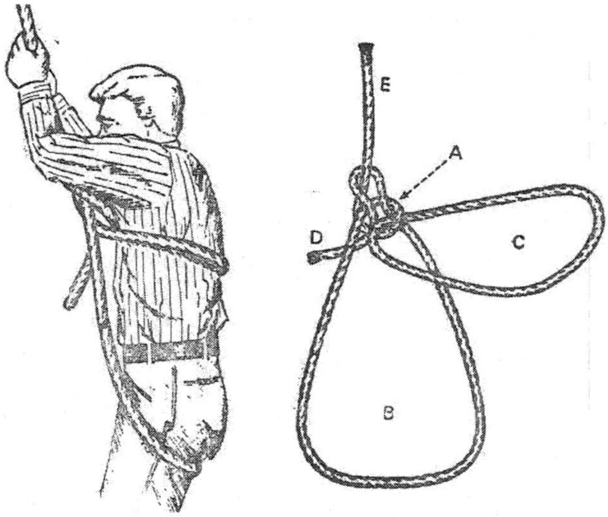

[그림 9-21] 프렌치 올가미 맺음

(2) 이어 맺음(bends)

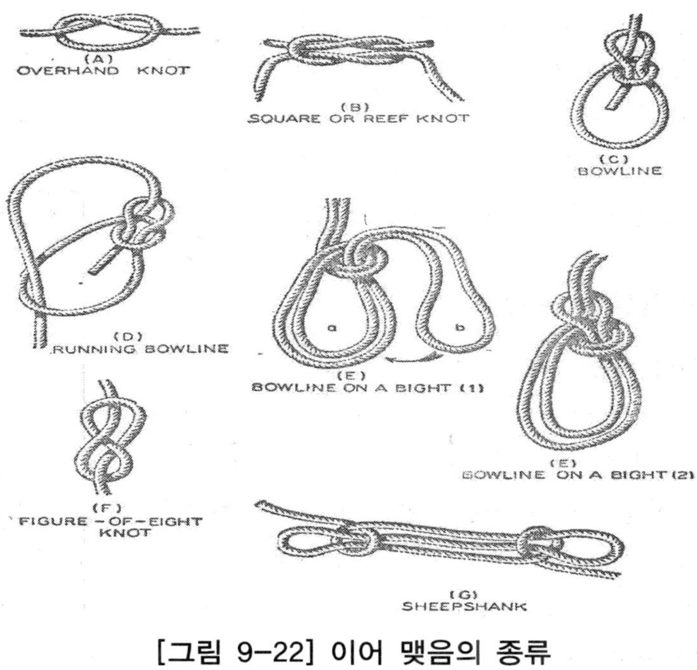

[그림 9-22] 이어 맺음의 종류

1) **코지어 이어 맺음(becket or sheet bend)** : 이 방법은 크기가 다른 로프의 끝을 서로 이어 맺을 때, 후크가 없는 곳에 기류를 달 때 사용하며, 홑 코지어 이어 맺음(sheet or becket single)과 겹 코지어 이어 맺음(sheet or becket double)이 있다.
2) **캐릭 이어 맺음(double carrick bend)** : 이 방법은 코지어 이어 맺음 같은 역할을 하나 모양을 좋게 하는데 사용되며 풀어지지 않고 장력을 유지하게 된다.
3) **두 올가미 이어 맺음(two bowlines)** : 두 개의 로프를 이어 맺는데 편리한 방법이다. 맺음 부분이 큰 것이 단점이나 강한 장력이 미치게 될 때 가장 알맞은 맺음이고 장력에 의해서 로프가 풀어지지 않는다.
4) **Reeving line bend** : 이 방법은 로프가 쵸크(chock)같은 데를 빠져 나가기 쉽도록 이용하기 위해서 사용되는 방법이다. 로프의 끝은 서로 다른 로프에 세색(細索)으로 묶어둔다.
5) **닻줄 맺음(fisherman's bend)** : 이 방법은 고리(ring), 부표, 닻고리에 로프를 매는데 사용되며, 가끔 물통에 줄을 맬 때 사용하므로 물통 맺음(bucket hitch)이라고도 한다.

로프를 서로 이어 맺을 때 세색을 사용하지 않고 reeving line bend와 비슷한 방법이 있고, 이 맺음은 영구히 로프의 끝을 묶어서 매어두는데 사용된다.

(3) 걸어 맺음(hitches)

1) **기둥 맺음(timber hitch)** : 이 방법은 비교적 거친 표면으로 된 통나무에 로프를 매는 것이다. 로프를 맬 때는 가능하면 여러번 감아두는 것이 좋다. 그리고 철기둥이나 파이프에 사용할 수 없다.
2) **기둥 한 맺음(timber and half hitch)** : 이 방법은 기둥 맺음에 한 번 더 돌려서 매어주는 방법이고 미끌어지지 않으며 한 번 더 로프를 돌려주므로 기둥 맺음 하기가 편리하다.
3) **돌려 맺음(rolling hitch)** : 이 방법은 로프를 통나무에 매어가지고 끌어당길 때 가장 효과적인 맺음이다. 이 맺음은 당김줄이 밑으로 가도록 두 번

돌려 감기 때문에 로프가 꽉 끼어서 잘 벗어지지 않는다.

4) **두 번 한 맺음(two half hitches)** : 이 방법은 고리, 기둥, 단계주 등에 로프를 맬 때 사용하는 맺음이다.

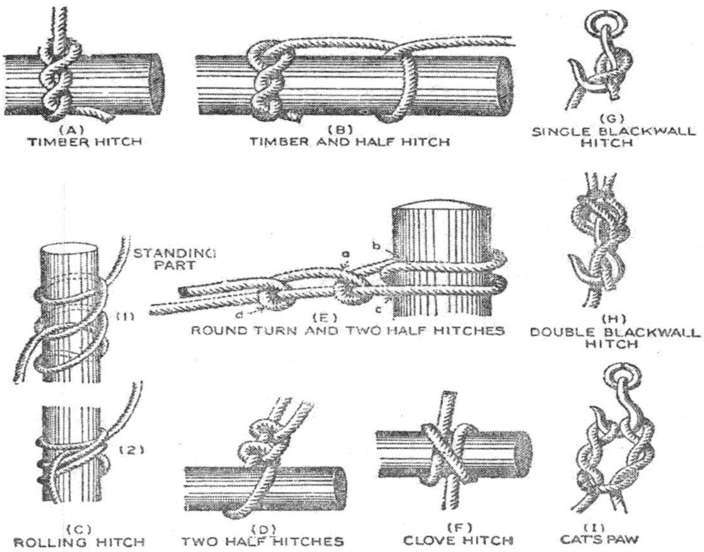

[그림 9-23] 걸어 맺음 종류

5) **돌려 두 번 한 맺음(round turn and two half hitches)** : 이 방법은 두 번 한 맺음과 같으나 로프를 기둥이나 단계주 등에 한 번 더 돌려주는 것이 다를 뿐이다.

6) **갈아 맺음(clove hitch)** : 이 방법은 로프를 둥글고 긴 통나무, 단계주 같은 곳에 단단히 잡아매는데 편리한 맺음이다. 오랫동안 장력을 유지할 수 있게 되며 장력이 늦추어지면 다시 장력을 유지하기 전에 끝단이 풀려지지 않도록 다시 조여 주어야 한다.

7) **코걸이 맺음(blackwall hitch)** : 이 방법은 로프를 활차의 후크에 매는 데 사용되며, 홑 코걸이 맺음(single blackwall hitch)과 쌍 코걸이 맺음(double blackwall hitch)의 두 가지 종류가 있다. 로프의 길이가 충분하지 않을 때 올가미 맺음 대신으로 사용된다.

8) **고양이 발톱 맺음(cat's paw)** : 이 방법은 택클(tackle)을 줄에 매든지 작은

활차를 큰 활차의 당김줄에 사용할 때 이용된다. 이 맺음은 대단히 편리하고 안전하므로 오랫동안 장력을 유지시킬 때 사용하면 적당하다.

나. 로프의 끝맺음과 고정 장치

(1) 로프의 끝맺음

로프의 끝이 풀어지지 않게 하거나 장식용으로 사용하기 위하여 만들어지며 끝맺음을 하는 방법은 여러 가지가 있으나 그림 9-24와 같은 방법이 많이 사용되며, 로프의 끝맺음을 할 때 가는 줄로 여러번 감아서 풀리지 않게 하는 것을 whipping 이라 한다. 그리고 끝맺음의 종류는 다음과 같다.

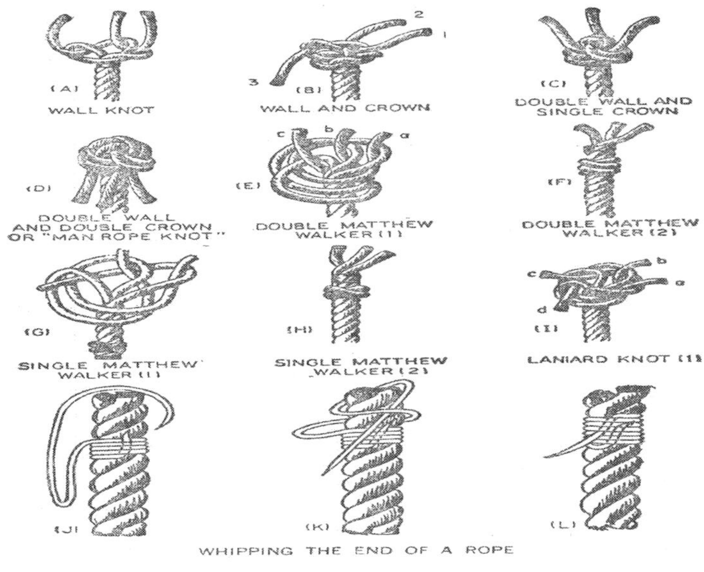

[그림 9-24] 로프의 끝맺음 종류

1) **wall knot** : 로프의 끝이 풀리지 않도록 strand를 서로 한 번씩 묶은 것으로 끝맺음의 기초가 된다.
2) **wall and crown** : wall knot를 하고 다시 끝맺음을 한 것이다.
3) **double wall and single crown** : wall knot를 2회하고 crown knot를 한 번 한 것이다.

4) **double wall and double crown** : 일명 man rope knot라고도 하며 현문 사다리 로프 끝단에 이용된다.
5) **double matthew walker** : 로프의 끝단을 잡았을 때 미끌어지지 않게하기 위하여 사용된다.
6) **single matthew walker** : double matthew walker와 같음
7) **sailmaker's whipping**
8) **laniard knot** : single matthew walker와 같으나 strand가 4개 일 때 사용되는 것이다.

(2) 고정 엮음

1) **로프 고정 엮음** : 계류색을 양묘기의 집씨(gypay)에 감아서 장력을 유지하다가 쌍계주(bitts)나 크릿트에 옮겨서 감을 때는 장력이 그대로 유지시키도록 하기 위해서 로프로 계류색을 감아서 옮겨야 한다.
2) **묘쇄 고정 엮음** : 강색(wire rope)을 고정시키기 위해서는 묘쇄(chain)를 사용하여 실시한다. 묘쇄를 이용한 고정 엮음 방법은 두 가지가 있으며, 첫 번째는 묘쇄를 이용하여 강색 주위에 6회의 한 맺음(half hitch)을 하고 맨 끝의 쇄환(link)은 세색(細索)으로 강색과 묶어주어야 한다. 두 번째는 묘쇄를 쌍계주에 걸어서 두 가닥의 묘쇄를 서로 교차하여 강색에 돌려감으며 6회 이상을 감아주고 묘쇄 끝의 쇄환은 세색으로 강색과 묶어주어야 한다.
3) **택클(tackle)을 사용하기 위한 고정 엮음** : 로프에 택클을 이용하여 당기는 장력을 증가시키기 위해서는 로프에 후크를 달아야 한다. 후크를 연결할 수 있는 엮음 방법에는 세 가지가 있다.

다. 줄엮음(splicing)

줄엮음은 두 개의 로프 끝을 영구히 연결하여 길게 하나의 로프로써 사용하고자 할 때, 또는 한 개의 로프 끝에 줄코(eye)를 만들 때 사용되는 방법이다. 줄엮음을 잘하면 로프의 강도가 약해지는 것이 아니며 맺음(knot)으로 연결한 때 보다 취급하기가 훨씬 자유스럽다.

(1) 줄코 엮음(eye splice)

이 작업을 하려면 줄코(eye)의 크기에 따라 적당하게 로프 끝의 strand를 풀어 주어야 한다(약 1ft). strand 의 길이는 3회 정도 엮어질 길이가 되어야 하며 줄엮음 하기 전에 strand 끝단이 풀어지지 않도록 실로서 묶어두면 작업이 용이하다.

줄코 엮음의 작업 순서는 그림 9-25의 (B), (C), (D)와 같다.

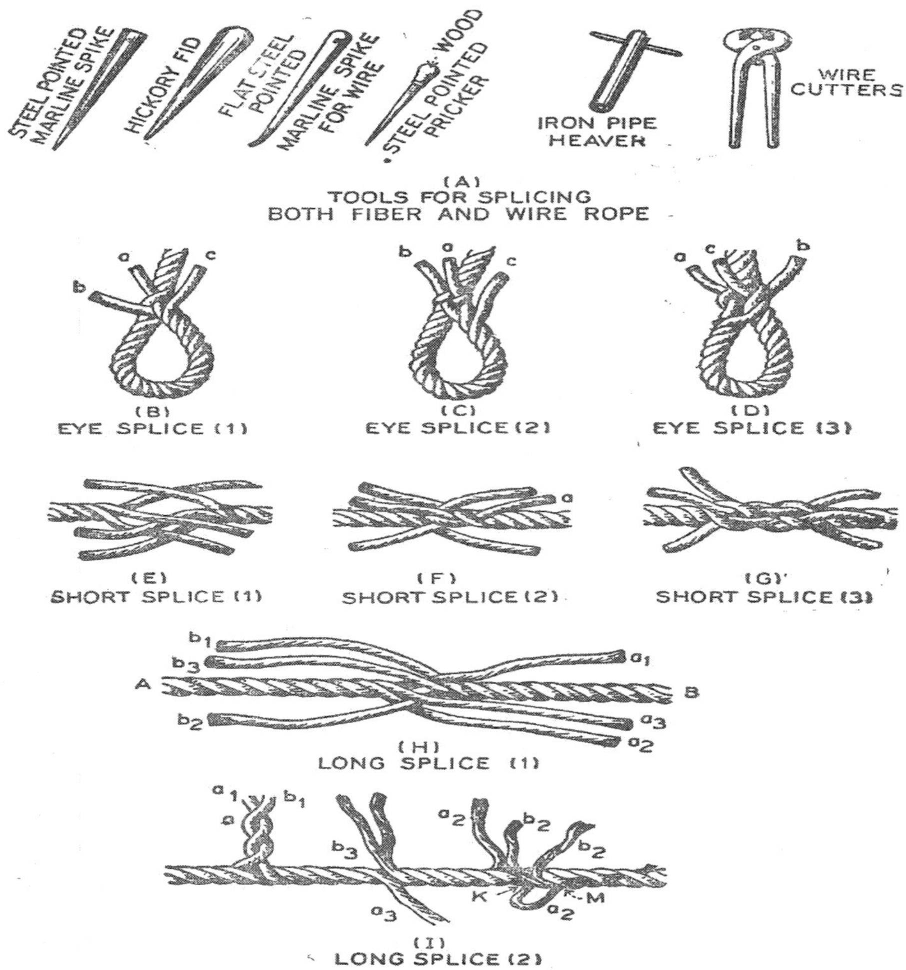

[그림 9-25] 줄엮음 도구와 종류

(2) 짧은 엮음(short splice)

이 엮음은 두 로프의 끝을 풀어서 strand를 각 로프에 엮어서 연결하는 방법이다. 짧은 엮음을 하면 연결된 부분이 원래 로프보다 굵어져서 활차를 잘 통과하지 못하게 된다. 그러나 긴 엮음(long splice)보다 견고해서 계류색의 절단 부분, 로프 사다리 등에 많이 사용된다. 연결 절차는 그림 9-25의 (E), (F), (G)의 순서로 실시한다.

(3) 긴 엮음(long splice)

긴 엮음을 하려면 strand를 2~3ft 풀어 짧은 엮음과 같은 절차를 실시하나 두 로프의 strand를 따라서 감기 때문에 엮음이 끝나면 로프의 직경은 같다. 작업 절차는 그림 9-25의 (H), (I)의 순서를 따른다. 동색(running rope)으로 사용하기 편리하다.

라. 강색의 엮음과 끝맺음

(1) 긴 엮음(long splice)

강색의 긴 엮음은 섬유색의 경우와 조금 다르다. 연결할 두 강색의 끝단 한 개는 1~2ft정도 풀어놓고 다른 것은 6~12ft(크기에 따라 적절히)정도 풀어서 각 strand를 겹쳐서 맞춘다. 짧은 strand 를 풀어가면서 생긴 홈에 긴 strand를 따라가면서 감아준다. 그리고 차례로 2번째, 3번째 strand 를 감아 가는데 그 감는 길이는 6개의 strand가 균등하게 되도록 한다. 강색의 긴 엮음은 두 가지 방법이 있다.

(2) 줄코 엮음(eye splice)

강색의 줄코 엮음은 섬유색과 같은 방법으로 하며 strand가 6개이므로 순서가 바뀌지 않도록 해야 한다.

(3) 짧은 엮음(short splice)

강색의 짧은 엮음도 strand가 6개인 점이 섬유색과 다르며 절차는 같다.

(4) Seizing

두 개의 로프를 엮음을 하지 않고 다른 세색(細索)을 이용하여 묶는 것을 seizing이라 하며 다음과 같은 방법이 있다.

1) round seizing : 로프의 끝단에 thimble을 끼우고 묶어서 로프가 장력을 받을 수 있도록 하는 방법
2) round seizing crossed clove hitch finish
3) racking seizing : 두 개의 로프에 걸리는 장력이 서로 다를 때 사용하는 방법
4) throat seizing : 로프가 서로 교차할 때 사용되는 방법
5) spanish windlass : 두 개의 로프가 장력을 유지하고 있을 때 장력을 증가시키기 위해서 사용하는 방법

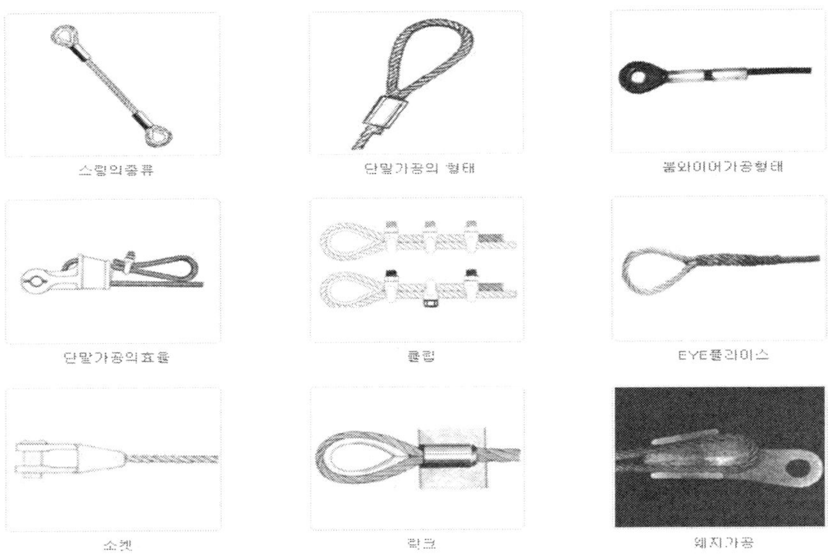

[그림 9-26] 강색에 사용되는 부속 용구

5. 화물 인양 부속구

권양기나 수동식 데비트 등을 이용하여 화물을 인양할 때 당기는 로프의 장력을 감소시키거나, 힘이 작용하는 방향을 바꾸거나, 안전하게 하기 위해서 사용되는 것은 여러 가지 종류가 있으나 대표적인 것을 설명한다.

가. 샤클(shackle)

샤클은 강색의 줄코(eye), 후크와 활차 등을 연결할 때 사용되는 것을 말한다. 선박에서 흔히 사용되는 샤클은 screw pin shackles, round pin shackles, safety shackles 등이 있다.

샤클의 안전 사용 장력을 산출할 때는 샤클의 직경을 제곱하여 3배를 한 숫자에 톤수를 붙인다. 즉, 안전 사용 중량(톤수)=D2×3 (D는 인치로 측정)

[표 9-14] 샤클의 파단 하중

직 경 (inch)	$\frac{3}{4}$	$\frac{7}{8}$	1	$1\frac{1}{4}$	$1\frac{1}{2}$	$1\frac{3}{4}$	2	$2\frac{1}{2}$
파단하중 (lbs)	20,700	38,100	51,900	75,200	119,980	146,400	196,600	210,400

나. 후크(hook)

화물을 활차로 거는데 사용하며 종류는 safety eye hook, plain eye hook, commom type of cargo hook가 있고 형태는 그림 9-27과 같다.

[그림 9-27] 후크의 종류

후크의 안전 사용 중량은 다음과 같이 약산한다.

안전 사용 중량(톤수)= $\frac{2}{3}$ ×D2 (D는 인치로 측정)

[표 9-15] 후크의 파단 하중

직 경 (inch)	$\frac{1}{2}$	$\frac{3}{4}$	1	$1\frac{1}{4}$	$1\frac{1}{2}$	$1\frac{3}{4}$	2	$2\frac{1}{2}$
파단하중 (lbs)	2,385	4,130	10,350	14,510	20,940	27,420	38,100	55,380

다. Swivel

swivel은 샤클, 활차, 후크 등을 연결하는데 사용하며 화물을 인양할 때 화물이 회전하는 것을 방지하는 역할을 한다. swivel은 같은 크기의 샤클이나 후크보다 장력이 더 큰 것을 사용해야 한다.

라. 활 차(block)

활차(滑車)는 sheave, shell, pin, strap등으로 구성되어 있으며 그림 5-21과 같다 원칙적으로 활차의 역할은 그 자체의 마찰 저항과 로프와 sheaver간의 마찰 손실을 고려하지 않을 때 단순히 힘의 방향만을 변경시키는 역할을 하지만 한 개의 활차에 여러개의 fall이 장치되어 이동 활차(movable block)의 역할을 할 때는 힘의 배력을 얻을 수 있다.

(1) 활차의 종류

1) 재질에 의한 분류

가) 목재 활차(wooden block)
나) 금속 활차(metal block)

[그림 9-28] 금속 활차

2) sheave의 수에 의한 분류

가) 단활차(single block)
나) 복활차(double block)
다) 3륜 활차(three fold block)

라) 4륜 활차(four fold block)

3) 용도에 의한 분류

가) cargo gon block : 중량물 취급에 사용되는 금속 ⅔활차이며 sheave는 자동 윤활식이다.

나) leading block : 로프의 방향을 바꾸기 위한 활차

다) tail block : 활차를 화물에 걸기 쉽도록 만든 것

라) boat fall block : 보통 3륜 활차이며 swivel 이 달린 활차이다.

(2) 활차와 로프와의 관계

1) 활차를 통하는 섬유색의 크기는 sheave의 1/10이 보통이다. 통상 sheave의 직경은 shell길이의 ⅔정도이므로 활차의 크기×⅔×1/10로써 사용할 로프의 직경을 결정한다.
2) 활차에 강색을 사용할 때는 sheave 직경의 약 1/20이 적당하다. 그러므로 활차의 크기×⅔×1/20로써 사용할 강색의 직경을 결정한다.
3) 활차와 로프 간의 마찰 손실은 힘의 손실이 상당량이 있으나 정확한 계산을 할 수는 없다. 미해군에서 사용하는 힘의 손실은 보통 1/10이 감소하는 것으로 계산한다.

(3) 활차 취급과 보존

1) 활차에서 강도가 가장 약한 곳은 pin, hook, eye, shackle 부분이므로 이들의 강도를 고려하여 충분한 하중을 선택한다.
2) 무거운 화물을 작업할 때는 후크보다 샤클을 사용한다.
3) swivel이 달린 활차는 마찰 부분의 마모가 심하므로 화물의 중량을 충분히 고려하여 사용한다.
4) 섬유색과 강색에 따라서 sheave의 크기에 알맞은 규격으로 사용한다.
5) 작동 부분에 주유를 해서 항시 정비해 둔다.
6) sheave 의 핀(pin)이 한쪽만 마모되지 않도록 바꾸어 끼운다.

7) 목재 활차는 내측과 shell에 검은색 도장을 한다.
8) 후크가 한 번 휘어지면 재생해서 사용하지 말고 새것으로 교환한다.
9) 2륜 이상의 sheave는 때때로 좌우 교환하여 사용한다.

마. 태클(tackle)

태클은 일명 purchase라고도 하면 활차장치(滑車藏置)라고 할 수 있다. 활차에 로프가 끼어져서 화물을 인양할 때 원하는 방향에서 적은 힘으로 무거운 중량을 취급하거나 힘의 방향을 변경시키는 장치이다.

(1) 태클의 종류와 배력 관계

태클의 종류는 고정 활차와 이동 활차의 사용 여부와 활차 내의 sheave수에 따라서 틀려지고 그 종류와 힘의 배력은 마찰을 고려하지 않고 이론적으로 계산하면 화물 중량(W), 화물의 이동 거리(d), 사용한 힘(f), 로프의 당긴 길이(D)라고 할 때,

$$f \cdot D = W \cdot d$$

이다. 이 식에서 화물 이동 거리와 로프의 당긴 거리가 같으므로, 화물의 무게와 당긴 힘은 같게 되고 힘이 작용하는 방향이 바뀐 것뿐이다.

그러나 이동 활차를 사용하면 로프의 당기는 길이와 화물의 이동 거리가 틀려지고 이 길이의 비에 따라서 당기는 힘이 적어지게 된다.

보통 태클은 그 이동 활차를 통하는 fall의 수가 배력이 되면 복합된 태클은 이것을 구성하고 있는 각 태클의 배력을 서로 곱한 수와 같다. 태클을 사용하여 화물을 인양할 때 태클의 마찰 저항은 화물 무게의 10%정도로 계산한다.

(2) 태클을 이용한 화물 이동

선박에서 화물을 인양하여 이동시킬 때는 붐(boom)을 이용하여 최초의 위치에서 인양하고 붐을 돌려서 필요한 위치에 내려놓게 된다. 그런데 붐이 없을 경우는 택클을 두 개 장치하여 화물을 이동하는데 이 명칭을 yard and stay tackles라고 한다.

(3) 체인 호이스트(chain hoist)

체인 호이스트는 chain fall이라고도 부른다. 이것의 장점은 사람의 5~250배의 배력을 이용하여 0.5~40통의 중량을 들어 올리거나 일정한 높이에 까지 끌어올려 정지시킬 수 있는 점이다. 선박에서 기관을 수리할 때, 좁은 장소에서 중량물을 끌어 올리는데 유용하게 쓰인다.

일반적으로 체인 호이스트는 묘쇄환(chain link)부분과 후크 부분이 가장 약하게 제작되었는데 그 이유는 과도한 중량이 미칠 때 후크가 펴져서 안전사고를 방지하는데 목적이 있다. 체인 호이스트는 계속적인 검사가 필요하며 후크나 묘쇄환이 휘어지는 경우 즉시 작업을 중단하고 신품으로 교환하여야 한다. 또한 묘쇄환이 펴진 것이 있으면 과중량을 미치게 한 결과이므로 체인 호이스트는 정상 기준보다 훨씬 약해진 상태로 된 것이다.

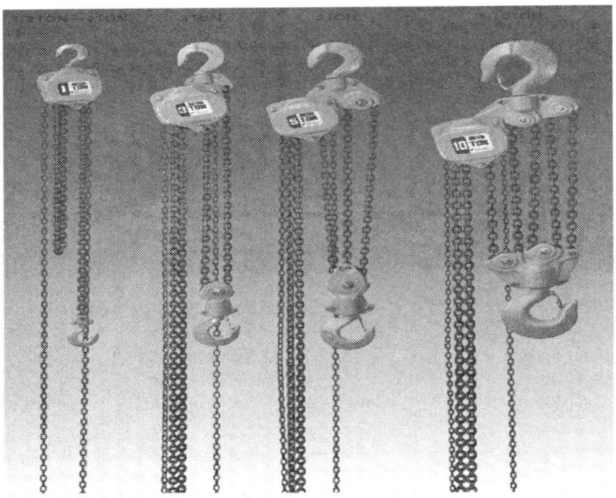

[그림 9-29] chain hoist

제9절 도 료

1. 도료의 종류

도료는 페인트 외에 바니쉬(vanish), 락카(lacquer)와 그 원료인 안료(顔料), 유(油), 용제(溶劑) 및 건조제를 총칭하고 콜타르(coaltar), 아스팔트(asphalt), 시멘트(cement) 등도 포함된다.

가. 성분에 의한 분류

(1) 페인트(paint): 유성(oil), 에나멜(enamel), 특수(特殊)페인트 등이 있다.
(2) 바니쉬(vanish): 유성, 주정(spirit), 바니쉬가 있다.
(3) 락카(lacquer)
(4) 잡도류(雜塗類) : 타알(tar), 시멘트(cement), 뽀대(putty), lime 등이 있다.

나. 사용 목적에 의한 분류

(1) 방청 도료(防錆塗料)
(2) 방오 도료(防塗汚料)
(3) 장식 도료(裝飾塗料)
(4) 특수 도료(特殊塗料)

2. 페인트(paint)

페인트의 주성분은 도막 결성제(塗膜結成劑)와 용제(溶劑)로 되어 있다. 도막 결성제는 고체인 안료(顔料)와 건성유(乾性油) 등을 말하고, 용제는 도막 결성제를 용해시켜 도장하기 쉬운 상태로 만드는 희석제(thinner) 등을 말한다.

가. 페인트의 종류

(1) 성분(成分)에 의하여

가) 유성 페인트(oil paint) : 안료, 건성유, 용제, 건조제 등으로 되어 있다.
나) 수성 페인트(water paint) : 안료, 물, 결착제(結着劑) 등으로 되어 있다.
다) 에나멜 페인트(enamel paint) : 안료, 바니쉬(varnish), 휘발성유 등으로 되어 있다.
라) 특수 도료 : 특수 안료와 특수 용제 등으로 되어 있다.

(2) 성상(成狀)에 의하여

가) **견연(堅練 : stiff paste) 페인트** : 안료를 건성유(乾性油)에 용해시킨 호상(糊狀)의 페인트이며, 사용 시에 boiled oil과 희석제(稀釋劑) 등을 적당히 섞는다. 오랫동안 저장하여도 변질되지 않는 것이 장점이다.
나) **조합(調合 : ready mixed) 페인트** : 건조제(dryer)만을 적당히 석어서 바로 사용할 수 있도록 되어 있는 페인트이며 해군에서는 밀폐된 5가론(또는 1가론)통에 보관되어 있으므로 사용 전에 안료와 용제가 잘 섞이도록 충분히 흔들어야 한다.
다) **분상(粉狀 : dry form) 페인트** : 광명단(光明丹)과 같이 분말 상태의 안료만을 말하고 사용시 적당히 조합하여 사용하는 페인트이다.

나. 안료(顔料 : pigment)

안료는 물에 용해되지 않는 미립자 상태의 물질로써 도료의 착색(着色)목적에 사용되고, 건성제와 섞으면 호상(糊狀)으로 되어 물체에 칠하면 불투명한 도막(塗膜)을 형성하여 방청, 방오, 방충(防虫)의 효과를 가져 오고, 물체 표면의 보호와 내구력(耐久力)을 준다. 안료를 색채별로 분류하면

(1) 백색 안료(white pigment)

가) 아연화(zine white: ZnO) : 상도용(上塗用)으로 사용

나) 백연(white lead: $2PbCO_3+Pb(OH)_2$) : 건조가 빠르고 도막이 강하예하 도용(下塗用)에 적합하고 실내용으로 부적합하다.

다) lithopon white($ZnS \cdot BaSO_4$) : 아연화와 같이 도료용으로 사용되고 햇볕에 검게 변하는 결함이 있다.

라) titanium(TiO_2) : 내산용(耐酸用) 도료로 많이 사용된다.

(2) 흑색 안료(black pigment)

가) carbon black : 석유광에서 분출하는 천연 가스를 불완전 연소하여 만든 도료로서, 인쇄용 잉크로도 사용된다.

나) 유연(油煙 : lamp black) : 유지(油脂)와 송지(松脂)를 연소시켜 만든 도료이다.

다) 흑연(黑煙 : graphite) : 천연산의 탄소로 완전히 검정색은 아니나 내화(耐火), 방청 도료이다.

(3) 황색 안료(黃色顔料 : yellow pigment)

가) 황연(黃鉛 : chrome yellow) : 착색력(着色力)과 내광성(內光性)이 좋아 대표적인 황색 도료이고, 크론산염($PbCrO_4$)과 황산염($PbSO_4$)이 혼합된 lemon tellow, 순크롬산염($CrSO_4$)및 염기성 크롬산염(PbCrO4Pb($OH)_2$)인 chrome orange가 있다.

나) 아연황(zinc yellow) : 크롬산아연($ZnCrO_4$)으로, 선명한 담황색 도묘이며 산과 알칼리에 약하다.

(4) 적색 안료(red pigment)

가) 광명단(red lead: Pb_3O_4+PbO) : 연단(鉛丹)이라 부르며, 비중(8,80)은 안료 중 가장 크고 방청 효과가 가장 큰 도료로서 대부분의 광명단(光明

丹)은 유색 산화철(Fe_2O_3)을 혼합하여 사용하고 해군에서는 보통 primer red 라고 부른다.

나) **진사(辰砂 : vermilion: HgS)** : 천연적으로 산출되며 내구력은 크지만 가격이 비싸다.

(5) 갈색 안료(褐色顔料 : brown pigment)

가) **산화철분(酸化鐵粉 : Fe_2O_3)** : 자색, 흑청색, 초콜렛색, 적청색 등 여러 가지가 있고 규산염이 조금 포함된 도료이며 착색력이 강하고 햇볕, 열, 산, 알칼리 등에 비교적 강하며 방청 효과도 좋고 가격이 저렴하여 가장 많이 사용된다.

나) **umber** : 황토와 같이 산화철분이고 망간(Mn)을 함유하고 있으며 암갈색이고 raw umber 와 burnt umber가 있다.

(6) 청색 안료(blue pigment)

가) **청색(prussian blue: $Fe_4[Fe(CN)_6]$)** : 착색력이 크고 가격이 저렴하며 감청 페인트의 안료이다.

나) **군청(ultramarine: $Na_2Al_6(SiO_3)_6+(SO_4)_2$)** : 천연으로 산출되고 합성하여 만들기도 한다.

다) **cobalt blue($Co \cdot Al_2O_3$)** : 밝은 하늘색으로 햇볕, 열, 습기, 산, 알칼리 등에 강하나 가격이 너무 비싸다.

(7) 녹색 안료(green pigment)

가) **chrome green** : chrome yellow 와 prussian blue의 합성으로 되어 있다.

나) **emerald green** : 분자식은 $Cu(C_2H_3O_2)_2+3Cu(AsO_2)_2$이고, 색체가 선명하나 산에는 용해되고 독성(毒性)이 커서 선저 도료에 사용된다.

(8) 금속 안료(metallic pigment)

가) 알루미늄분(aluminium powder) : 속칭 은분(銀粉)이라 하며, 은폐력이 크고 광선을 차단하며 반사 능력이 커서 방열, 내열(耐熱), 방청, 미관(美觀) 목적으로 금속 안료 중 가장 많이 사용된다.

나) 청동분(bronze powder) : 구리와 아연의 합금을 분말로 만든 속칭 금분이라 하고, 열처리를 하면 황금색, 청색, 녹색 등을 만들 수 있다.

다) 연분(鉛粉 : lead powder) : 아산화연(Pb_2O)의 흑회색 분말이며 방청 도료이다.

라) 아연말(亞鉛末 : zinc dust) : 금속 아연의 분말이며, 엷은 쥐색으로 방청 도료로 사용한다. 철판에 도장하면 아연은 철보다 이온화 경향이 양성이어서 성체의 부식을 방지한다.

(9) 체질 안료(體質顔料)

도료를 조합할 때 첨가하여 도료의 가격을 저렴하게 하는 것이며 체질(body) 또는 증량제(extender)라 한다. 체질은 도료의 성분이지만 착색력(着色力)이 없고 탄산석회분, 고령토(高嶺土), 석고(gypsum) 등이 있다.

(10) 건성유(乾性油 : drying oil)

건성유는 아마인유(亞麻仁油 : linseed oil), perilla oil, wood oil, hemp seed oil, 대두유(大豆油 : soya bean oil), 어유(魚油), 면실유(棉實油) 등이 있으며 건조도가 늦은 것은 가열하여 수분을 제거하고 사용하는데 이것을 boiled oil 이라 하고 아마인유가 가장 많이 사용된다.

(11) 수지(樹脂 : resin)

수지는 천연 수지(natural resin)와 합성수지(artificial resin)가 있고 페인트, 바니쉬, 락카 등의 원료로 사용한다. 수지는 amber, copal, dammar, rosin, shellac 등의 천연 수지와 석탄산 수지(carbolic resin), phthalic alkyd resin, urea alkyd resin, viyle resin 등의 합성수지가 있다.

(12) 희석제(稀釋劑 : thinner)

희석제(solvent 또는 용제)는 도료의 액체 성분을 녹여 점성을 약하게 하고, 도료의 건조를 촉진시키며 도료가 건조되면 거의 증발해 버린다. 희석제는 turpentine, mineral spirit, benzine, alcohol, 장뇌유(樟腦油 : camphor oil)등이 있으며 유성 페인트에는 turpentine이 가장 많이 쓰인다.

(13) 건조제(乾燥劑 : drier)

도막의 건조를 촉진시키기 위하여 첨가하는 망간, 납 등의 금속 또는 화합물을 말하고 적량을 초과하면 도막에 주름이 잡히고 광택이 없어지므로 주의 하여야 하고 겨울철에 건조가 잘 되지 않을 때 사용하면 효과적이다. 건조제의 첨가 비율은 망간의 경우 아마인유 양의 0.15%를 넘으면 좋지 않다.

3. 바니쉬 및 락카(varnish 및 lacquer)

바니쉬는 수지를 희석제(또는 용제)에 용해시킨 주정(酒精 : spirit) 바니쉬와 수지 및 건성유를 혼합, 가열하여 건조제를 첨가하고 희석제에 용해시킨 유성(oil) 바니쉬가 있다. 바니쉬는 건조 시간이 빠르고 (3~7시간) 도막이 견고하며 광택이 나지만, 유성 페인트보다 가격이 비싸 선체 내의 목재 도장에 사용한다. 묘쇄용 black varnish는 asphalt나 pitch를 주성분으로 한 페인트를 희석제에 용해한 것으로 방청, 방수, 내산용 도료이고, short oil varnish(gold size)는 유성 페인트와 혼합하여 광택을 내는데 사용하며, long oil varnish(spar varnish)는 유성 페인트 및 에나멜 페인트 위에 칠하여 광택을 증가시킨다.

락카는 섬유소 도료의 대표적인 것으로 건조 시간은 대단히 빠르고(10~30분) 광택이 나면 도작은 견고하다. 내수성, 내유성은 강하나 내광성이 약하고 도막이 얇아서 항해 계기류의 상자에 사용할 뿐, 선박 도장에는 사용하지 않는다.

4. 잡도료(雜塗料)

잡도료는 석탄이나 식물에서 짜내는 tar나 시멘트, 흑연(graphite), 퍼티(putty) 등을 말하며 선체의 특수한 부분에 사용하는 도료를 말한다.

콜탈(coal tar)은 전기 절연 목적에 rigging tar는 방식(防蝕)에, stockholm tar는 방식과 방청(防錆)에 사용하고, 시멘트는 바라스트 탱크, 피크(peak) 탱크, cofferdam등의 내부에 도장한다. 흑연은 방청력이 커서 광명단 대용으로 사용하기도 하며 강색(鋼索) 보존에 boiled oil과 혼합하여 사용하고, deck composition은 선실 내 통로나 갑판상에 목판(木板)대신 포장하는 것을 말하며, 퍼티(putty)는 도료라기보다는 보조재이고 갑판의 caulking을 하거나 작은 구멍과 전기 배선 시 생기는 구멍 밀폐에 많이 사용 된다.

5. 함정용 페인트

함정용 페인트는 도장 장소에 따라 여러 가지 종류가 있으며 방청, 방오, 장식, 특수 페인트가 사용되고 있다. 주로 유성 페인트가 많이 사용되고 일반적으로 함정에서 페인트라 하면 유성 페인트를 말한다. 해상은 습기가 많고 소금기가 많아서 녹(발청)이 많이 나고 또한 온도가 변화가 심하고 자외선이 강하며 파도의 충격과 화물 및 선박의 마찰이 심하므로 밀착성, 탄력성, 내광성, 내습성, 내후성(耐朽性), 방청성, 방오성이 강한 유성 페인트를 사용한다.

함정에서 도장 장소에 의해 페인트를 구분하면,

가. 외부 페인트

함정의 수면상 수직 표면에 칠하는 페인트로 광명단(해군에서는 primer red라 함), 황연(해군에서는 primer yellow라 하고, 목재에 칠함), 회색(hazy gray)을 많이 사용하고 있다.

나. 내부 페인트

선체의 내부 격벽 및 천정에 칠하는 페인트로서, 광택은 없으나 내습성이 있는 페인트를 사용하고 격실별 색깔은 함정정비편람에 규정된 색깔을 도장해야 한다. 기관실, 포탑 내부, 취사장, 창고, 화장실 등은 백색 페인트, 레이더실, 쏘나실, 전탐실(CIC) 등은 회색 페인트, 통신실, 의무실, 함내 서무실, 조타실, 해도실, 사관침실 등은 ships green 페인트를 도장한다. 그러나 사관실은 ships green 페인트를 원칙으로 칠해야 하나 함장 재량에 의해서 가장 좋은 페인트를 택해서 도장할 수 있다.

다. 갑판 페인트

갑판 페인트는 외부와 내부가 다르며 함정편람에 자세하게 나와 있다. 노천갑판은 dark gray 페인트를 도장하고 내부 갑판 중 거주실과 작업장에는 light gray 페인트, 기관실은 dark red 페인트 그 외 장소는 dark green 페인트를 도장한다.

라. 선저(船底) 페인트

선저용 페인트는 선체의 부식과 오손을 방지하기 위한 가장 중요한 페인트로서 방청 효과가 가장 좋은 1호 선저 페인트(anticorrosion paint : A/C)와 방오(防汚) 효과가 좋은 2호 선저용 페인트(antifouling paint : A/F) 및 수선 부근에 칠하는 방청, 방오용 3호 선저용 페인트(boat-top paint: B/T)가 있다.

1호 선저 페인트는 주로 산화철분, 아연화에 바니쉬로 녹인 에나멜페인트이고, 2호 선저 페인트는 주로 산화수은 아산화동으로 되어 있는 에나멜페인트이며, 3호 선저 페인트는 산화철분, 아연화에 소량의 아산화동이 들어있는 에나멜페인트이다. 선체가 목재인 경우는 방청용 페인트는 필요 없고, 방오용 페인트가 주로 사용되며, 아산화동을 안료로 하고 목재에 침투하는 용제를 섞어서 만든 copper 페인트가 사용된다.

최근의 신조선은 비닐(vinyle)계 페인트가 사용되며, polyvinyle alchohol용액에 zinc chromate를 혼합한 wash primer(W/P)를 도장하고 그 위에 아산화동 등을 함유한 염화비닐을 도장한다. 비닐계 페인트는 방청, 방오 효과가 좋으나 가격이 비싼 점이 결점이다.

마. 탱크 페인트

탱크 내외 페인트는 사용 용도에 따라 다르나, 공실(void)같은 데는 페인트 도장을 하지 않고 상륙 함정의 바라스트(ballast) 탱크는 바라스트용 boiled oil 을 충수한다. 승조원의 청수를 공급하는 청수 탱크는 방청 효과가 있으며 인체에 해롭지 않은 아연화(zinc dust)페인트를 도장한다.

바. 열과 화기가 있는 장소의 페인트

기관실 내의 steam heater 등 가열 금속 표면이나 화기가 있는 장소는 내열(耐熱)성의 페인트를 도장하는데, 알루미늄 분말과 합성수지 등을 바니쉬에 혼합하여 만든 은색의 알루미늄 페인트를 사용한다.

사. 기타 장소의 페인트

묘쇄 창고나 묘쇄 등에는 내수, 방청, 내산의 효과가 있는 아스팔트(asphalt) 바니쉬 등의 페인트를 사용한다. 아스팔트 바니쉬 페인트는 천연 아스팔트나 석유 아스팔트, coal tar등을 바니쉬에 용해한 에나멜페인트이다.

이상으로 설명한 페인트는 선체 각 부분을 충분히 설명하지 못하였고 전기 케이블이나 각종 장비 등에 페인트를 칠하는 규정은 함정편람 19장에 표시되어 있다. 그리고 함정에서 사용하는 페인트 건조 시간은 표 9-16과 같다.

[표 9-16] 페인트 건조 시간

페인트 종류	페인트 번호	건조시간(시간)
zinc chromate primer	84	8
black deck	24	5
navy gray	5N	88
navy blue	5NB	8
hazy gray	5H	8
ocean gray	5-0	8
light gray	5L	8
dull black, outside	104	8
yellow striping	42	8
red striping	40	18
black striping	38	18
green striping	39	18
brown striping	41	18
blue striping	43	8
light green, inside, first-retardant	31	18
zinc dust tank paint	31	84
stencil paint(all colors)	102	1
varnish, asphalt		24
varnish, mixing, linseed oil-phenyl-phenolic resin		18
varnish, ester-gum, grinding		20
varnish, mixing, alkyl-phenolic		12
varnish, mixing, for aluminum paint		18
varnish, ingredient phenolic		8
varnish, spar, water-resisting	80	8
varnish, interior		7
varnish, spirit(shellac varnish replacement)		3
varnish, shellac		1
clorinated alkyd paints		8

제10절 도 장(塗裝 : painting)

도장은 선체의 보존 정비에 있어서 가장 중요한 작업의 하나이다. 도장에 있어서 도료와 피도장물의 종류, 도장 장소의 상태, 도장 시기 등 여러 가지 조건이 있으나 여기에서는 선박에서 행해지고 있는 일반적인 도장법에 대하여 설명한다.

1. 도장용 공기구(塗裝用 空氣球)

가. 청락 용구

(1) **수동 용구(手動用具 : hand tool)** : 청락 햄머(chopping hammer),쇠줄솔(wire brush), 금강 사포(sand paper), 삭거구(削去具 : scraper)

(2) **전동 기구(電動機具)** : 발동 삭거구(scaling machine), 발동 연마기(powergrinder 또는 electric portable grinder), 압축 공기식 햄머(pneumatic hammer chisel 이라 부르는 8″길이에 $1\frac{1}{4}$″폭의 청락 햄머가 부착된다.), 회전식 청락 기구(rotary chipping tool), 모래 분사기(噴射機 : sand blast), baccum blast

나. 페인트 조합 기구

통, 깔때기, 섞는 막대

다. 도장 용구(塗裝用具)

도장하는 용구는 페인트 브러쉬(brush)와 분무 도장기(sprayer)가 있다. 페인트 브러쉬는 넓은 부분을 도장할 때 사용하는 flat brush를 비롯해서 fitch brush, sash brush, flat varnish brush, lettering brush, painter's dusting brush 등 페인트 종류와 도장 장소에 따라 다르며, 선체 현측을 도장할 때 사용하는 roller brush가 있다.

분무 도장기는 압축 공기에 의하여 페인트를 분사하여 도장하는 기구로 페인트의 밀착이 좋고, 도장한 면이 깨끗하고 고르며 작업 능률이 좋으나 페인트를 여과하고, 섞으며, 가열하는 노력이 필요하고 페인트의 비말(飛沫)이 날아가는 결점이 있어 선저 도장시 주로 사용하게 된다.

라. 보조용으로 사용되는 용구

stage, boatswain chair, deck cover, waste, 안전벨트, 조명등, 방독면, 이동 통풍기, 구명의, goggle 등이 있다.

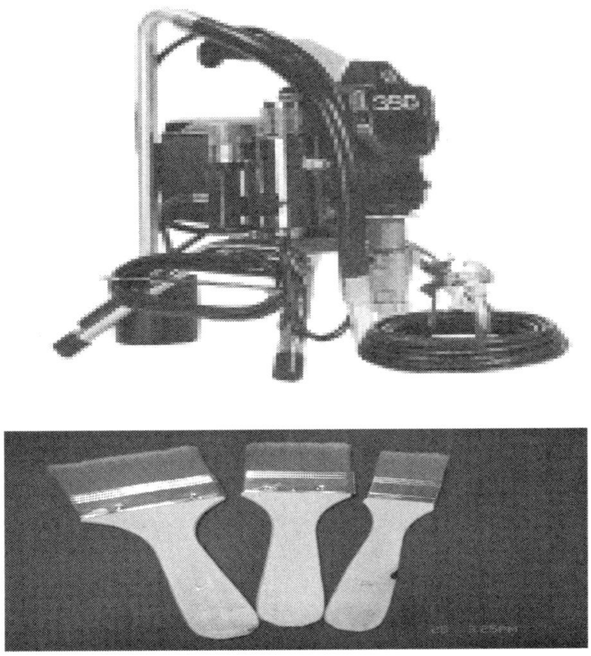

[그림 9-30] 분무도장기와 페인트 붓

2. 도장 전 작업

페인트가 잘 밀착하여 방식(防蝕), 장식 등의 효과를 장기간 유지하려면, 도장 표면이 받는 물리적, 화학적인 영향을 고려하고, 적합한 페인트를 선택하여 도장 준비가 잘 된 선체 표면에 도장하여야 한다. 만일 도장 표면 처리가 잘못되거나 물리적 조검이 나쁜 상태에서 도장하면 단시일 내에 부식, 균열, 탈락 등이 생기게 된다.

가. 목재의 도장 준비

(1) 충분히 건조하여 수분과 수지(樹脂)를 제거 한다.
(2) 도장 표면에 부착된 매연, 먼지, 오손(汚損) 등을 비눗물이나 휘발유로 씻어 낸다.
(3) 갈라진 틈, 벌레구멍, 마디, 접속부 등을 퍼티(putty)로 caulking하여 평평하게 만든다.
(4) 도장 표면을 sand paper로 마찰시켜 평활(平滑)하게 된다.

나. 철재의 도장 준비

(1) 녹을 완전히 제거한다.
(2) 먼지, 유지분(油脂分), 수분을 충분히 제거한다.
(3) 도장 표면을 평활하게 하고 sand paper로 문질러서 밀착이 잘되게 한다.
(4) 마른걸레로 쇳가루를 충분히 닦아낸다.
(5) 경금속과 강재가 연결된 부분은 전식 작용이 일어나지 않도록 chaul-king compound로 메워준다.

이렇게 도장 전 작업이 완료되면 페인트 통에서 충분히 흔들어 필요한 양의 페인트를 다른 용기에 따라서 사용하고, 필요하면 희석제를 섞는다.

3. 도장법

도장하는 방법은 부분 도장(touch up painting)과 전체 도장(all painting)이 있다.

부분 도장은 선체 중에서 녹이 난 부분을 찾아 그곳만 도장하는 것으로 정비가 효과적이고, 페인트가 절약되는 점은 장점이지만 외관상 보기가 좋지 않다.

페인트를 도장할 때는 최초 도장 표면에 방청 페인트를 3회 도장하고 방청 페인트 위에 원색 페인트를 3회 도장하는 것이 원칙이나 부분 도장시는 2회 정도 도장해도 된다. 페인트 도장시 첫 번에 도장한 페인트가 완전히 건조한 다음 두 번째 페인트를 도장해야하고 페인트 도막(塗膜)은 얇을수록 좋다. 구축함이 한 번 전체 도장을 하면 $1\sim1\frac{1}{2}$톤의 무게가 증가하므로 외부 도장은 1갤런 페인트로 200ft2 면적을 칠하는 것이 좋다.

페인트 도장시 공기 온도는 섭씨 16°~26°사이가 가장 좋고 섭씨 0°이하에서는 페인트 도장을 하지 않는 것이 좋다. 그리고 페인트 도장시 주의사항은 다음과 같다.

가. 환경을 깨끗이 할 것
나. 기상 상태를 고려할 것
다. 철판의 정비를 철저히 하여 녹이 남아 있게 하지 말 것
라. 고무나 기타 절연체에 페인트가 묻지 않도록 할 것
마. 수밀 장치 가스킷트(gasket)에 페인트가 묻지 않도록 할 것
바. 페인트가 흘러내리지 않도록 할 것
사. 상부 구조물부터 도장을 실시 할 것
아. 격실의 표시나 늑골 번호 등은 도장 전에 메모 또는 tape를 부착하여 혼동되지 않게 할 것
자. 밀폐된 격실 도장시는 질식할 우려가 있으므로 이동 통풍기를 설치하고 감시원을 배치할 것(당직사관 유의사항)
차. 현측 또는 수직벽 도장시 안전 대책을 강구할 것(당직사관 유의사항)
카. 마스트 도장시는 고위치 작업 안전 수칙을 지켜야 하고, 당직사관, 통신사, 조타사에게 보고 할 것
타. 너무 두껍게 도장하지 말 것
파. 페인트가 마르기 전에 밟지 않도록 경고문을 게시할 것
하. 함정편람 19장에 표시된 페인트 색을 격실에 따라 도장할 것
갸. 물기가 있는 표면에 도장하지 말 것
냐. 도장 후 도장 용구가 굳지 않도록 정비할 것
댜. 도장중에 금연할 것

랴. 정밀 기계 속에 페인트가 들어가지 않도록 할 것

먀. 고무로 덥혀진 전기 스위치, 용구(tackle), 전령줄, 살수 장치, 열 변화가 심한 기계, 명판, oil cap, 고무나 플라스틱 접지판, 용수철, 여과기, 아연판, 고무 가스킷트, knife edge 및 nut 등에는 도장을 하지 말 것

제 11 절 입거와 수리

함정은 해상에 떠 있는 한 수면하 선저의 정비가 사실상 불가능 하다. 선저의 방청, 방오 페인트는 영구히 선저를 보호하지 못하고 선저에 발생한 부식은 발견하기가 불가능하다. 따라서 선저의 부식 방지를 위한 정비 방법은 선체를 일정한 기간 육상에 올려놓고 선저 의장품과 선저 보수 및 정비를 하여야 하므로 선거가 필요하다. 그러나 조선의 간만(干滿)에 의한 수위차가 큰 곳에는 그 출입구에 dock gate를 설치하여 선박을 육안(陸岸)에 계류하고 하역 작업과 선박 수리를 하는 것을 계선 선거(繫船船渠 : wet dock)라고 부르며, 소형 선박을 만조 때 모래 위에 올려놓고 간조 시 선저를 정비하고 수리하는 것을 graving dock라 한다.

1. 선거의 종류

가. 상가대(marine rail way)

상가대는 slipway라고도 한다. 수면을 향한 완만한 경사면에 궤도(rail)를 설치하여 이를 수중 깊은 곳까지 연장하고 그 궤도상에 선가대(船架臺 : cadle or carriage)를 갖춘 것이다. 입거는 선가대 위에 선체를 태워 강력한 권양기와 강색을 사용하여 끌어올린 다음 지주로 선체를 정치(定置)시킨다. 소형 선박 수리에 많이 이용되고 최대로 기준 배수톤수 300톤까지 입거 가능하다.

나. 건선거(graving dock)

통상 dry dock의 대표적인 선거이며, 건선거(dry dock)라 하면 graving dock를 칭한다. 수심이 충분한 바다 또는 하천에 접한 육안(陸岸)에 인공적으로 수심이 깊은 못을 파고 주위의 벽과 바닥을 목재, 돌, 시멘트 등으로 견고히 축조하고 입구에는 선거문(dock gate)를 설치한 것이다.

선박을 입거시키려면 dock gate를 닫고 선거 내의 물을 펌프로 배출한 다음 선거 바닥에 약 1미터 높이의 keel block를 배열한다. keel block 위에 입거할 선박의 선저와 맞는 지주(shore)를 설치하여 용골이 keel block에 닿게 될 때 선체가 넘어지지 않도록 한다. keel block 작업이 완료되면 선거 안에 물을 넣고 수위(水位)가 외부와 같아지면 dock gate를 열고 선박을 입거시켜서 keel block 설치 할 때와 같은 절차로 물을 배출한다.

[그림 9-31] 건선거에 거치중인 함정

다. 부유 선거(floating dock)

부유 선거는 횡단면이 凹자형이고 한쪽 또는 양쪽이 개방되어 있고 내부는 많은 격실로 나누어진 이중저(二量低 : dock floor)와 양쪽에 높은 탱크(dock side)로 구성된 강제 부유체이며 lifting dock라고도 한다. 선박을 입거시키려면 탱크에 물을 넣고 선거를 침하시키고 함정이 선거 내에 들어오면 다시 탱크 내의 물을 배수한다.

부유 선거는 기초 공사와 부지(敷地)가 필요 없고, 이동이 가능하여 특수 목적으로 사용되며, 입거한 선박의 흘수와 trim에 맞추어 침하(沈下)시킬 수 있으므로 배수 시간이 짧게 된다. 그러나 부식과 파손이 심하여 유지비가 많이 들고, 황천시는 동요로 인하여 작업이 곤란하다.

[그림 9-32] 부유선거

라. 엘리베이터식 건선기(elevator drydock)

엘리베이터식 건선거는 최신 선거로써 궤도를 이용하여 운반할 수 있는 구조로 되어 있고, 여러 개의 엘리베이터로 선체를 인양할 때 동조시켜서 하게 된다. 이 선거는 엘리베이터 선거대(船渠臺)가 침하하여 함정을 cradle에 올려놓고 전동모터로 선거대를 수면상까지 인양하여 공창의 육상으로 이송하게 되어 있다. 이 선거는 70~12,000톤급의 선박을 상가(上架)시킬 수 있으며 가장 큰 것은 60,000톤까지 있다. 이 선거는 육상에 궤도만 많이 설치해 놓으면 여러 척의 선박을 동시에 수리할 수 있다. 그러나 황천시는 선박의 전복 우려가 있고, 선거대 인양 시는 인양기 전동 모터 조종에 기술이 필요하다.

2. 입거(docking)

가. 입거 준비

입거하여 선저 수리와 도장을 하려면 전단대의 허가를 얻고 수리창 또는 정비창에 통보한다. 선박의 입거 통보를 받은 수리창 또는 정비창 선거책임 장교는 입거 선박의 선체 제원을 파악하고 입거 계획이 완료되면 선거 부근의 조석, 조류를 파악하여 입거 시간을 결정하고 함장에게 통보한다.

함장은 입거 통보를 받으면 탄약, 유류 등 양육할 물건을 전부 양육하고 선박의 경사와 트림을 바로 잡아야 하며 입거 중 신속하고 원활한 수리를 위하여 다음과 같은 준비를 한다.

(1) 수리 항목을 미리 작성한다.
(2) 선저의 파손 개소와 선저 돌출물(소나돔 등) 등의 위치를 정확히 조사 한다.
(3) 단정 등 외현에 돌출된 것을 현측 안으로 격납한다.
(4) 필요한 방현대와 계류색을 준비 한다.
(5) 함수미에 피예선 준비를 한다.
(6) 직류 사용 기계는 스위치를 꺼둔다.
(7) 화장실 등 함내 청소를 깨끗이 한다.

모든 입거 준비가 다 되어 예선에 의하여 입거가 시작되면 선거의 입구에 함수가 들어가는 순간부터 출거(出渠)할 때까지 선거 장교가 선박 안전에 대한 책임을 진다. 입거가 완료되면 당직사관은 선거에 최초로 계류색을 보낸 시각, 선거 입구를 통과한 시각, 선거문(dock gate)의 폐쇄 및 배수 시작 시각, 선체가 keel block에 얹혀진 시각 등을 항박 일지에 기록한다.

나. 입거 중 작업

입거 중에는 특별 수리 이 외에 다음과 같은 정규 검사와 수리를 한다.

(1) 선저 부식 부분에 대한 부분적인 정비 작업
(2) 부식된 모든 볼트(bolt), 너트(nut)의 교환
(3) 선저의 모든 밸브(valve) 검사

(4) 아연판(zinc plat) 교환 및 drill 검사
(5) 추진기 shaft 의 strut bearing 검사 또는 교환
(6) 추진기 날개(screw blade)의 검사 및 정비
(7) 선저 도장, 흘수 기입, 수선(water line) 도장

입거 기간은 선저 부분의 중요한 정비 기간임을 명심하여 누락되는 정비가 없도록 철저히 계획, 조사하여 수리를 하여야 한다.

다. 입거 중 주의 사항

입거 중에는 선거 장교의 주의 사항을 따라야 하며 수리창 또는 정비창 교시 "입거 중 주의 사항"을 전 승조원에게 교육시켜야 하고, 입거 중에 필히 지켜야 한다. 입거 중에 필히 지켜야 할 사항은 다음과 같다.

(1) 함외로 물, 기름, 쓰레기 등을 버리지 말 것
(2) 화재에 주의하고 육상에서 소화 주관을 끌어서 함내에 배치하며 이동 소화기는 용접 작업 장소에 비치할 것
(3) 변소와 취사 시설은 육상에서 실시할 것
(4) gangway는 안전망을 설치하고 야간에는 조명등을 설치할 것
(5) 도난 방지에 최선을 다 할 것
(6) 선체 경사에 영향을 미칠 중량물 이동을 피하고 이동할 필요가 있을 때는 선거 장교의 지시를 받을 것
(7) 위험한 작업 장소에는 타인의 접근을 금할 것
(8) 많은 사람이 갑판상에서 뛰는 것과 함상에서 단체 인원 이동을 금할 것

3. 출 거(undocking)

선저 수리와 정비가 완료되면 선거 장교와 함장의 합의에 의하여 입수 시간을 결정한다. 선박에서는 부상(浮上)을 대비하여 계류색을 연결하고, 육상 전원, 호스 등 육상과 연결된 설비를 회수한다. 선거 내에 물을 넣기 시작하면 함내의 모든 해수 밸브(valve)는 잠그고 각 탱크, bilge, cofferdam 등을 sounding 하여 이상

유무를 점검한다. 수위(水位)가 선박의 흘수ㅗ다 높아지면 선체는 keel block에서 떠오르는데 이때 선체가 경사하여 손상될 우려가 있으므로 세심한 주의를 해야 한다. 선체가 완전히 떠오른 다음 출거 직전에 선체의 이상유무를 최종 확인하여 이상이 있으면 선거 장교에게 통보하고 이상이 없으면 예선에 의하여 출거하게 된다. 이때 기록할 사항은 첫째, 선거에 물을 넣기 시작한 시각, 둘째, 선체가 keel block에서 떠오른 시각과 그 때의 흘수, 셋째, 물 넣는 것이 완료된 시각, 넷째, 수면하 선체 및 배관의 누수 여부 등 이상 유무, 다섯째, 예인되어 선거대 출구를 완전히 통과한 시각 등을 기록한다.

제10장

인 명 구 조

제10장 인명 구조

해상에서 인명 구조를 하게 될 수난자의 발생 원인은 여러 가지가 있게 되지만 대략 다음과 같은 경우로 대별할 수 있다. 황천시 갑판상이나 현측에서 작업 중 추락하거나 부주의로 인하여 실족하는 경우, 항공기가 추락하여 조종사가 탈출하는 경우, 선박이 침몰하여 다수 인원이 익수한 경우 등이 있다.

어떠한 원인으로 익수자가 발생한 것과는 별도로 익수자를 구조하기 위한 구조 작업은 신속하고 질서있게 수행되어야 하고 사전에 충분한 준비와 훈련이 되어 있어야 한다.

익수자가 발생하여 인명 구조를 하게 되는 조함 장교와 구조 요원은 다음과 같은 제반 사항을 숙지하여 신속하고 숙련된 조치를 취해야 한다.

제1절 인명 구조시 일반 사항

1. 익수자 발생시 보고 및 전달

익수자를 최초로 발견한 사람은 누구든지 "우현 또는(좌현) 익수자 발생"이라고 큰 소리로 외치며 익수자에게 가능한 한 부유물(구명의, 구명환 등)을 던져준다. 이러한 조치는 주위 사람들에게 익수자가 발생한 사실을 알리고 익수자에게는 익수 사실을 발견했으니 생의 의욕을 가지라는 격려의 뜻을 갖는다.

익수자가 발생했다는 구령을 청취한 사람은 계속적으로 큰 소리로 구령을 전달하여 함내 전원이 알 수 있도록 한다.

함교 당직 근무자는 경보를 울려서 전 승조원에게 알린다.

2. 함교에서 조치 사항

가. 함교 당직 사관은 추진기의 흡수류로 인하여 익수자가 휘말려 들어가지 않도록 기관을 정지하고 키를 익수자 현측으로 대각도 전타하여 kick현상을 이용함으로써 익수자가 함미에서 멀리 떨어지도록 조치한다.

나. 상기 “가”항의 조치를 취함과 동시에 필요한 현상물과 등화를 표시한다.

(1) “O”자 기류를 게양한다.

(2) 단성 6발의 기적 신호를 10초 간격으로 취명한다.

(3) 야간에는 수직선상에 있는 2개의 섬광등을 점등한다.

(4) 야간에는 탐조등을 익수자 쪽으로 비친다.

(5) 무중(시계 불량시)에는 음향 신호에 이어서 발광 신호로 접근하는 선박에 대하여 6회 이상 깜박거려서 음향 신호를 보충한다.

3. 인명 구조에 필요한 기구

선박은 크기에 관계없이 다음과 같은 인명 구조 기구를 설치 또는 비치하여야 한다.

가. 구명환(life ring)

원형의 부유물로 스폰지나 발사(valsa) 목재에 외부로 캔바스로 싸서 부력을 유지하게 하며 색깔은 짙은 오렌지색을 칠하였다. 1인치 로프 60ft를 연결하여 함수 양현과 현측의 선체 구조물에 비치하고 익수자에게 던져주거나 가까이 있는 익수자를 구출하는데 사용한다.

나. 카포크 볼(kapok ball)

직경 약 8″의 구(球)형 부유물로서 구명환과 같이 로프가 연결되어 있으며 현측에서 멀리 떨어져 있는 익수자에게 던져서 구출하는데 사용하고 비치 장소는 구명환 위치와 비슷하다.

다. 구명띠(lift band)

구명띠는 실신자, 기절환자, 부상당한 익수자를 구출하는데 사용하는 것으로 구명줄 끝에 달려 있고 숙련된 수영자가 익수자에게 접근하여 매어준다.

라. 구명줄(life rope)

크기 1인치 로프를 사용하고 길이는 60~90ft정도이며 구명띠에 연결하는 줄을 말한다. 수영자가 익수자에게 접근하여 bowline매듭으로 익수자를 묶어서 구출하게 한다.

마. 줄사다리 및 구명망(net)

현측에 내려서 익수자가 잡고 갑판에 올라오게 되는 것을 말하며 충분히 길게 내려서 수면하로 내려가게 해야 한다.

바. 해상 철당가(stretcher)

익수자가 부상을 당했거나 해상 상태가 나빠서 구조 작업이 어려울 때 현측에 내려서 익수자를 건져 올리는 것을 말한다. 크기는 사람이 누울 수 있도록 철망으로 되어 있고, 225파운드의 중량을 견딜 수 있어야 하며, 한쪽은 10″×10″ 크기의 카포크형 부유물을 달아서 부력을 유지하도록 되어 있다. 수영자가 내려가 익수자를 해상 철당가에 올려놓으면 데비트(davit)를 이용하여 끌어 올린다.

사. Boat hook

인명 구조 작업시 다목적으로 사용된다.

제 2 절 인명 구조시 작업 절차와 조함법

인명 구조는 선박 현측에서 직접 구조 작업을 하는 현측 인명 구조, 단정을 강하하여 작업하는 단정 인명 구조, 다수의 인원이 운집하여 익수한 경우에 구조하는 다수 인명 구조의 세 가지 방법이 있다.

인명 구조 작업 절차는 모두 비슷하며 현측 인명 구조 작업이 가장 기본적이며 이 절차를 이해함으로써 다른 방법은 이해가 쉽게 된다.

1. 현측 인명 구조시 인원 배치 및 작업 절차

인명 구조 경보가 발함과 동시에 승조원은 구명의를 착용하고 반시계 방향(C.C.W.)의 통행 규칙을 준수하며 신속한 동작으로 특수 직무 분담표(station bill)에 명시된 임무를 수행할 수 있도록 해야 한다. 인명 구조시 인원 배치와 작업 절차는 다음과 같다.

가. 구명환(life ring or life buoy) 및 카포크 요원

(1) 함수 양현 및 현측 요소에 배치하여 익수자에게 선박이 접근함에 따라서 적절히 해당 장구를 던져 주어야 하며 익수자가 부유물을 잡는데 실수하면 즉시 회수하여 익수자 쪽으로 이동하면서 잡을 때까지 계속 던져야 한다.

(2) 선박에 따라서 다르지만 통상 5~6명이 배치되며 부유물을 던지는 요령은 두 사람이 동시에 던져 익수자에게 "X"자 형으로 줄이 걸리도록 하여야 한다.

나. 줄사다리 및 구명망 요원

구명망은 하선망이라고 부르기도 한다. 줄사다리 및 구명망을 즉시 강하할 준비를 갖춘다.

다. 당가 요원

3~4명으로 구성되며 충격을 받은 익수자를 의무실까지 운반한다. 운반 요령은 수난자에게 동요가 되지 않도록 운반시 발걸음을 서로 엇갈리게 보행한다.

라. 수영자

구명의를 착용하고 구명줄과 구명띠를 지참하여, 사다리 위치에 대기하다가 익수자가 가까이 오면 익수자에게 구명띠를 매는 작업을 하는데 이들은 수영 능력이 우수한 사람 1~2명이 하게 된다.

마. 소총수

통상 1~2명으로 구성되며 실탄은 약 20발을 지참하고 익수자에게 접근하는 상어 등 익수자에게 해로운 고기를 감시하고 필요시는 사격을 하여 쫓아 버린다. 사격할 때 익수자에게 가까이 사격을 하면 위험하므로 원방에서부터 방어해야 한다.

바. 견 시

함수와 함교에 견시가 증가되어 배치되고 익수자의 상태를 계속적으로 방향, 거리, 상태의 순서로 조함 장교에게 보고하며 특히 익수자 방향은 손을 들어 표시한다.

사. 신호사

단정 인명 구조시에 대비하여 단정에 배치하고 모함과 일반 신호를 한다.

아. Boat hook 요원

함미 부근이나 필요한 위치에서 익수자를 구조하는데 boat hook를 적절히 사용한다.

자. 전화수

함수, 중갑판, 함미에 배치하며, 현장 작업 진행 사항을 함교에 보고 한다.

차. 단정 강하 요원

단정 인명 구조시 단정을 강하할 수 있도록 대기반에서 차출하여 단정 옆에 대기한다.

카. 위생사

(1) 응급치료 약품, 담요 2매, 수난자 이송용 당가(들것), 깨끗한 헝겊, 산소 호흡기 등을 준비한다.
(2) 익수자가 갑판에 올라오면 진단을 하고 입과 코를 소제한 다음 마신 물을 토하게 하고 인공호흡을 실시한다.

인공호흡은 1분간에 12~15회 정도 실시하고 최대 8시간까지 계속해야 한다. 수난자의 상처가 있으면 치료하고 익수자가 절대로 수면하지 못하게 한다.

타. 현장 지휘자

통상 갑판 사관이 되며, 작업을 지휘하고 진행 사항을 함교에 보고한다. 그리고 인명 구조 요원을 제외하고 승조원을 갑판상에 집합시켜 인원을 파악한다.

파. 전탐실 요원

D.R.T.가 있는 선박은 200 : 1로 D.R.T.를 조종하여 익수자 현장으로 접근할 침로를 함교에 건의한다.

하. 조타사

인명 구조시 필요한 등화와 형상물을 게양하고 국제 해상 충돌 예방 규칙에 의한 신호를 집행한다.

2. 현측 인명 구조시 조함법

해상 상태가 양호하고 익수자의 발생을 즉시 인지한 경우에 선박이 직접 익수자에게 접근하여 현측에서 인명 구조하는 방법은 단정에 의한 구조 방법보다 신속하다. 그러나 고도의 조함술이 요하게 되므로 조함 장교는 선박의 조함 특성을 완전히 알아야 하며 신속하고 안전한 기동을 해야 한다. 현측 인명 구조는 직접 인명 구조법이라고도 하며 접근하는 절차는 다음과 같은 방법이 있다.

가. 윌리암슨 선회법(williamsons turn method)

익수자가 물에 빠진 시간을 잘 모를 때 또는 시정이 나쁠 때 원침로의 항적을 정확히 찾아 역침로로 항해하면서 익수자를 발견하기 유효한 방법이며 그 요령은 다음과 같다.

(1) 익수자가 발생한 현측으로 전타하여 회두한다.

(2) 원침로에서 함수 상대 방위가 60도 회두하면 “키 반대”하여 반대쪽으로 회두한다.

(3) 선회를 계속하여 원침로의 역침로를 유지하면 원침로의 항적을 따라 가게 되는데 이때 키는 대각도를 사용하여 침로를 유지해야 한다.

이 방법은 저시정시에 대단히 유효하고 간단하며 거의 정확히 익수자를 향해서 가게 되는데, 시간이 많이 걸리고 익수자를 시야에서 놓치기가 쉬우며 외력이 있을 때 원침로의 항적을 따라가기가 어렵게 된다.

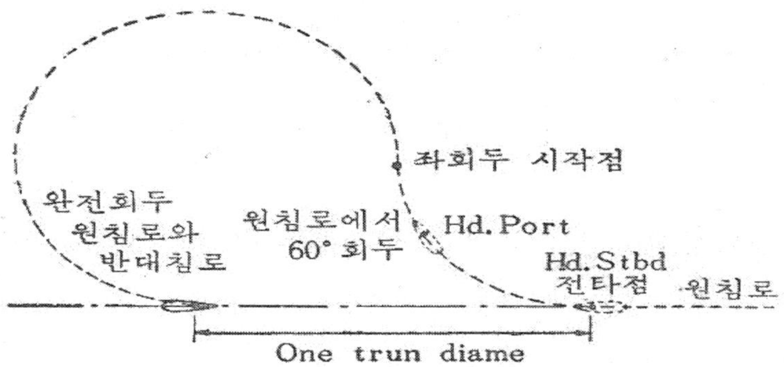

[그림 10-1] williamsons' turn방법

나. 반원 2회 선회법(半圓2回旋回法 : two turn method)

선박을 180도씩 두 번 선회하여 원침로 상에서 구조하는 방법이며 최종 유지 침로는 원침로가 된다.

(1) 익수자가 발생 즉시 기관을 정지하고 익수자 현측으로 대각도 변침한다.

(2) 익수자가 함미를 벗어나면 다시 기관을 전속 전진하고 함수가 180도 회두하면 역침로를 유지하여 30~60초(300~500야드 전진할 시간)동안 항주 한다.

(3) 항주 중 익수자가 정횡 후 30도 위치에 보일 때 익수자 현측으로 전타하여 원침로를 유지하면서 감속한다.

(4) 이때 함수를 풍상측으로 유지하면서 익수자를 정함수에 오도록 조함한다.

이 방법은 익수자를 계속하여 볼 수 있고 풍향이 침로와 직각 방향일 때 유리하며 익수자가 시야에서 사라졌더라도 선박은 익수자 쪽으로 향한다. 시간적으로는 윌리암스 선회보다 빠르나 1회 선회법보다는 늦게 된다.

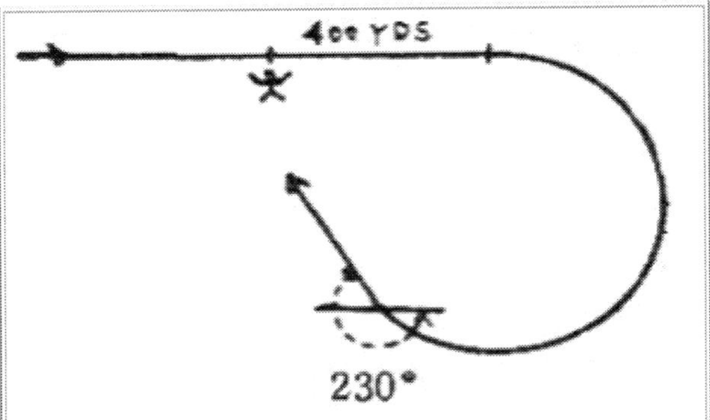

Delayed turn method
Naval ship handling(4) : 1974 US Navy

[그림 10-2] two turn 방법

다. 지연 선회법(the delayed turn method or single turn method)

이 방법은 윌리암스 선회법과 반원 2회 선회법과 같이 두 번 선회 조타를 하지 않고 한 번 선회 조타하여 그대로 익수자에게 접근하는 가장 빠른 방법이며 전장이 긴 선박의 함수에서 익수자가 발생하거나 또는 익수자가 이미 함미를 통과한 경우에 사용된다.

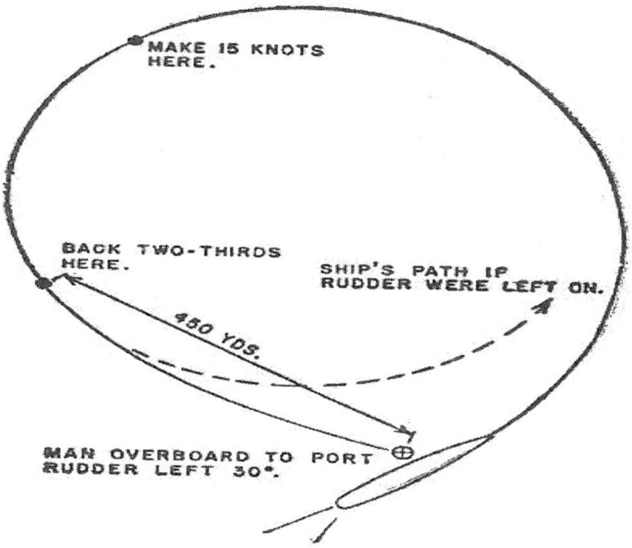

[그림 10-2] 지연 선회법

(1) 익수자가 발생시 원침로로 약 30~60초(400야드 항주 시간)간 전진 후 익수자 발생 현측으로 키를 전타한다.

(2) 함수가 익수자의 약간 풍상측으로 향하면 침로를 유지시켜 속력을 감속하여 접근한다. 이때 함수는 원침로에서 상대 방위가 230도 회두한 침로에 있게 된다.

이 방법은 신속한 방법이나 익수자를 계속 시야에 두고 있어야 하며 시정이 좋을 때만 실시할 수 있고 다른 방법처럼 자동적으로 익수자 발생 위치로 돌아가지 않게 된다.

라. 1회 선회법(one turn method or anderson method)

이 방법은 지연 선회법과 거의 대동소이하나 쌍추진기 선박(특히 구축함에 가장 알맞고 신속한 방법임)이 실시하게 된다. 그리고 이 방법은 현측 인명 구조 방법 중 가장 신속한 방법이다.

(1) 익수자가 발생하면 익수자 현측 추진기를 정지하고 키를 익수자 현측으로 전타한다.

(2) 익수자 외현측 추진기로 계속 회두하다가 함수가 원침로에서 240도 정도 회두하면 익수자 현측 추진기를 뒤로 둘 또는 전속 후진시킨다.

(3) 함수미선에서 익수자의 방위가 15도 정도 되면 양현 기관을 정지시키고 키를 사용하여 접근한다. 필요하면 기관을 후진시켜서 타력을 조종한다.

이 방법은 여러 가지로 조금씩 변형되는데 기관의 특성, 외력의 영향, 타효 등에 따라서 조종되어야 한다. 그리고 단추진기 선박은 실시할 수 없으며 익수자에게 똑바로 접근하지 못하기 때문에 선박의 회두 타력을 유효하게 이용하여야 한다.

3. 단정 인명 구조시의 작업 절차

단정을 이용한 인명 구조는 가장 안전하고 유효한 방법이나 시간이 많이 소요되고 해상 상태가 불량하면 불가능한 경우가 있다.

단정 인명 구조시는 익수자가 발생하여 함미를 완전히 통과하면 기관을 후진하여 최단 정지거리 내에서 단정을 강하한다. 단정 강하 시간을 단축하기 위해서 중력형 데비트(gravity davit)를 장치한 대형 상륙함(LST)은 속력이 4~6 노트 전진 중에도 숙달된 단정 요원과 강하 요원은 상륙주정(LCVP)를 강하할 수 있다.

단정인명 구조의 인원 배치 및 적업 절차는 일반적으로 현측 인명 구조와 병행하여 배치되고 그 방법은 다음과 같다.

가. 단정 승조원과 준비 기구

(1) 단정장은 단정을 조종한다.

(2) 단정 기관장은 기관을 조종한다.

(3) 단정 요원은 단정장을 보좌한다.

(4) 신호사는 통신기, 쌍안경, 수기, 신호 권총, 휴대용 발광 신호 등을 휴대하고 모함과 통신을 담당한다.

(5) 수영자는 구명환, 구명띠, 카포크 볼 등을 소지한다.
(6) 소총수는 소병기와 실탄을 소지한다.
(7) 위생 하사관은 구급약품, 담요, 당가(들것), 산소 인공호흡기, 깨끗한 헝겊 등을 휴대 한다.

나. 모함과 단정간의 신호

모함이 단정을 지휘하는 신호로서 주간은 기류를 사용하고 야간은 신호탄을 사용하는데 지휘 신호는 다음과 같다.

그리고 단정에서 야간에 작업 진행 상태를 모함에 알리는 야간 신호탄은 다음과 같다.

- 백색 신호탄 1발 ································ 구조하였음(6초간 250촉광)
- 적색 신호탄 1발 ································ 원조를 요함(7초간 300촉광)
- 녹색 신호탄 1발 ································ 구조 불가능함(5초간 600촉광)

이상 설명한 모함과 단정간의 신호는 휴대용 통신기와 병행하여 실시함으로써 착오를 방지할 수 있다.

[표 10-1] 단정 운용신호

지 휘 신 호	숫자와 기류(주관)	신호탄 (야간)
모함에서 멀리가라	3	백색 2발
왼편으로 돌아라(단정의 현측)	3 PORT	적색 1발
오른편으로 돌아라(단정의 현측)	3 STBD	녹색 1발
모함 쪽으로 오라	8	녹색 2발
모함에 속한 전 주정은 돌아오라	Q	적색 2발

다. 익수자에게로 단정의 접근법

단정이 익수자에게 접근하여 구조하는 절차는 해상 상태에 따라서 달라진다.

(1) 해상 상태가 양호할 때 : 익수자의 풍상에서 기관을 정지하고 단정이 익수자 쪽으로 횡방향이 되어 흐르게 한다.

(2) **해상 상태가 불량할 때** : 바람의 정수(艇首)에 받으며 익수자보다 풍상으로 접근하여 기관을 정지하고 정수(艇首) 방향으로 파도를 받아 횡동요가 적게 발생토록하고 정미(艇尾)가 익수자 쪽으로 흐르게 한다.

4. 다수 인명 구조 조함법

전투 중 선박이 침몰되거나, 충돌, 조난 등으로 인하여 다수의 인원이 익수한 경우에 현측 및 단정 인명 구조는 많은 시간이 소요되어 다수의 인원을 구조하지 못하게 된다. 이러한 경우에 효과적인 구조 방법은 다음과 같다.

가. Buoyed line method

이 방법은 구조함이 2인치 마닐라 로프 약 600ft 끝단에 구명대나 드럼통 등의 부유물을 연결하고 부유물에서 300ft까지 구명의를 로프에 묶어서 부력을 유지하게 준비한다. 익수자에 접근 절차는 그림 21-5와 같이 풍상방향으로 2~3 노트의 속력을 유지하여 접근한다. 익수자들이 함수로부터 상대 방위가 60~70도 될 때 부유물을 투하하면서 조난자를 중심으로 선회한다. 구명의를 묶은 로프가 풍상측에서 익수자들에게 접근하고 익수자들이 로프를 잡으면 이를 감아 들여서 익수자를 구하게 된다.

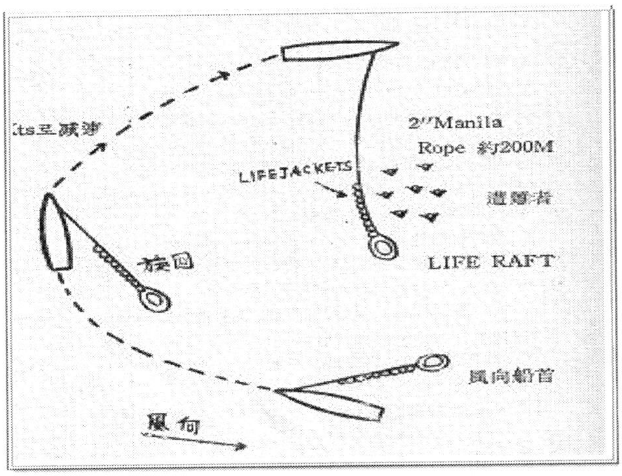

[그림 10-3] Buoyed line method

나. 폭뢰 발사대를 이용한 구조법(murphy method)

이 방법은 로프 끝단에 부유물 대신 전투 함정에 장비된 공폭뢰를 연결하고 폭뢰 발사대(K-gun)을 이용하여 신속하게 구조 로프를 발사함으로써 신속한 작업을 진행하게 된다. 이 방법의 접근 절차는 buoyed line method와 비슷하나 선박과 익수자들의 간격이 50~70야드 정도 유지하고 익수자들의 상대 방위가 45도 되었을 때 폭뢰 발사대로 공폭뢰를 발사한다.

다. 표류 구조법(drifting method)

이 방법은 해상 상태가 비교적 양호하고 익수자들이 한 곳에 집중해 있을 때 선박의 풍하 현측에 구명줄과 하선망(구명망이라고도 함)등을 여러 곳에 달고, 익수자들의 풍상측에 접근하여 정지하고 표류하여서 익수자들에 접근하면 익수자를 구조하는 방법이다.

5. 다수 인명 구조시 인원 배치 및 작업 준비

다수 인명 구조시도 현측 인명 구조 시와 거의 비슷한 인원 배치와 작업 준비를 한다. 다수 인명 구조 시 인원 배치와 작업 준비는 다음과 같다.

가. 구조 기구

(1) 회수색 (21합사) 150ft

(2) 5/8인치 샤클 1개

(3) 줄사다리 및 하선망(구명망)

(4) 2인치 마니라 로프 600ft

(5) 마니라 로프에 묶을 구명의

(6) 공폭뢰, 공드럼, 구명대, 댄부표(dan buoy)

나. 인원 배치

(1) 함수에는 ① 함수 현장 지휘자 ② 쌍안경을 지참한 견시 ③ 함교와 함수간 전화수 ④ 소병기와 실탄을 지참한 소총수 ⑤ 구명환 요원 ⑥ 카포크 볼(구명볼)요원 ⑦ 함수 구명줄 조종 요원 1~2명
(2) 중갑판에는 ① 단정 강하 요원 ② 소병기와 실탄을 지참한 소총수 ③ 줄사다리 및 하선망 요원 1~2명 ④ 구명환 및 카포크 볼 요원
(3) 폭뢰 발사대에는 사수, 장전수, 전화수, 포장 배치
(4) 현장에는 ① 현장 지휘자(갑판 사관) ② 전화수 ③ 소총수 ④ 수영자 및 수영 보좌 요원 ⑤ 군의관 및 위생사 ⑥ 당가 요원 3~4명 ⑦ 회수색 요원 2~3명 ⑧ 대빗트 요원 2~3명

다. 작업절차

(1) Murphy 식과 buoyed line method

가) 2인치 마니라 로프(원색)대 회수색을 샥클로 연결하여 현측에 사려 둔다.
나) 원색 끝단에 공폭뢰나 공드럼을 연결하고 300ft 까지 구명의를 묶어 둔다.
다) 원색을 현측에 사릴 때 원색이 수면상 3ft이상 되도록 하고 갑판상은 6~9 합사로 구명색(life line)에 묶어 둔다.
라) 원색의 다른 끝단은 2호줄 쵸크를 통하여 쌍계주(bitts)에 고정한다.
마) 회수색은 부유물이 달리지 않은 원색 부분을 조종할 수 있도록 한다.
바) 구명대(raft), 공드럼, 댄부표(dan buoy) 투하 시는 인력으로 투하하며 원색이 추진기나 키에 걸리지 않도록 주의한다. 공드럼을 사용할 때에는 드럼 내에 ⅔정도 물을 채워서 사용하며 댄부표는 소해 함정에서 사용하면 편리하다.
사) 공폭뢰를 폭뢰 발사대(K-gun)로 투하할 때는 발사 전에 계류색으로 공폭뢰 중간을 묶고 원색에 연결하며 원색이 arbor chain에 걸리지 않게 주의해야 한다.

아) 공폭뢰 발사 시는 함교의 지시를 따라서 인력으로 발사하며, 발사요원은 발사대 주위에서 8ft이상 떨어져야 하고, 발사 후는 즉시 폐쇄기를 열어야 한다.

(2) 표류 구조법

가) 단정 붐 등을 이용하여 함수 부분에 두 개, 함미 부분에 두 개의 하선망을 설치한다.
나) 하선망은 충분히 길게하여 수면에 잠기도록 한다.
다) 현측과 하선망 사이에는 여러 곳에 방현대를 단다.
라) 2인치 마니라 로프에 구명의를 묶어서 현측 여러 곳에 늘어뜨린다.
마) 야간에는 구명의에 손전지를 달아서 익수자가 빨리 원색을 확인할 수 있도록 한다.

6. 생존한 익수자의 구출법

가. 인원 배치와 준비 사항

(1) 갑판 사관은 작업 현장의 총 지휘와 감독을 하고 필요한 제반 조치를 한다.
(2) 생존자용 의류, 모포, 타올, 소지품을 보관할 상자와 꼬리표, 운반용 당가 등을 준비한다.
(3) 단정 요원을 배치하여 구출 작업 준비를 한다.
(4) 익수자에 묻은 기름을 닦을 수 있도록 걸레와 휘발성 기름을 준비하고 작업원을 2~3명 대기시킨다.
(5) 세면장에는 비누와 타올을 준비하고 세척 요원 2~3명을 대기시킨다.
(6) 취사장에는 필요한 식기류와 취사 준비를 한다.
(7) 전투 구호소에는 군의관과 위생 하사관을 대기시킨다.
(8) 현장 작업 장소에는 모포와 당가를 준비하고 운반 요원과 청소 요원을 대기시킨다.

나. 갑판상에 생존자 인양 후 조치

(1) 일사병이나 피로 등으로 기진맥진한 생존자는 걷게 해서는 안된다.
(2) 생존자가 갑판상에 올라오면 옷을 벗기고 몸을 닦은 후 상처가 있으면 치료한 뒤 부드러운 옷을 갈아입힌다.
(3) 소지품은 꼬리표를 달아서 별도 보관했다가 본인에게 돌려준다.
(4) 취사병은 따뜻한 음료(soup나 커피 등)을 준비하여 필요시 생존자에게 줄 수 있도록 준비한다.
(5) 생존자용 의류가 부족할 때는 승조원의 의류를 준비하여 사용한다.
(6) 군의관 및 위생사는
  가) 생존자에 대한 세밀한 진찰과 치료를 한다.
  나) 중환자는 전투 구호소로 보낸다.
  다) 경환자는 현장에서 응급 치료를 한다.
  라) 겨울철이나 기상이 나쁠 때는 세면장(사병)에게 생존자의 몸을 닦도록 한다.
(7) 전투 배치 시는 보수 반원을 증가하여야 한다.

7. 기타 인명 구조법

가. 조난선으로부터 인명 구조

조난된 선박에 있는 사람을 구조하기 위해서 구조선이 조난선에 풍상측으로 접근하여 단정을 이용하거나 가공선 활차 이송법(high line)으로 인원을 구조한다. 이때 파랑이 심하면 storm oil 을 살포하여 파랑을 진압 시킨다. 단정은 조난선에 계류시키지 않고 조난선의 풍하측에 위치하며 로프를 연결하여 사람을 구조하게 된다.

해상 상태가 불량하여 단정을 강하할 수 없을 때는 구조선이 풍상측에 위치하여 조난선과 같이 표류하면서 그림 12-7과 같이 로프를 결색하고 활차 이송법 같이 사람을 구조하는데 이 방법을 breeches buoy method라 한다.

[그림 10-3] breeches buoy method

나. 기동 훈련 시 인명 구조

군함이 기동 훈련 시나 해상 보급 시 익수자가 발생하면 자함이 구조를 직접 하지 못하는 경우가 있으므로 인근 함정이 익수자를 구조할 수 있도록 신속하고 정확하게 익수자 발생 현황을 전술 지휘관(O.T.C.)과 인근 함정에게 통보해야 한다. 그리고 인명 구조시 취해야 할 제반 신호와 음향 신호를 취명해야 한다.

(1) 헬리콥터를 이용한 인명 구조

군함에 탑재하고 있는 헬리콥터를 이용하여 기동 훈련 시나 해상 상태가 불량할 때 익수자를 구조하게 된다. 헬리콥터에 의한 인명 구조를 할 때는 선박과 긴밀한 협조가 필요하고 선박에서는 풍향, 풍속, 유향, 유속 등 해상 상태의 정보를 정확히 측정하여 조종사에게 통보해 주어야 한다.

(2) 종열진(oclumn formation)

가) 익수자가 발생한 함정이 맨 후미 함정이 아닌 경우 ① 우선 기관을 정지하여 익수자를 피한 다음 원침로를 유지한다.② 인명 구조함은 전술 지휘관에 의하여 지정받은 함정이나 맨 후미 함정이 된다.

나) 익수자 발생함 전방에 있는 함정들은 그대로 침로와 속력을 유지 한다.

다) 익수자 발생함 바로 뒤 함정은 기관을 정지했다가 우수 번호(even number) 함정은 왼쪽으로 10도, 기수 번호(odd number) 함정은 오른쪽으로 10도씩 변침 후 원침로에 복귀한다.

라) 익수자 발생함 바로 뒤 함정은 인명 구조 신호(익수자 발생 신호)를 인지하면 즉시 같은 신호를 반복하여 인근 함정과 접근 함정에게 알린다.

(3) 횡열진 및 사열진(line abreast or line of bearing)에서 인명 구조

횡열진 또는 사열진에서 익수자가 발생하면 전술 지휘관에게 보고하고 인접 함정과 충돌의 위험이 없으므로 자함이 인명 구조한다. 그리고 전투 시에는 전투 상황과 적으로부터 위협을 고려하여 적당한 구조 방법을 선정한다.

제11장

퇴함 준비

제11장 퇴함 준비

선박 근무자가 퇴함을 하게 되는 경우는 일생에 단 한 번 있을지도 모르지만 이를 직면했을 때 퇴함에 관한 풍부한 지식을 필요로 한다. 그리고 퇴함은 선박 근무자에게 가장 불행한 경우라 할 수 있다.

특히 군함은 전쟁 중 전투 손상이나 충돌, 좌초, 태풍에 의한 선체의 침몰로 인하여 다른 선박보다 퇴함할 경우가 많게 될 수도 있다.

해군이 함정을 버린다는 것은 자기 생명을 포기하는 것과 같은 행위이지만 최선을 다하고도 퇴함할 처지가 되면 승조원의 생명을 안전하게 구하는 것이 지휘관의 최후 사명이기도 하다.

퇴함 시 준비를 충분히 하지 않아서 추진기가 회전한다거나 키를 바로 해놓지 않으면 함정은 퇴함한 해역을 선회하면서 퇴함한 승조원을 추진기에 휘말리게 할 것이며, 안전장치를 하지 않은 폭뢰가 침몰 중 적당한 수심에서 폭발하여 인명의 손상을 가져올 우려가 있다. 그리고 기밀 장비나 기밀 문건을 파괴 및 침강시키지 않으면 아군의 기밀을 적에게 노출시키는 결과가 되어 이적 행위를 하는 거나 다름이 없다.

퇴함할 때 지휘자는 조직적이고 침착하게 퇴함 준비를 하여 승조원에게 의욕적인 삶의 의지를 불어 넣고 인간의 능력을 극대화 시킬 수 있는 지휘 통솔이 필요하다. 제한된 악조건에서 급변하는 상황에 적응하여 마실 것, 먹을 것을 해결하고, 승조원 한 사람이라도 더 구하기 위해서는 퇴함 준비 절차와 퇴함 후 조치 사항을 익혀두는 것이 중요하다.

[그림 11-1] 침몰선박의 승조원 구조

제1절 퇴함 장비품

1. 퇴함 장구

가. 단정(구명정)

단정은 퇴함시 구명정 역할을 하며 자력으로 항해할 수 있을 때 가장 유용한 구명정이 된다. motor whale boat는 구명정으로 가장 이상적인 단정이고 다른 형태의 단정도 구명정으로 이용된다. 그러므로 단정은 매일 일일 검사를 실시하여 언제라도 사용할 수 있도록 정비 유지하여야 한다.

나. 구명대(life raft)

구명대는 직사각형과 타원형의 두 가지 형태가 있고 크기는 10인용, 15인용, 25인용, 40인용, 60인용의 규격이 있다.

[그림 11-2] 25인용 구명대

[그림 11-2] 25인용 구명대

구명대는 자동 수압 분리 장치(hydraulic automatie releasing gear)가 달린 밴드로 선체에 고정되어 있다. 퇴함 시 시간적 여유가 있을 때는 자동 수압 분리 장치의 핀을 뽑아서 해상에 투하하고 시간적 여유가 없어서 밴드를 풀지 못할 때는 구명대가 선체와 같이 침강하다 수심 30~40ft에서 자동 수압 분리 장치가 자동 분리되어 해상에 부상하게 되는데 25인용 이하는 800psi에서 40인용 이상은 2,600psi의 수압에서 분리된다. 그리고 자동 수압 분리 장치는 매 18개월마다 정기 검사를 해야 한다.

다. 구명망(float)

구명망은 스폰지 형태의 생고무나 발사(balsa) 나무를 캔바스로 싸서 로프에 묶어 만든 것으로 무게가 가볍고 좁은 장소에 보관할 수 있으며, 두 사람 정도가 해상에 투하할 수 있고 자동 분리되기도 한다. 수용 인원은 25명이고 매 12개월마다 정기 검사를 해야 한다.

잠수함을 제외한 수상 함정은 50%정도가 구명망을 보유하고 있다.

라. 팽창식 고무보트(inflatabe rubber boat)

팽창식 고무보트는 고압으로 농축된 탄산가스(CO_2)를 분사시켜서 고무 튜브 안에 공기를 팽창시켜 주입함으로써 부력을 형성시키게 하고 15인용과 25인용이 있다.

15인용은 7명이 안에 타고 8명이 밖에 매달리며, 25인용은 12명이 안에 타고 13명이 밖에 매달려 사용한다. 팽창식 고무 단정은 평소 보관 시 공기 유통이 나쁘고 기름이 묻으면 썩거나 녹게 되므로 저장 시는 동석가루를 묻혀서 보관하고, 튜브(tube)가 파공되면 수리하기 위한 수리 기구(repair list)가 있어야 한다.

매 6개월마다 튜브 검사를 해야 하고 탄산가스 유지량이 $1\frac{1}{2}$온스 이하로 감소되면 보충해야 한다.

라. 구명의(preserver)

구명의는 퇴함 시나 필요시 사람이 직접 착용하며 부력을 유지하는 것으로 모든 선박은 승조원의 11%까지의 숫자를 보유해야 한다.

구명의는 ① 자켓(jacket)형② 멍애형③ 배낭형④ 팽창식의 4가지 종류가 잇으며 매 12개월(1년)마다 검사를 해야 한다.

팽창식 구명의는 퇴함시 10ft 이상의 높이에서 팽창된 상태로 착용하고 뛰어내리면 구명의가 터지게 되니 수면상에서 팽창시켜야 한다. 다른 구명의는 불결하여 세탁할 때 내부에 있는 부유물(솜뭉치 등)을 빼어 놓고 의피만 세탁한다.

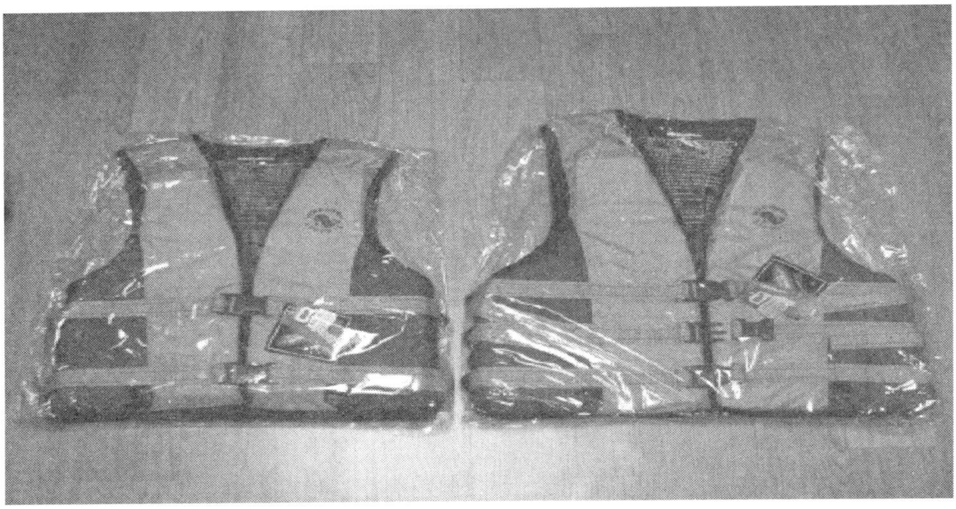

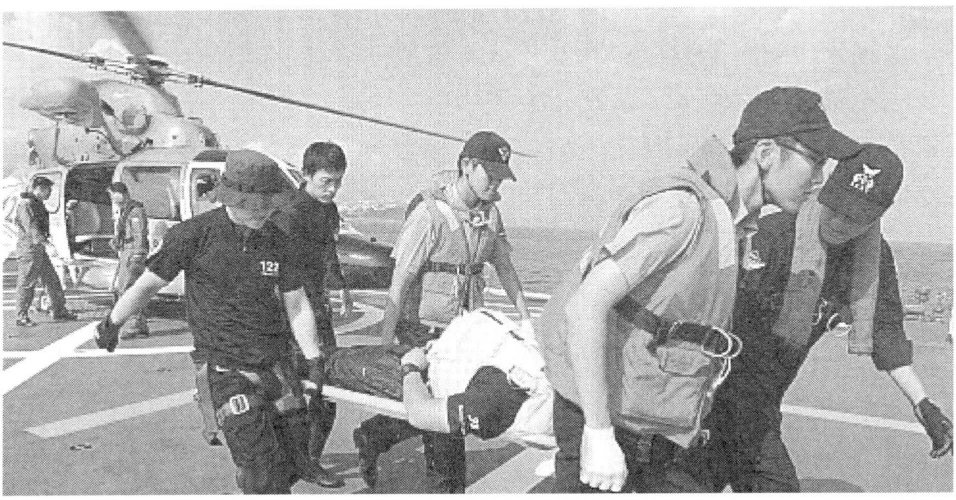

[그림 11-3] 구명의 착용

2. 퇴함 장구의 비치품

가. 구명 식량

구명 식량은 하루 1,000칼로리의 열량을 기준하여 계산하고, 담배는 하루 2개

피를 피울 수 있도록 준비되어 있다. 구명 식량은 $14\frac{3}{4}'' \times 14\frac{3}{8}'' \times 8''$크기의 나일론 주머니 상자 두 개에 보관되며 나머지 양은 비품 주머니에 보관된다.

구명정에는 최대 수용 인원의 5일분, 구명대와 구명망에는 3일분을 비치하는 것이 규정으로 되어 있다.

나. 구명 식수

구명 식수는 하루 한 사람이 10온스를 기준하여 깡통(can)에 들어 있고 물통을 사용할 때는 16온스를 기준하여 비치하는데 구명정에는 5일분, 구명대와 구명망에는 3일분씩 비치하여야 한다.

다. 비품 주머니

비품 주머니의 크기는 $14\frac{3}{4}'' \times 14\frac{3}{8}'' \times 8''$규격으로 되어 있으며 다음과 같은 비품이 들어 있다.

(1) **물 감** : 물감은 퇴함 위치를 빨리 발견될 수 있게 하기 위한 것으로 주간에는 황록색으로 8~10마일에서 볼 수 있다. 야간에는 달빛이 있을 때만 형광을 발하며 3,000ft 상공의 항공기에서 주야간 발견이 가능하게 되어 있고 물감의 지속 시간은 2시간이다. 그리고 물감의 용량은 $9\frac{1}{2}$온스가 된다.

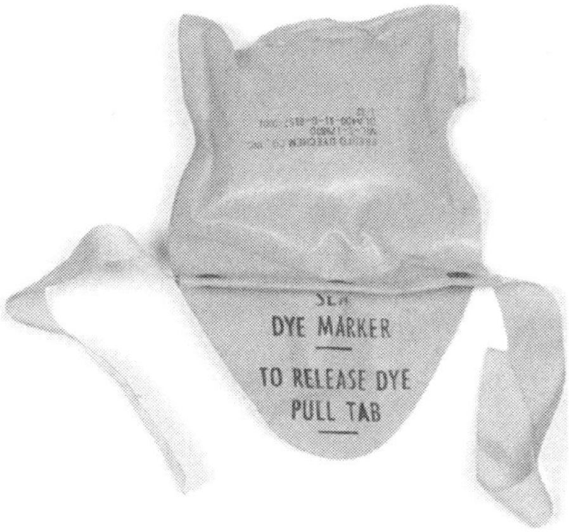

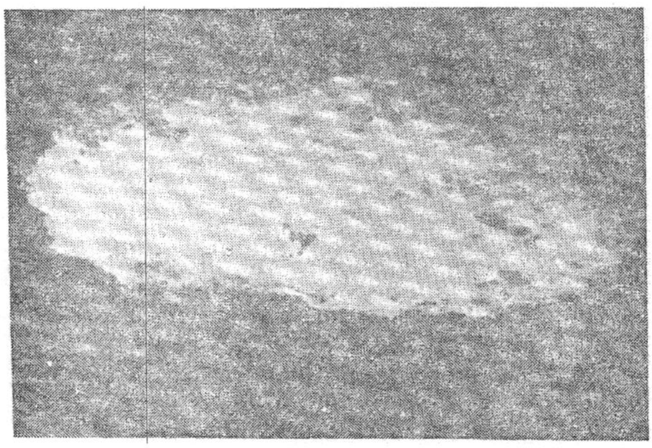

[그림 11-4] 구명물감 / 물감 투하 3분 후 형상

(2) **신호 거울** : 일기가 좋을 때 태양 광선을 이용하여 반사광을 발할 수 있는 것으로 8~10마일 거리에 있는 항공기에 비춤으로써 조난 위치를 알리게 되고 사용하기 간편하고 휴대하기가 편리하다. 항공기와 같이 움직이는 물체에 초점을 맞추어 광선을 반사시키면 보통 가시거리의 3~5배의 거리까지 신호가 가능하다.

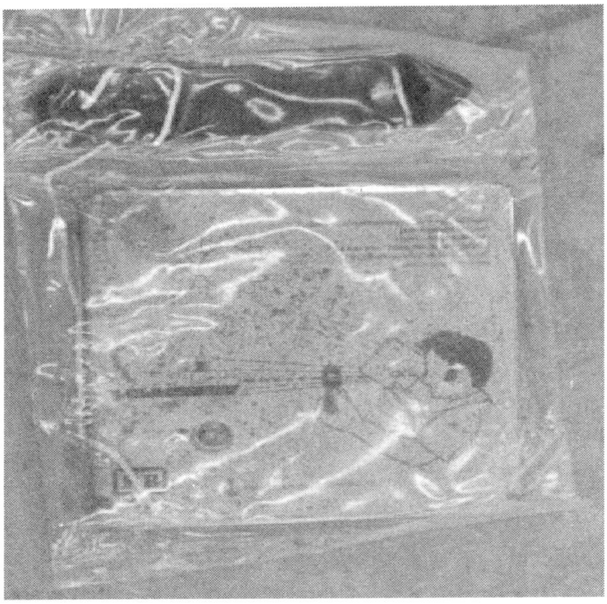

[그림 11-5] 신호거울

(3) **방수포(pauline)** : 크기는 7′×8′ 또는 7′×11′의 규격이며 나일론 천에 한쪽은 짙은 회색이며 다른 쪽은 분홍색으로 되어 있다. 방수포는 26ft이상의 구명대와 구명망에는 보통 2개를 비치하는데 이것은 태양 광선의 직사 방지, 빗물받이 용기, 구조함과 구조 항공기에 대한 신호(분홍색), 돛의 용도로 사용되며 적기가 내습할 때는 은폐용(회색)으로 사용된다.

(4) **낚시 도구** : 방수통 내에 보관된 낚시 도구이며 그 용도는 다음과 같다.

가) **1호 어구** : 미끼대신 백색고리 단추를 사용하는 것으로 길이는 100ft이다.

나) **2호 어구** : 고등어 낚시용이며 번쩍거리는 납을 사용하게 되어 있으나 고등어가 물리지 않을 때는 미끼를 달고 길이는 100ft이다.

다) **3호 어구** : 새털 낚시가 달려있고 2호 어구와 동일하다.

라) **4호 어구** : 깊은 수심에 사용하는 것으로 추가 달려있고 미끼를 사용하며 여분의 줄이 있다.

마) **5호 어구** : 세 발 낚시이다.

바) **6호 어구** : 2호 어구와 같은 용도로 사용된다.

사) **7호 어구** : 작살을 말한다.

아) **미　　끼** : 돼지 껍질을 사용하며 수중에서 백색으로 변한다.

자) **뜨게망** : 큰 고기를 잡았을 때 안전하게 뜰 수 있는 도구이다.

차) **칼** : 수중에서 뜰 수 있도록 부력이 있다.

카) **기타** : 장갑, 숫돌, 예비 낚시, 낚시추, 설명서 등이다.

(5) **주야 겸용 불꽃 신호탄** : 주가에는 오렌지 색 연기를 약 18초간 발하며 7~8마일 거리에서 이것을 발견할 수 있고 야간에는 3,000 촉광의 불빛을 약 20초간 발한다.

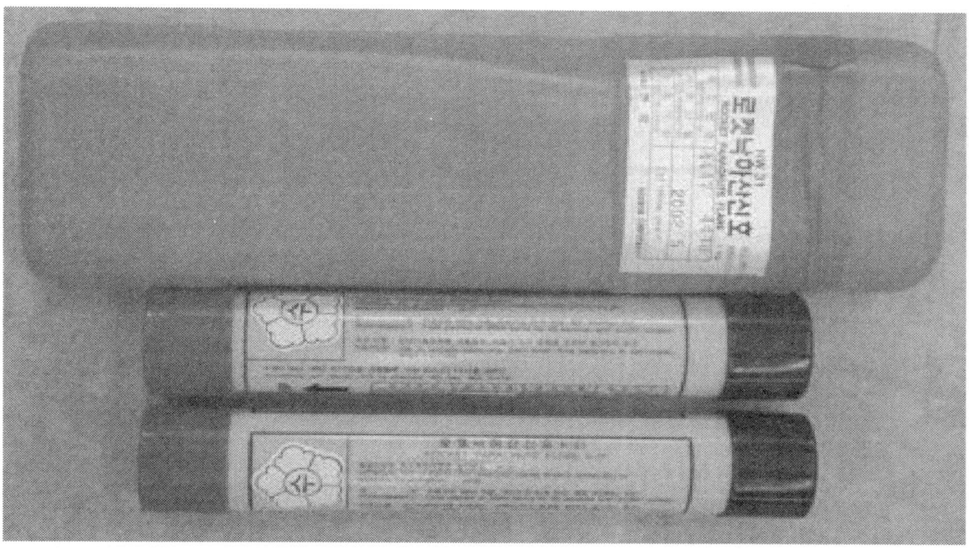

[그림 11-6] 주야 겸용 불꽃 신호탄

주야 겸용 불꽃 신호탄은 그림 11-6과 같이 생겨서 한쪽에는 주간용을 표시하기 위한 홈이 있고 야간용을 표시하기 위해서는 홈이 없으므로 만져서 알 수 있다.

(6) **Navy blue (or red) light MK.1. Mod.1** : 이것은 청색과 적색의 두 가지 불빛이 있으며 청색은 60~90초간, 적색은 150~180초간 연소하고 야간에 3마일 거리에서 이것을 발견할 수 있게 된다.

이것을 사용할 때 풍하 쪽으로 45도 각도로 유지해야 하며 평소 보관 시는 ① 물과 습기를 주의하 고② 용기에서 들어낸 후 6개월이 지나면 교환하고 ③ 초산 냄새가 나면 바다에 버린다.

(7) **부상 전지(floating lamp)** : 원통형으로 생긴 전지이며 한 쪽은 무겁고 한 쪽은 가벼워서 수중에서 똑바로 서게 되는데 수은을 이용하여 전지의 회로를 연결하게 되어 있다. 그러므로 물에 뜨면 점등되고 평소에는 거꾸로 세워두어 소등 상태로 보관된다. 전지는 BA30 4개나 BA23 1개를 사용하고 $4' \times 1\frac{1}{4}''$ 무명색(cotton line)으로 구명환에 연결되어 있다.

(8) **회중 전지(flash light)** : 구명정과 구명대에 각 2개씩 보관하며 BA30 2개로 사용한다.

(9) **구명의용 전지** : 구명의 앞 어깨에 핀으로 꽂을 수 있는 전지로서 BA30 한 개로 사용되며 군함에는 구명의 숫자만큼 보유해야 한다.

(10) **노(paddle)** : 26ft이상 단정에는 4개가 필요하고, 25인용 구명망과 구명대에는 2개가 필요하다.

(11) **뱃줄(sea painter)** : 구명정과 구명대를 모함에서 강하할 때 현측에 계류시키는 역할을 하는 줄로서 $2\frac{1}{2}$인치 마니라 로프를 사용한다.

제 2 절 퇴함 명령하의 제반 사항

1. 퇴함 준비 명령 하달

함장은 현재의 상황, 현재의 침수되는 정도, 선체의 경사도, 예비 부력, 복원력 등 제반 사항을 종합 검토하여 판단하며 기관장(보수 반장) 퇴함 건의에 의하여 퇴함을 결정한다. 이를 결심할 때는 승조원이 충분한 시간적 여유를 가지고 퇴함 준비를 할 수 있도록 하며 마이크나 구령으로 함내 전반에 하달한다.

2. 퇴함 복장

가. 겨울철이나 한냉한 기후에는 모직내의, 양말, 신박, 장갑, 방한모, 외투 등을 두껍게 착용한다.

나. 여름이나 더운 날씨에는 상하샤스, 바지, 운동화를 착용하나 야간과 해수 온도를 미리 예측하여 보온 복장을 준비한다.

다. 전투 배치 상태에서 퇴함 준비 명령이 나면 철모를 벗고, 양말 속에 집어넣은 바지가랭이를 뽑는다.

3. 승조원의 반출 품목

함정에서 필요한 서류는 필히 반출해야 하며 퇴함 후 효과적으로 사용될 물건을 다음과 같은 요령으로 반출한다.

가. 각개인의 소지품

신분증, 금품, 귀막이 솜, 호각, 성냥, 지갑 그리고 가능하면 쌀을 지참한다.

나. 서류의 반출

(1) 서무사는 총원 명부, 복무 기록, 비밀 서류, 소각용 성냥과 휘발유를 지참한다.

(2) 통신사와 암호사는 비밀 서류, 비상 송신기(SCR 578), 휴대용 SCR 536, 성냥, 휘발유 등을 지참한다.

(3) 기관사는 기관부일지를 지참한다.

(4) 조타사는 항박일지, 퇴함 부근의 해도, 천측력, 계산 고도방위 각 표, 기점 용구, 육분의 시진의, 나침의, 쌍안경, 수기, 비상 신호 등을 지참한다.

(5) 위생사는 구급약품을 지참한다.
(6) 무장사는 모든 개인화기(칼빈, M16, 기관단총, 권총, 엽총 등)을 각 퇴함 위치에 배부하고 navy blue(or red)light, 로켓트 신호(rocket signal), 신호 권총(signal pistol)을 지참한다.
(7) 전탐사는 전탐 일지와 해도를 지참한다.
(8) 조리사는 비상식량, 현금, 취사도구를 지참한다.
(9) 각 부서의 서류 책임자는 침강용 주머니와 소각용 휘발유와 성냥을 지참한다.
(10) 각 퇴함 위치(구명정, 구명대)에는 2~3명 정도의 소총수를 배치 시켜야 한다.

4. 인원 배치

가. 승조원과 편승자는 특수 직무 분담표에 명시된 퇴함 위치에 배치한다.
나. 각 퇴함 위치는 최소 상사이상의 책임자가 있어야 하며 퇴함 후 구명정(또는 구명대) 단위의 완전 독립된 지휘 체계를 가져야 한다.
다. 승조원은 통행 규칙(C.C.W.)을 준수하여 지정된 구명정, 구명대, 구명망 주위에 집합하여 인원 파악을 하고 함교에 이상 유무를 보고한다.

5. 퇴함 준비 요원 및 파괴 요원

가. 퇴함 준비 요원

(1) 갑판사는 각 구명 기구의 투하 준비를 한다.
(2) 갑판사는 퇴함용 사다리, 그물, 계류색, 하선망 소화 호스등을 현측에 내려서 퇴함을 용이하게 할 수 있도록 한다.
(3) 승조원 중 최종적으로 격실을 떠나는 사람은 출입구를 폐쇄하며 보수사와 보수관은 폐쇄 상태를 확인한다.

이러한 조치는 예비 부력을 증가시켜서 선체가 침몰할 때 급속히 침몰함으로써 생기는 소용돌이(와류)를 감소시킨다.

(4) 통신사는 지시에 의거 SOS 신호를 발송한다.

(5) 무장사는 각 포의 선회와 고각을 고정 시키고 폭뢰의 안전장치를 해야 한다. 이때 시간적 여유가 없을 때는 폭뢰의 장약을 제거하는 것이 시간적으로 빠르다.

나. 비상 파괴 요원

비상 파괴는 적에게 기밀이 누설되지 않도록 장비를 파괴하고 문서를 소각하는 것을 말한다. 중요한 전자 장비 등은 해머로 형체를 알 수 없을 정도로 파괴하고 기밀 서류는 소각하거나 수중에 침강시키는데 파괴 순서는 1차로 과거용, 2차로 미래용, 3차로 현용 순으로 하는 것이 원칙이다.

그리고 파괴를 요하는 주요 장비는 다음과 같다.

(1) 통신기 전부

(2) 레이더를 포함한 전탐기 계통의 전자 병기와 기기

(3) 음탐기 계통의 제반 전자 장비와 기기

(4) 상황에 따라서 전동력 차단을 위한 파괴

(5) 암호 자재와 장비

(6) 기타 함장이 판단하여 파괴를 요하는 장비와 기재

6. 퇴함 시 함교에서 전달 사항

퇴함 시 함장은 제반 퇴함 준비 상태를 확인하고(특히 기관의 정지 상태 확인) 퇴함 할 시기라고 판단하면 다음과 같은 내용을 포함한 하달문을 총원에게 알려야 한다. 함내 전원이 차단되어 마이크를 사용하지 못할 때는 각 퇴함 위치 책임자를 집합 시키거나 전령을 이용하여 전달하고 이동용 마이크(portable mike)를 병용한다.

가. 퇴함 하달문에 포함될 사항

(1) 자함의 위치, 자함에서 가장 가까운 육지까지 함수미선을 기준한 상대 방위와 거리

(2) 퇴함 해역의 풍향과 풍속, 조류 방향과 유속 그리고 종합적인 표류 방향을 육지 방향과 비교하여 포함한다.
(3) 적군의 현황과 아군의 상황
(4) 구조함이나 항공기의 도착 예정 시간
(5) 이함 후 승조원의 집결 장소와 집결 시간
(6) 선체의 경사 방향과 퇴함 현측
(7) 사기 앙양을 위한 조치

나. 퇴함 하달문의 예

퇴함 시 함장이 승조원에게 알릴 사항은 그때그때 상항에 따라 변경되지만 다음과 같은 표준 하달문을 참고하면 편리하다.

총원에게 알림!

나는 함장이다.

본 함은 작명에 의거 임무 수행 중 제군들의 선전 분투에도 불구하고 (　　)등의 손상으로 복구가 불가능하여 부득이 퇴함하지 않으면 안 되게 되었다.

현재 본 함 위치는 위도(　　), 경도(　　), 이며 (　　)섬이 본 함으로부터 상대방위 (　　)도 (　　)마일에 있다.

현 위치의 풍향과 풍속은 (　　)도 (　　) 노트이며 조류는 함수미선을 기준으로 (　　)도 (　　)노트로 흐르고 있다.

적군은 (　　)도 (　　)마일의 육지에 (　　)개 사단의 병력이 있고, 아군은 (　　)도 (　　)마일 해역에서 해상 작전을 하고 있으므로 퇴함 후 제군들이 (　　)도 방향으로 표류하면 우군(또는　적군)측으로 흐르게 될 것이다.

구조 신호의 회답에 의하면 (　　)함이 (　　)시간 후에 현지에 도착하여 구조하게 되므로 총원은 일치단결하여 생존함은 물론 적에게 나포되지 않도록 최선을 다하라.

생존자는 (　　)일 (　　)시까지 함대 사령부에 집결하라.

퇴함 현측은 좌현(우현)이다.

총원의 건투를 빈다.

이상 ! 함장

제3절 퇴함법

1. 퇴함 직전의 취할 사항

가. 퇴함 준비시 각자의 임무가 완전히 완료되었는지 확인한다.
나. 각자의 휴대품 이상유무를 확인한다.
다. 완전한 퇴함 복장과 구명의 착용 상태를 검사 및 확인한다.
라. 가능한 한 음료수를 많이 마신다.
마. 간단한 예비 운동을 한다.

2. 퇴함 명령 하달시

가. 평소의 훈련 상태와 군기가 이때 가장 잘 나타나게 되는데 퇴함 명령은 침착하고 정숙해야 하며 도덕심을 발휘하여야 한다.
나. 갑판상에서 해상에 뛰어내리는 것보다 가능하면 사다리, 로프, 하선망 등을 타고서 내리는 것이 좋다.
다. 선체의 표류 속도가 빠르므로 가능한 한 풍상 측으로 퇴함한다.
라. 추진기가 회전하고 있을 때는 함수에서 이함해야 하고 흡수류에 말려들지 않도록 해야 한다.
마. 빨리 침몰하는 선체에서 안전 이탈 거리는 150~200야드이므로 가장 빠르게 수영을 실시하여 이탈해야 한다.
바. 부득이해서 해상에 뛰어내릴 경우는 ① 구명의를 정확히 착용하고 ② 손으로 구명의를 잡고 팔은 가슴에 꼭 부친채 발을 모으고 직립 자세로 뛰어내린다. ③ 팽창식 구명의를 착용했을 때는 현측 높이라 10 ft이상이면 튜브(tube)내의 공기를 빼고서 뛰어내리며 이함 후 공기를 팽창시킨다.
사. 수중 폭발이 있을 때는 안전 이탈 거리인 100야드까지 빨리 이탈해야 하며 300~600psi 의 폭발이 있을 때는 100~150야드를 배영으로 이탈해야 한다. 폭발 직전에는 가능한 한 구명기구나 다른 부유물에 몸을 의지하고 이를 행할 수 없을 때는 가슴, 배, 머리를 수면 상에 나오게 하여 배영을 실시한다.

아. 해상에 기름이 타고 있을 때는 신발과 구명의를 벗고 물속으로 잠영을 하여 이탈한다. 잠영 중 호흡을 할 때는 손으로 물장구를 치면서 곧은 자세로 물 위에 나와 바람을 등지고 호흡을 한 후 다시 잠영하여 불길을 벗어난다.

제 4 절 퇴함 후의 제반 사항

퇴함 후 승조원은 당황하지 말고 제한된 식량과 음료수로서 극한 상태를 극복하고 구조를 기다려야 하는데 다음 설명하는 사항을 알아두면 필요하다.

1. 조직적인 행동

가. 구명 기구를 이용할 경우 ① 환자나 수영 불능자를 구명 기구 안에 있게 하고 ② 수영에 능숙한 사람은 구명 기구 옆에 달린 줄에 매달려 표류한다. ③ 인접 구명 기구와 연결하여 이탈을 방지한다.

나. 구명 기구를 이용하지 못할 경우 ① 구명의에 달린 줄(6 ft)로서 서로 연결하여 단체 행동을 한다. ② 수영을 하면 체력이 소모되니 표류하도록 한다.

2. 구명 기구(구명정, 구명대, 구명망)에서 취할 사항

가. 신호 비품을 사용할 수 있도록 준비한다.

나. 모든 시계는 조절하여 표준시에 맞춘다.

다. 구급 식량과 음료수는 재고를 정확히 파악하여 지휘자가 엄격히 통제하여 공평히 분배한다.

라. 주간은 덥지만 야간에는 춥게 되므로 의복은 말려서 보관한다.

마. 방수포(pauline)를 이용하여 직사광선을 피하게 하고 피부나 얼굴이 햇볕에 노출되어 갈증 현상이 생기지 않도록 한다.

바. 추울 때는 서로 한데 뭉쳐서 몸을 따뜻하게 한다.

3. 구명 기구로서 항해

가. 구명정으로 항해할 때는 연료 소모가 속력의 3승에 비례하므로 최대의 거리를 갈 수 있도록 속력을 조정해야하고 가능하면 기관은 유사시에 사용할 수 있도록 아끼고 돛과 방수포 등을 이용하여 항해해야 한다.

나. 구명대나 구명망으로 항해할 때는 체력 소모가 많은 노(paddle)는 사용하지 말고 대용품 돛을 이용한다.

다. 황천을 만나서 표류하게 될 때 원하는 방향으로 표류하지 않으면 해묘(sea anchor)를 이용하여 표류량을 감소시키도록 한다.

4. 음료수 및 음식물

가. 음료수에 관한 사항

(1) 수중에서 지나치게 갈증을 느끼지 않는 한 24시간 경과 후에 음료수는 배급해야 하며 그 전에 섭취한 물은 소변으로 배출되어 효과가 없다.

(2) 조건이 좋은 상태에서 사람이 물을 먹지 않고 8~10일간은 생존할 수 있으며 물만 섭취하면 30일 정도는 충분히 생존할 수 있으니 조난자는 물을 먹고 싶은 초조감을 제거하도록 해야 한다.

(3) 사람이 하루에 필요한 최소의 물은 10온스인데 4회에 걸쳐서 나누어 먹는 것이 효과적이며, 필요한 양이 없을 때는 2~3온스의 물로서 입만 적시고 비오기를 기다려야 한다.

(4) 빗물을 받을 수 있을 때는 한 시간 간격으로 충분히 물을 마시고 다음날부터는 하루에 10온스씩 섭취한다.

(5) 갈증을 방지하기 위한 조치는 ① 필요 없는 노력을 하지 말고② 태양의 직사광선을 피하며③ 주간에는 옷에 물을 적시고 야간에는 마른 옷으로 체온을 유지한다.④ 그리고 신선한 바람을 쏘이는 것도 좋은 방법이다.

(6) 음료수가 부족할 때 청수와 해수를 4 : 1 정도 섞으면 해롭지 않으며 화학약품으로 마든 물은 해수와 섞어서는 안 된다.

(7) 소변을 먹으면 이롭다거나 해롭지도 않지만 해수를 먹으면 구토와 설사가 나며 탈수 현상이 일어나서 실신하게 되니 주의해야 한다.
(8) 담배를 피우면 일시적인 갈증은 생겨도 정신적인 균형을 얻는 점에서 좋다.

나. 음식물에 관한 사항

(1) 사람은 하루에 필요한 열량은 최소 1,000칼로리 이다.
(2) 날씨가 더우면 최저 4온스(600칼로리)정도면 생존이 가능하다.
(3) 날씨가 춥게 되면 매 2시간 간격으로 4온스의 음식물을 먹어야 하며 퇴함 후 바로 먹고 계속해서 음식물을 먹으면 생존 시간을 2시간 정도 연장할 수 있다.

5. 퇴함 시 위생 상식

가. 해수 온도별 생존 시간은 다음과 같다.
(1) F 32° (C 0°)-1~3시간
(2) F 40° (C4.4°)-1~4시간
(3) F 50° (C 10°)-2~6시간
(4) F 60° (C 15.5°)-2~많음
(5) F 70° (C 21.1°)-3~부정확
(6) F 80° (C 26.7°)-부정확

나. 발이 부어오르는 현상은 일반적으로 해수 온도가 50°F 이하에서 빨리 발생하고 70°F 이상에서는 수일 후에 나타난다. 이 현상의 예방은 발을 수면상에 내놓고 건조시키며 발가락과 발목 운동을 하고 피복의 압착을 피해야 한다.

다. 동상은 해수 온도 28°F(-2.2°C)이하에서 발생하며 동상 부분을 몸의 따뜻한 부분에서부터 점차적으로 따뜻하게 하여 접근하며 마찰을 해서는 안 된다

라. 오한으로 의식을 잃게 되면 옷을 벗기고 115°~120°F 의 목욕탕에 10분간 대기시킨 후 몸을 닦고 담요로 싸서 엎어야 하며 시간이 10분씩 지날 때마다 20°F 의 비율로 체온이 오르지 않으면 다시 목욕탕에 넣어 체온이 93°F 까지 올라가게 한다.

그리고 환자가 의식이 있을 때는 105°~110°F 의 목욕탕에 10분간 대기시키면 회복되며 이때 환자의 체온이 91°~92°F 일 때 115°F 의 물에 대기시키면 화상을 입게 된다.

6. 고래와 상어의 습격

가. 고 래

일반적으로 고래는 사람을 해치지 않으나 100마리 중 한 마리 정도는 사람을 해치게 되니 퇴함 시는 주의해야 한다.

나. 상 어

퇴함 시 사람에게 가장 무서운 고기는 상어이다 상어의 종류는 방상어, 범상어, 청상어, 동복상어 등이 있고 크기는 8~16ft 정도가 사람에게 가장 위험하다.

상어의 서식처는 큰 강의 어구, 육지 근처, 수온이 따뜻한 곳이며 저녁때와 새벽녘에 가장 활동적이다.

상어의 습성은 동물의 피, 죽은 물고기 등을 좋아하고 수중에서 힘없이 너울거리는 동작이나, 백색천(흰 허리띠 등), 번쩍이는 물체를 보면 습격하게 되는데 상어의 습격을 방지하려면 다음과 같은 동작이 효과적이다.

(1) 상어가 한 마리 나타났을 경우는 요란한 물소리를 내고 주먹을 쥐고 힘찬 동작으로 상어에게 덤비는 동작을 취한다.

(2) 상어가 주위에서 원을 그리고 있으면 그 원의 안쪽으로 들어간다.

(3) 여러 사람이 한데 뭉쳐 원을 그리고 외부를 향해서 물장구를 친다.

(4) 구명 기구에서는 상어가 습격해 오면 총을 쏘고 노, 창 등으로 상어를 격퇴시킨다.

7. 해상에서 이용할 수 있는 음식물

가. 고기류

고기는 낚시를 이용하여 잡을 수 있는데 큰 고기보다 작은 고기를 잡도록 노력하고, 빛깔이 화려한 고기는 대부분 독성이 있으니 확실히 모르면 먹지 않는 것이 좋다. 물고기는 물이 한정되었을 때 한사람이 하루 1.5pint(24온스)이상 먹어야 한다.

나. 거 북

세 발낚시나 갈고리 등을 사용해서 거북을 잡게되면 훌륭한 음식물이 된다.

다. 새

엽총이나 낚시에 미끼를 끼워서 잡을 수 있는데 고기는 먹고 깃털은 낚시 미끼에 이용한다.

라. 해 초

해초를 먹게 되면 물을 많이 마시게 되는데 비가올 때 해초를 씻어두었다가 먹으면 조금 낫게 된다.

마. 뱀

뱀은 물위를 유영하여 다니므로 잡을 수 있는데 고기를 생으로 먹을 수 있으나 대부분 독이 있다.

8. 무인도에서 얻을 수 있는 음식물

표류하다 무인도에 상륙하게 될 경우 다음과 같은 요령으로 음식물을 구한다.

가. 음료수는 해변에서 만조가 될 때 조금 위쪽을 파서 고이는 물을 식수로 사용하면 염분이 적고 깨끗하며 해변에 습기가 있는 곳은 1~2미터만 파면 식수를 구할 수 있게 된다.
나. 거북은 야간에 해변으로 올라와서 알을 낳으므로 이것을 식품으로 한다.
다. 야자나무가 있으면 열매는 식품으로 하고 등줄기를 파서 물이 고이면 식수로 한다.
라. 대나무가 있을 때는 죽순을 식용으로 한다.
마. 기타 야생 과일이 있으면 식용으로 한다.
바. 민물에서는 물고기, 물뱀, 새우, 조개 등을 잡아서 식용으로 한다.
사. 해변가에서는 웅덩이에 있는 고기나 조개, 해조류 등을 식용으로 한다.
아. 야생 동물인 새, 원숭이, 박쥐, 도마뱀, 뱀 등은 무기 없이 구할 수 있는 식용이며 땅속이나 죽은 나무에 사는 땅벌레는 식용으로 할 수 없다.

부　록

[부록 1] 신호기류

[부록 2] 선박의 등화

[부록 1] 신호기류

1. 문자기 (26매)

이름	기 류	부르기	쓰기	이름	기 류	부르기	쓰기
A	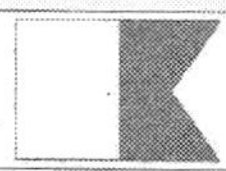	Alfa	A	N	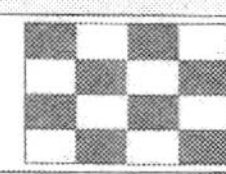	November	N
ㅗ		오징어	ㅗ	ㅛ		요지경	ㅛ
B		Bravo	B	O	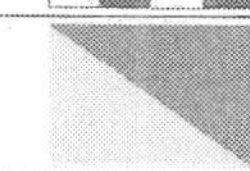	Oscar	O
ㄷ		도라지	ㄷ	ㅍ		파고다	ㅍ
C		Charlie	C	P	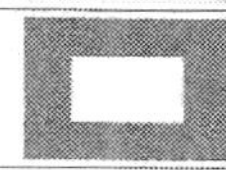	Papa	P
ㅊ		치마	ㅊ	ㅈ		지게	ㅈ
D		Delta	D	Q		Quebec	Q
ㅡ		은방울	ㅡ	ㅐ		앵무새	ㅐ
E	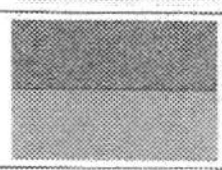	Echo	E	R		Romeo	R
ㅏ		아버지	ㅏ	ㅠ		유달산	ㅠ
F	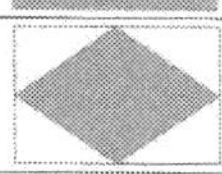	Foxtrot	F	S		Sierra	S
ㄴ		나포리	ㄴ	ㅕ		연못	ㅕ
G	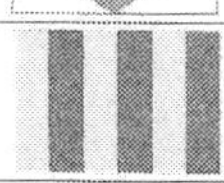	Golf	G	T	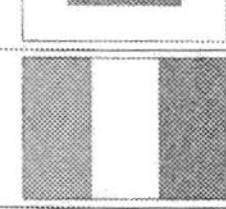	Tango	T
ㅅ		서울	ㅅ	ㅓ		어머니	ㅓ
H		Hotel	H	U	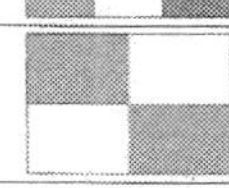	Uniform	U
ㅜ		우편	ㅜ	ㅣ		이순신	ㅣ
I		India	I	V		Victor	V
ㅑ		야자수	ㅑ	ㄹ		로마	ㄹ
J		Juliett	J	W		Whiskey	W
ㅎ		한강	ㅎ	ㅂ		바가지	ㅂ
K		Kilo	K	X	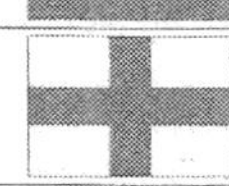	X-Ray	X
ㅇ		잉어	ㅇ	ㅋ		키다리	ㅋ
L		Lima	L	Y		Yankee	Y
ㄱ		기러기	ㄱ	ㅔ		엑스레이	ㅔ
M		Mike	M	Z		Zulu	Z
ㅁ		미나리	ㅁ	ㅌ		통신	ㅌ

2. 숫자 장기(10매)

이름	기 류	부르기	쓰기	이름	기 류	부르기	쓰기
1	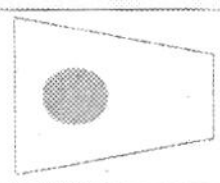	Pennant one	P^{1}	6	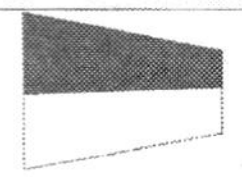	Pennant six	P^{6}
		장기 하나	장^{1}			장기 여섯	장^{6}
2	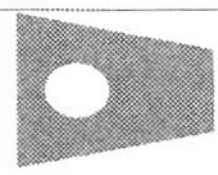	Pennant two	P^{2}	7	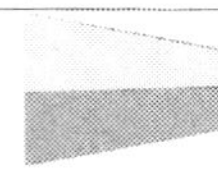	Pennant seven	P^{7}
		장기 둘	장^{2}			장기 일곱	장^{7}
3	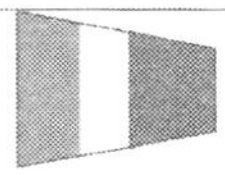	Pennant three	P^{3}	8	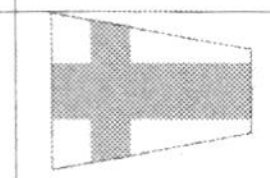	Pennant eight	P^{8}
		장기 셋	장^{3}			장기 여덟	장^{8}
4	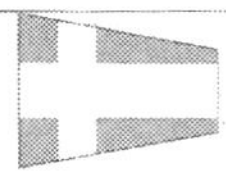	Pennant four	P^{4}	9	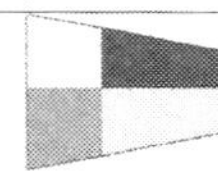	Pennant nine	P^{9}
		장기 넷	장^{4}			장기 아홉	장^{9}
5	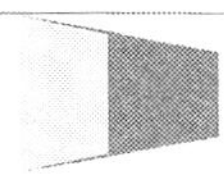	Pennant five	P^{5}	0	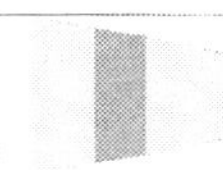	Pennant zero	P^{0}
		장기 다섯	장^{5}			장기 공	장^{0}

3. 특수 숫자기(10매)

이름	기 류	부르기	쓰기	이름	기 류	부르기	쓰기
1		One	1	6	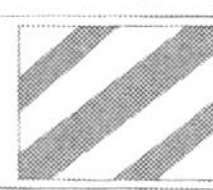	Six	6
		하나				여섯	
2		Two	2	7	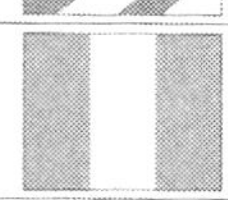	Seven	7
		둘				칠	
3		Three	3	8	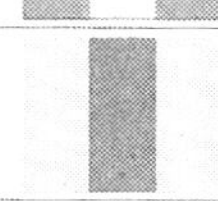	Eight	8
		삼				팔	
4		Four	4	9		Nine	9
		넷				아홉	
5		Five	5	0	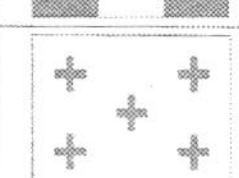	Zero	0
		오				공	

4. 특수기 및 대표기

이름	기 류	부르기	쓰기	이름	기 류	부르기	쓰기
Answer	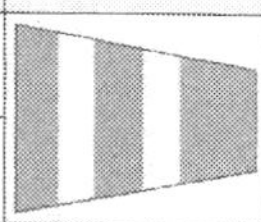	Answer	Ans	Division	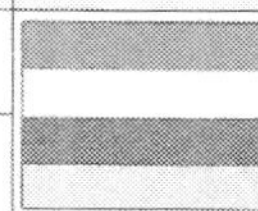	Division	Div
응답		응답	응답	편대		편대	편대
Screen	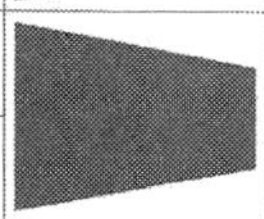	Screen	Screen	Flotilia	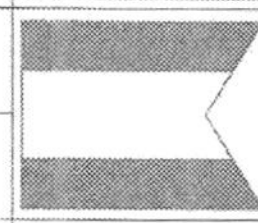	Flotilia	Flot
경계진		경계진	경계진	전단		전단	전단
Designation	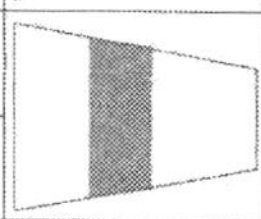	Designation	Desig	Introgation	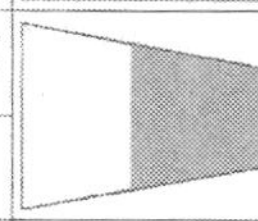	Introgaticn	Int
지정		지정	지정	의문		의문	의문
Emergency	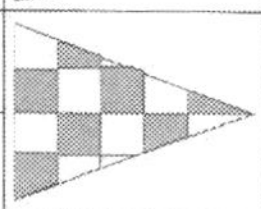	Emergency	Emerg	Preparative		Preparative	Prep
긴급		긴급	긴급	준비		준비	준비
Formation	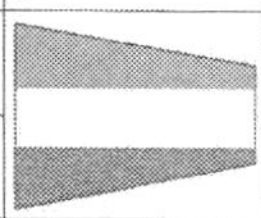	Formation	Form	Speed	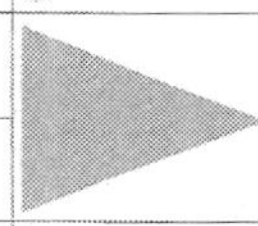	Speed	Speed
진형		진형	진형	속력		속력	속력
Negative	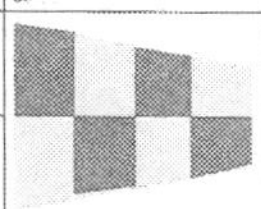	Negative	Negat	Starboard	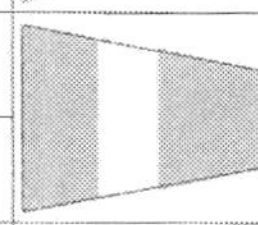	Starboa-d	STBD
부정		부정	부정	우현		우현	우현
Port	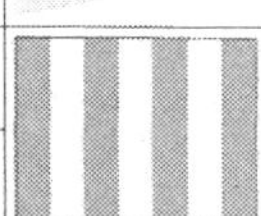	Port	Port	Station		Station	Station
좌현		좌현	좌현	위치		위치	위치
Squadron		Squadron	Squad	First sub	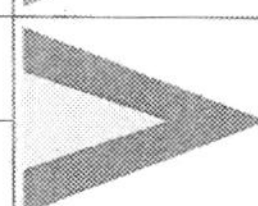	First sub	1st
전대		전대	전대	1대표기		1대표기	1대표기
Subdivision	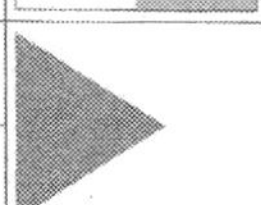	Subdivision	Subdiv	Second sub	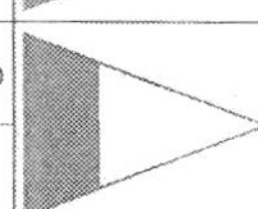	Second sub	2nd
소편대		소편대	소편대	2대표기		2대표기	2대표기
Turn	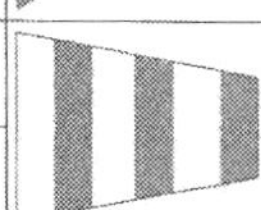	Turn	Turn	Third sub	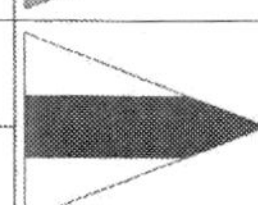	Third sub	3rd
회전		회전	회전	3대표기		3대표기	3대표기
Corpen	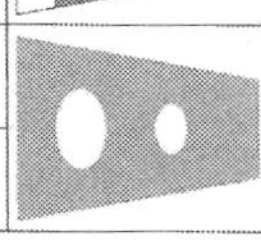	Corpen	Corpen	Forth sub	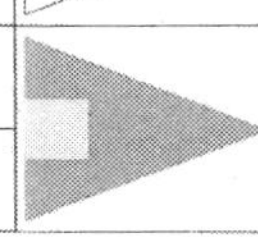	Forth sub	4th
침로		침로	침로	4대표기		4대표기	4대표기

5. 북한/아군 교신신호

기 류	구 분	북한 / 아군 교신 신호
P^1 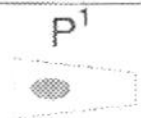	의 미	없음
P^2 	게양위치	잘 보이는 곳
	의 미	아측은 변침하여 남하 복귀 중이다.
P^3 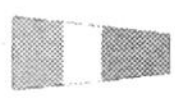	게양위치	잘 보이는 곳
	의 미	아측은 변침하여 북상 복귀 중이다.
P^4 	게양위치	잘 보이는 곳
	의 미	아측은 적대 행위 의도가 없다.
P^5 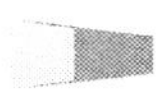	게양위치	잘 보이는 곳
	의 미	항로 잃은 선박의 구조(확인)을 위해 이동중이다.
P^6 	게양위치	잘 보이는 곳
	의 미	조난 선박의 확인(구조)을 위해 이동중이다.
P^7 	게양위치	잘 보이는 곳
	의 미	함정 기관이 비 정상적이다.(함정 기관 이상)
P^8 	게양위치	잘 보이는 곳
	의 미	함정의 조종 성능이 나쁘다(함정의 조종 성능 이상)
P^9 	게양위치	잘 보이는 곳
	의 미	귀측의 신호를 이해, 수신 하였다.
P^0 	게양위치	잘 보이는 곳
	의 미	귀측의 신호를 수신하였으나, 이해를 못하겠다.

[부록 2] 선박의 등화

1. 등화의 사광 범위

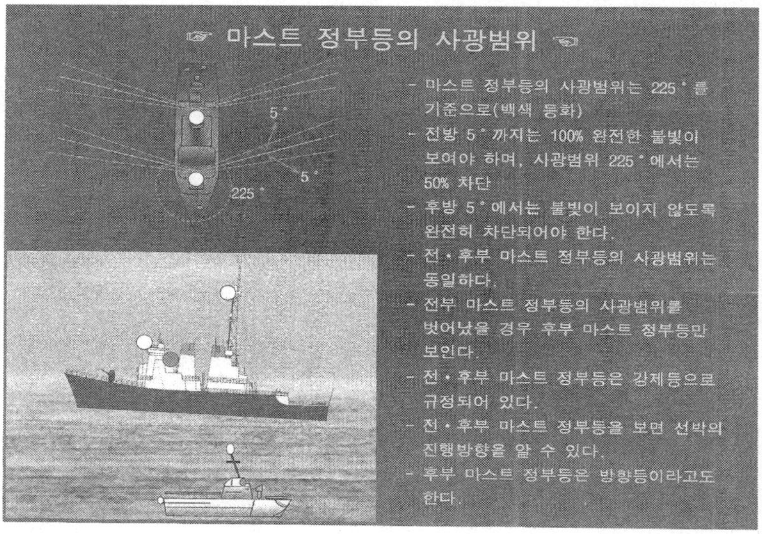

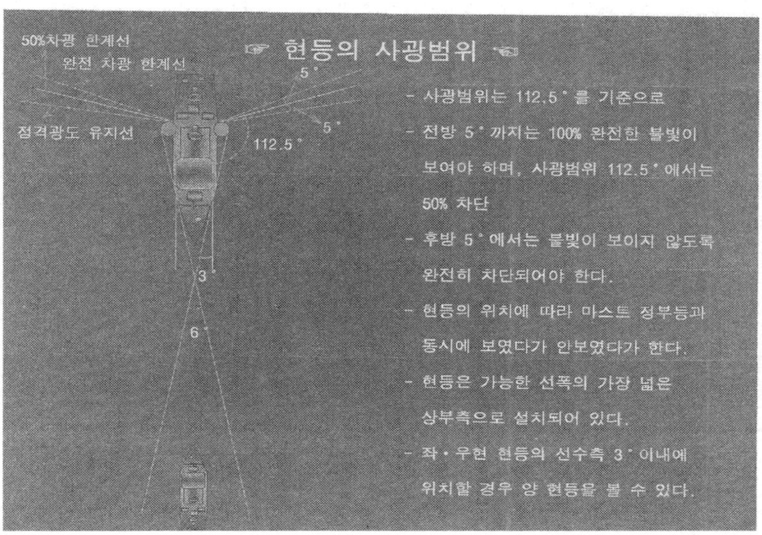

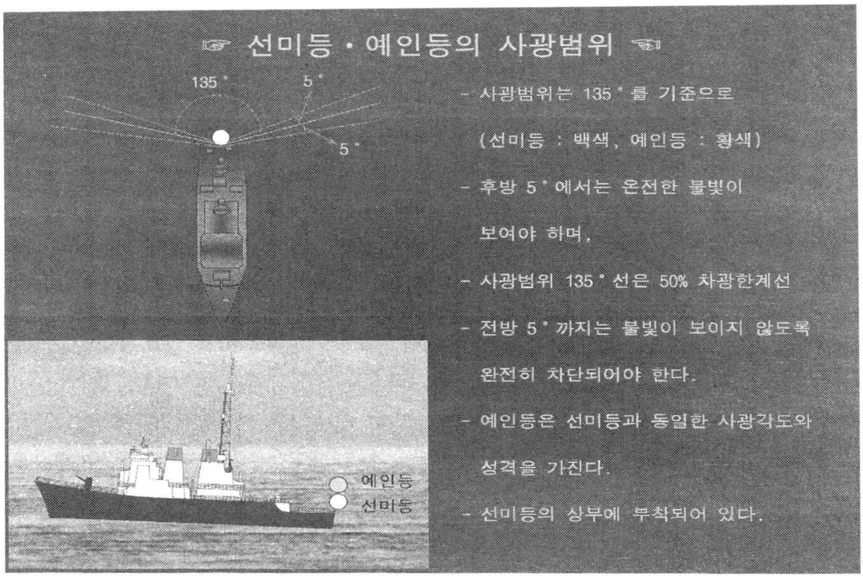
☞ 선미등 · 예인등의 사광범위 ☜
135°
5°
5°
- 사광범위는 135°를 기준으로
(선미등 : 백색, 예인등 : 황색)
- 후방 5°에서는 온전한 불빛이
보여야 하며,
- 사광범위 135° 선은 50% 차광한계선
- 전방 5°까지는 불빛이 보이지 않도록
완전히 차단되어야 한다.
- 예인등은 선미등과 동일한 사광각도와
성격을 가진다.
- 선미등의 상부에 부착되어 있다.
예인등
선미등

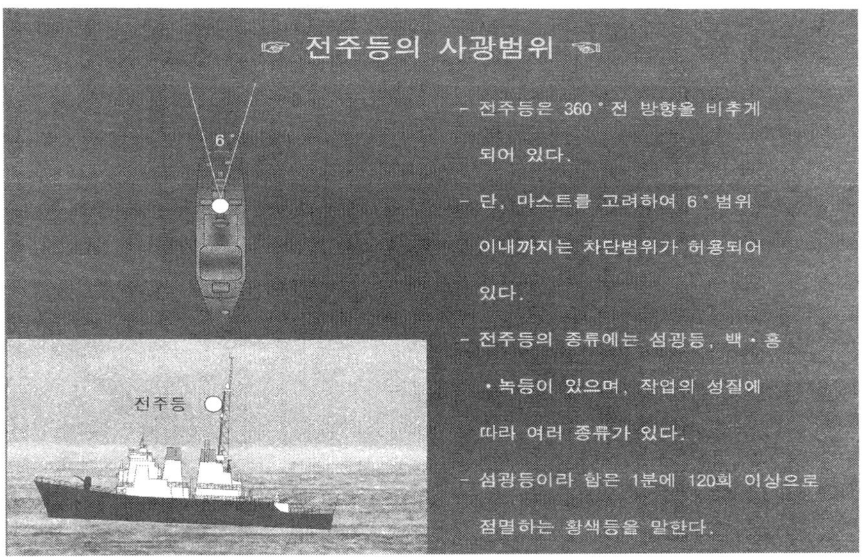
☞ 전주등의 사광범위 ☜
6°
- 전주등은 360° 전 방향을 비추게
되어 있다.
- 단, 마스트를 고려하여 6° 범위
이내까지는 차단범위가 허용되어
있다.
- 전주등의 종류에는 섬광등, 백 · 홍
· 녹등이 있으며, 작업의 성질에
따라 여러 종류가 있다.
- 섬광등이라 함은 1분에 120회 이상으로
점멸하는 황색등을 말한다.
전주등

☞ 항해중인 동력선의 등화 사광범위 ☜

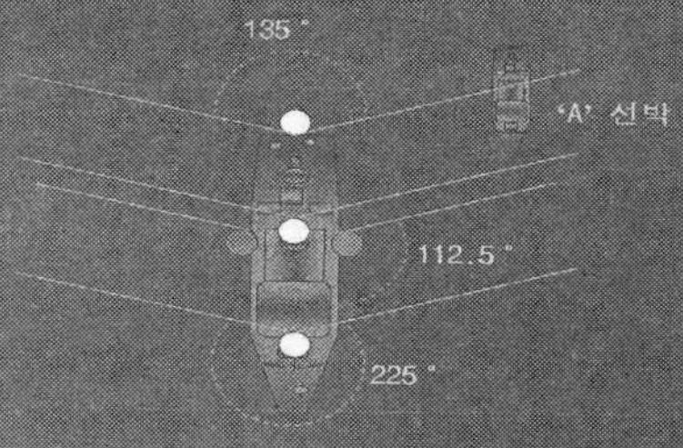

- 마스트 정부등 : 225°, 현등 : 112.5° 선미등 : 135°
- 마스트 정부등·현등·선미등의 사광범위를 벗어난 곳에 선박이 우치할 경우에는 모든 등화가 보이지 않는다. (A 선박의 경우)
- 이런 경우가 가장 많이 적용되는 선박은 앞서가는 선박을 가까이 접근하여 추월하는 경우 가장 많이 적용된다.

2. 길이 50m 이상 예인선

- 길이 50m 이상인 예인선이 예인선열의 길이 200m를 초과하여 예인작업을 하고 있는 모습을 정면에서 보고 있는 상태이다.
- 예인선은 마스트 정부등 4개, 현등, 선미등 그리고 선미등 상부에 예인등을 표시한다.
- 피예인선은 현등과 선미등을 표시한다.
- 정면에서 보았을 경우에는 마스트 정부등과 현등만 보이게 되고, 선미등과 예인등은 보이지 않는다.
- 항법규정에 의거 예인선을 보고 있는 선박이 예인선을 피해야 한다.
- 가능한 우현으로 변침하여 좌현 대 좌현으로 통과해야 하지만, 당시의 상황(안전)을 고려하여 좌현으로 변침할 수도 있다.

3. 길이50m 이상 예인선(침로 이탈이 극히 제한된 선박)

- 예인선의 마스트 정부등, 현등의 사광범위를 벗어나고, 선미등 및 예인등의 사광범위내에서 우현측을 본 모습이다.
- 예인선의 홍・백・홍색의 전주등, 선미등, 예인등과 피예인선의 우현등만을 볼 수 있다.
- 예인선의 마스트 정부등과 현등은 보이지 않는다.
- 예인선과 일정한 정횡거리를 두고 평행한 침로로 항해중인 선박은 저속으로 하여 잘 관찰하면서 통과해야 한다.
- 추월선박을 제외하고 횡단 관계에 있는 모든 선박은 좌현으로 변침하여 피예인선의 선미쪽으로 돌아서 항해하는 것이 가장 안전하고 바람직한 조함방법이라고 할 수 있겠다.

4. 길이50m 미만 예인선(좌현)

- 길이 50m 미만의 선박이 예인선열의 길이 200m 이하의 예인작업에 종사하고 있는 상태이다.
- 마스트 정부등과 현등의 사광범위내에서 보고 있는 상태이며, 예인선의 선미등과 예인등 및 피예인선의 선미등은 보이지 않는다.
- 본함을 기준으로 우측에서 좌측으로 이동하고 있는 중이다.
- 예인선과 일정한 정횡거리를 두고 평행한 침로로 항해중인 선박은 저속으로 하여 잘 관찰하면서 통과해야 한다.
- 횡단 관계에 있는 경우에는 예인선 및 피예인선의 방위끌림을 각각 관측한 다음 융통성 있는 조함을 요구하지만, 가능하면 우현으로 변침하여 피예인선의 선미쪽으로 돌아서 항해하는 것이 가장 안전하고 바람직한 조함방법이라고 할 수 있겠다.

5. 길이 50m 이상 선박 예인(현측예인)

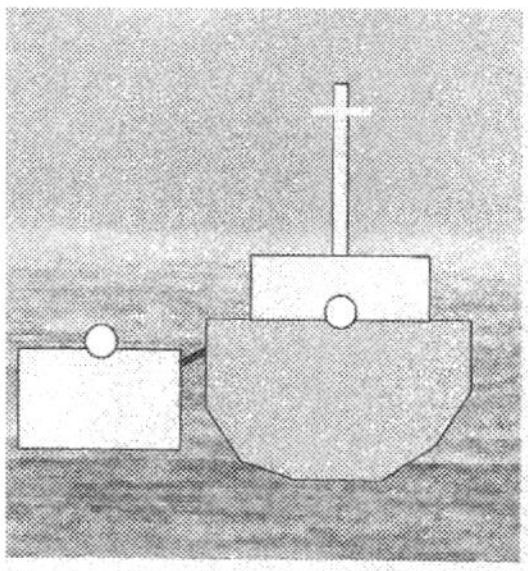

- 끌고 있는 선박과 끌려가고 있는 선박(물체)의 선미등만 보인다.
- 그림과 같은 경우에는 선미의 예인등은 표시하지 않는다.
- 추월하는 경우를 제외하고는 안전한 위치에 있다고 볼 수 있다.
- 추월시에는 가능한 한 멀리 돌아서 추월을 하는 것이 좋다.

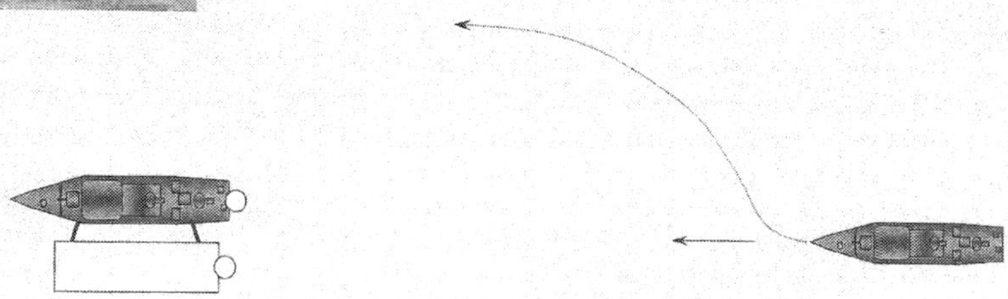

6. 길이 20m 이상 범선

- 길이가 20m 이상인 항해중인 범선을 정면에서 본 모습이다.
- 수직선상에 상부 홍색, 하부 녹색의 전주등 2개와 양현등이 보인다.
- 마주치는 상태의 항법을 적용할 수 있으나, 범선을 통과해야 할 경우에는 가능하면 바람이 불어오는 방향의 반대쪽으로 멀리 돌아 피항하여 범선의 항해에 방해가 되지 않도록 해야 한다.
  (바람과 범선의 사이로 통과하게 되면 범선의 조종성능에 제한을 주게 된다.)
- 바람이 불어오는 방향은 최대의 종범을 펴고 있는 반대쪽이다.

7. 트롤 어선(장애물에 걸린 상태)

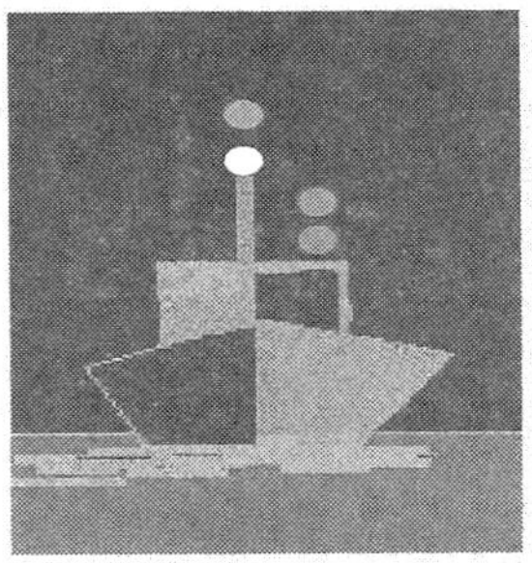

- 트로올 어로 작업 표시등인 수직선상 녹색 - 백색 전주등의 하방에 어망이 나가 해저의 장애물에 걸려있는 방향으로 수직선상 홍색의 전주등 2개가 표시되어 있다.
- 어망이 나가 있는 방향을 잘 관찰한 다음, 항해함에 주의를 기해야 한다.
- 특수한 목적 이외에는 접근을 금하는 것이 좋다.

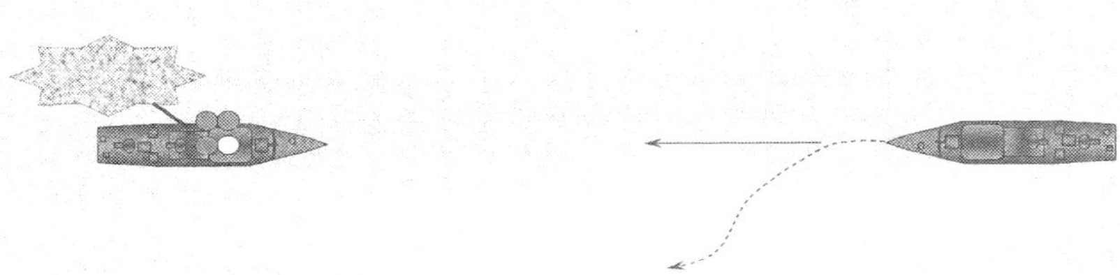

8. 트롤 어선(두 척이 한쌍되어 작업)

- 탐조등을 이용하여 서로 상대선박의 진행 방향쪽을 비춰주고 있다.
- 두 척 사이에 어망이 있으므로, 양 선박의 외측으로 하여 회피기동해야 한다.
- 트로올 어선이 쌍을 이루어 또는 집단으로 무리를 지어 조업을 하고 있는 장소를 부득이한 사정으로 항해해야 할 경우에는, 같은 방향으로 평행을 이루어 가까이 접근해 있는 어선은 1쌍을 이루고 조업을 하고 있는 것이므로 서로 쌍을 이루고 있지 않은 어선 사이로 유의하여 통과해야 한다.

9. 건착망 어선(어로작업 중)

- 수직선상 상부에는 홍색, 하부에는 백색의 전주등을 달고 있다.
- 전주등의 하방으로 황색의 섬광등 2개가 수직으로 표시되며, 상·하 교대로 1초에 1회씩 섬광을 발한다.

- 이러한 등화를 식별하였을 경우에는 최대길이가 1,044m 폭이 93m 가량 되는 어망이 본포되어 있으므로 접근을 하지 않는 것이 안전하다.
- 모선을 중심으로 조그만 보트가 홍·백 전주등을 달고 보조역할을 하고 있으므로, 보트의 위치와 모선의 위치로써 어망의 위치를 예상할 수 있다.
- 이러한 선박을 식별하였을 경우에는 2마일 이상 떨어져서 항해하는 것이 안전하다.

10. 운전부자유선

- 대수속력이 있는 경우의 운전부자유선을 정면에서 보는 모습이다.
- 마스트 정부등은 표시하지 않으며, 현등과 선미등만을 표시한다.
- 정면에서 보고 있기 때문에 선미등은 보이지 않는다.
- 이러한 선박은 타기 또는 기관의 고장등으로 인하여 조종이 자유롭지 못한 선박이므로 마주치는 상태의 항법규정에 적용을 받지 않는다.
- 운전이 자유로운 선박이 이러한 선박을 피해야 한다.
- 특별히 우현변침에 지장을 초래하는 장애물이 없는 한 우현으로 변침하여 좌현 대 좌현으로 통과하도록 한다.

11. 길이 50m 이상의 조종능력 제한선박(항해)

- 이러한 등화를 표시한 선박은 대부분이 해상보급작업중인 선박이다.
- 항해중인 동력선의 등화에 부가하여 마스트 정부등 하방으로 수직선상으로 홍색-백색-홍색 전주등을 달고 있다.
- 항공기 발착 작업중인 선박은 항공기가 날으는 방향으로 이와 같은 등화를 표시하고 전속으로 항진중임을 알고 있어야 한다.
- 마주치는 선박의 항법규정에 적용을 받지 않는 선박이므로 본함이 이 선박을 피해야 한다.
- 가급적 작업에 지장을 주지 않게 멀리 떨어져서 이탈해야 한다.
- 길이가 12m 미만인 선박이 조종능력에 제한을 받는 경우에는 홍색-백색-홍색 전주등을 표시하지 않고 있는 경우가 있다는 것을 알고 있어야 한다.

12. 길이 50m 이상인 선박의 현측 해상보급

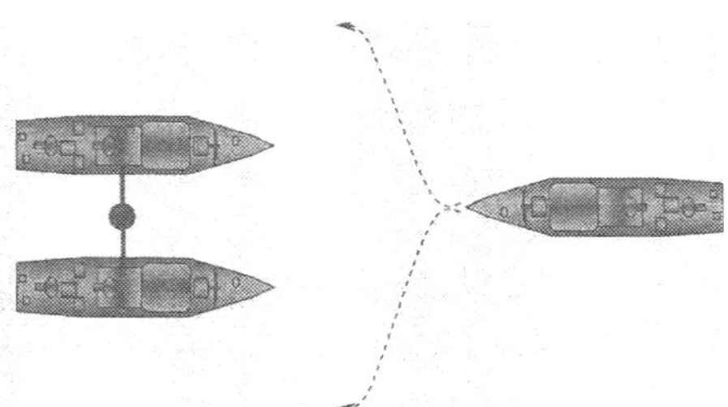

- 2척의 선박이 현측을 이용한 해상보급을 하고 있는 모습이다.
- 두 선박의 사이로 들어가는 것은 극히 위험한 행위이다.
- 좌 • 우현 중 안전수역을 선택하여 작업에 방해가 되지 않도록 조기에 대각도 변침하여 회피 기동함으로써 서로 안전하게 통과를 할 수 있다.

13. 조종능력 제한선박(대수속력이 있는 경우)

- 이러한 등화를 표시한 선박은 항로표지 부설선, 해저전선 부설선, 수중 작업선, 수상 작업선, 준설 작업선의 경우이다.
- 작업의 성질로 인해 조종능력이 제한되어 있는 선박의 정면을 보고 있는 모습이다.
- 대수속력이 있는 경우에는 마스트 정부등, 현등, 선미등을 표시하고, 작업(장애)현측과 안전(통과)현측을 표시하는 등화를 추가로 표시해야 한다.
  (작업을 하고 있는 위험한 현측을 표시하는 홍색의 전주등 2개, 작업을 하지 않는 안전한 현측을 표시하는 녹색의 전주등 2개)
- 이러한 선박의 등화를 식별하였을 경우에는 녹등 2개가 표시된 현측을 이용하여 저속으로 통과하는 것이 안전하다.
- 좌・우 횡측으로 본함이 이동함에 따라 등화가 조금씩 각도를 달리하며 위치가 변화되므로 관찰에 유의하라.
- 이러한 선박은 규정된 등화 외에 작업장소에 여러 개의 작업등을 켜놓은 경우가 많으므로 오인하지 않게 세심한 관찰 후에 기동해야 한다.

14. 조종능력 제한 선박(대수속력이 없는 경우)

- 이러한 등화를 표시한 선박은 항로표지 부설선, 해저전선 부설선, 수중 작업선, 수상 작업선, 준설 작업선의 경우이다.
- 작업의 성질로 인해 조종능력이 제한되어 있는 선박의 정면을 보고 있는 모습이다.
  (선미에서 본 등화도 이와 같이 보인다.)
- 대수속력이 없는 경우의 모습이며 수직선상 홍색-백색-홍색의 전주등을 표시하고, 작업(장애)현측과 안전(통과)현측을 표시하는 등화를 추가로 표시해야 한다.
  (작업을 하고 있는 위험한 현측을 표시하는 홍색의 전주등 2개, 작업을 하지 않는 안전한 현측을 표시하는 녹색의 전주등 2개)
- 이러한 선박의 등화를 식별하였을 경우에는 녹등 2개가 표시된 현측을 이용하여 저속으로 통과하는 것이 안전하다.
- 좌・우 횡측으로 본함이 이동함에 따라 등화가 조금씩 각도를 달리하며 위치가 변화되므로 관찰에 유의하라.

15. 준설작업선(정박)

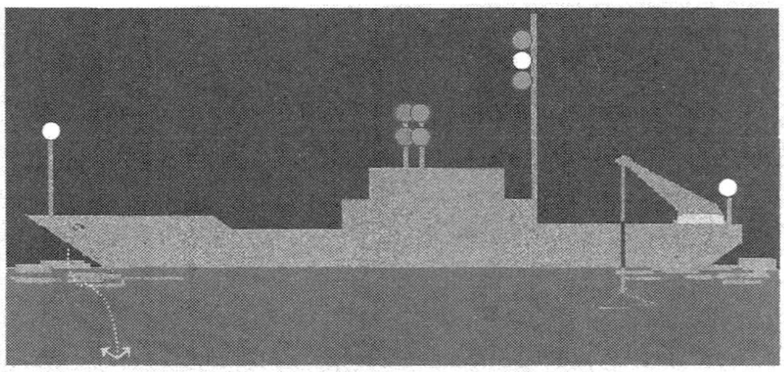

- 정박하여 수중작업, 항로표지 부설, 해저전선 부설작업, 수상작업선도 이와 같은 등화를 점등하고 작업을 한다.
- 수직선상 홍-백-홍색 전주등을 점등하고 있다.
- 작업(장애)현측에 홍색 전주등 2개, 안전(통과)현측에 녹색 전주등 2개를 점등하고 있다.
- 선수쪽과 선미쪽에 백색의 전주등을 각 1개씩 표시하고 있다.(정박등)
- 이러한 선박은 작업을 하지 않는 현측으로 묘쇄를 산출해 놓고 있기 때문에 안전현측으로 통과할 경우 닻이 나가 있는 방향을 잘 관찰한 다음 유의해서 통과해야 한다.

16. 도선선

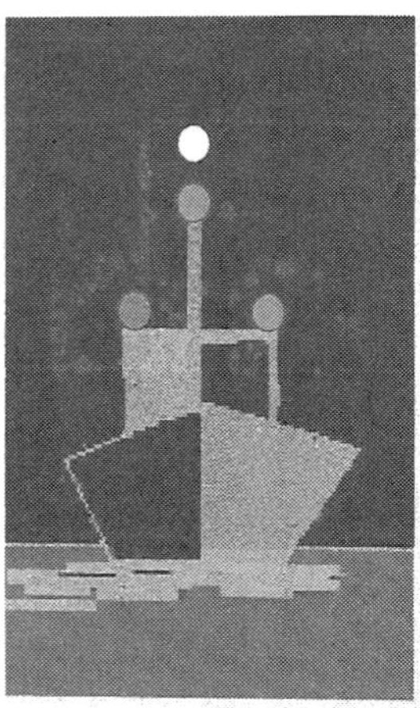

- 도선사를 태우고 도선을 요청한 선박을 기다리고 있는 선박이다.
- 수직선상 백색-홍색의 전주등과 양현등, 선미등을 달고 있다.
- 대수속력이 없을 때에는 현등과 선미등을 점등하지 않고 있다.
- 선미등은 선수 전방에서는 보이지 않는다.
- 도선선의 등화는 도선사를 요청한 선박에게 쉽게 도선사를 찾을 수 있도록 하기 위한 목적으로 설치된 등화이므로, 어떠한 특권이 없다는 것을 참고해야 한다.

17. 길이 100m 이상인 정박 선박

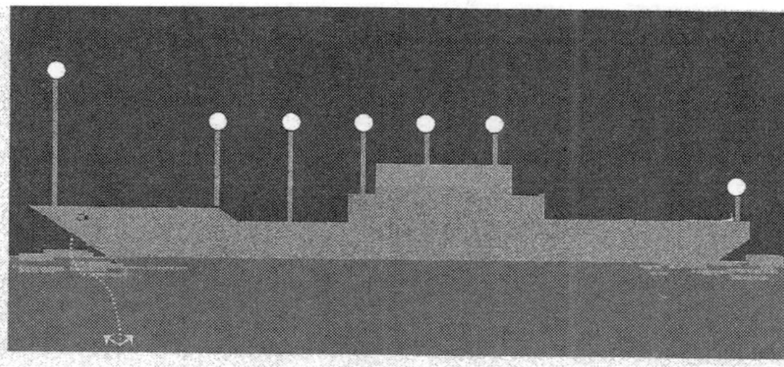

- 높게 보이는 백색의 전주등이 선수 끝단, 낮게 보이는 백색의 전주등이 선미의 끝단 부분이다.
- 2개의 전주등 끝단을 보고 선박의 길이를 알 수 있다.
- 길이 100m 이상의 정박선은 의무적으로 갑판을 비추는 작업등을 점등하도록 되어 있다.
  (외부 갑판상의 등화로 대체할 수 있다.)
- 묘쇄를 내고 있는 반대측이 안전한 통과 구역이다.
- 묘쇄를 내고 있는 현측의 수역이 더 넓을 경우 멀리 떨어져 안전하게 통과할 수 있도록 한다.

18. 길이 100m 미만인 정박 선박

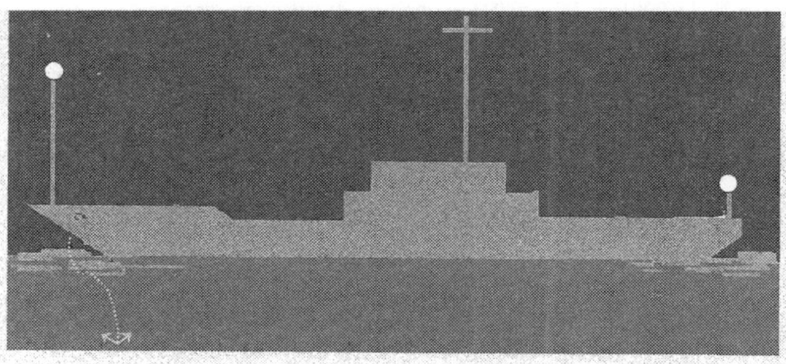

- 높게 보이는 백색의 전주등이 선수 끝단, 낮게 보이는 백색의 전주등이 선미의 끝단 부분이다.
- 2개의 전주등 끝단을 보고 선박의 길이를 알 수 있다.
- 길이 100m 미만의 정박선은 갑판을 비추는 작업등을 점등할 의무가 없다.
- 길이가 50m 미만일 경우에는 선수 정박등 및 선미 정박등을 대신하여 백색의 전주등 1개를 점등하고 있는 경우도 있다.

19. 좌초선박

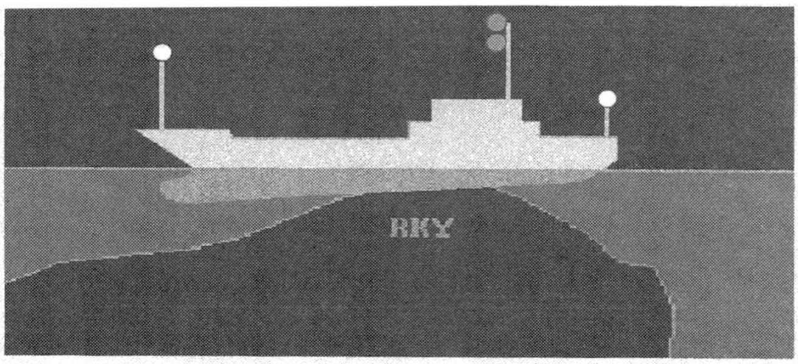

- 수직선상 홍색 전주등 2개를 표시하고, 선수 정박등 및 선미 정박등을 표시하고 있다.
- 홍색 전주등 2개만 표시하게 되면 대수속력이 없는 운전부자유선과 혼돈되기 때문에 정박등을 추가로 점등해야 한다.
- 이러한 등화를 식별하였을 경우에는 가까이 접근하지 말아야 한다.
- 본함의 정확한 위치를 조속히 확인하고, 안전한 항로를 찾아 항해를 해야 한다.

20. 도선선(정박)

- 도선사를 태우고 있는 선박이 정박하고 있는 것을 현측에서 본 모습이다.

저자소개

최병하
- 동주대학교 부사관과 초빙교수
- 창원문성대학 함정기관과 초빙교수
- 경남대학교 경영대학원 경영학석사
- 해군사관학교 졸업 (해군대령 전역)
- 국방대학원 안보과정 수료

저서, 논문
- 노동시장 구조변화에 따른 군인력 관리 정책에 관한 연구
- 해사법과 직무이해
- 군상담이론과 실제
- 함정계획 정비제도
- 선박보조기계
- 리더십 이론과 실제외 다수

정태일
- 동주대학교 부사관과 교수
- 창원문성대학 국방물자과 초빙교수
- 영남대학교 환경대학원 도시 및 지역계획 전공석사
- 육군 3사관학교 졸업(육군 소령 전역)
- 육군대학교 졸업

저서, 논문
- 다목적댐 건설에 따른 집단이주단지 주민의 지역 정착과정에 관한 연구
- 국방 무기체계학
- 국방 보급관리학
- 국방장비 정비관리학
- 부사관 역할과 리더십 외 다수